高等职业教育系列教材

U0168328

S7-1200 PLC 应用教程

第 2 版

廖常初　主　编

李运树　副主编

机械工业出版社

本书通过大量的例程，介绍了 S7-1200 的硬件结构和硬件组态、指令、程序结构、PID 闭环控制、编程软件和仿真软件的使用方法。介绍了一整套易学易用的开关量控制系统的编程方法、多种通信网络和通信服务的组态和编程的方法、网络控制系统的故障诊断方法、精简系列面板的组态与仿真的方法、用仿真软件在计算机上模拟运行和监控 PLC 用户程序的方法，以及通过仿真来学习 PID 参数整定的方法。本书根据 TIA 博途 V15 SP1 和 S7-1200 最新版的硬件对第 1 版进行了全面的改写。

本书注重实际，强调应用，各章有适量的习题，附录有 20 多个实验的指导书。本书可作为高职高专院校机电类相关专业的教材，也可供工程技术人员使用。

读者扫描本书封底有"IT"字样的二维码，输入本书书号中的 5 位数字（65753）就可以获取本书配套资源的下载链接，包括 46 个视频教程、36 个例程、TIA 博途 V15 SP1、仿真软件和 20 多本中文用户手册。也可以扫描正文中的二维码，观看指定的视频教程。

本书配有电子课件和习题答案，需要的教师可登录 www.cmpedu.com 免费注册、审核通过后下载，或联系编辑索取（微信：13261377872，电话：010-88379739）。

图书在版编目（CIP）数据

S7-1200 PLC 应用教程 / 廖常初主编．—2 版．—北京：机械工业出版社，2020.6（2025.1 重印）

高等职业教育系列教材

ISBN 978-7-111-65753-8

Ⅰ. ①S… Ⅱ. ①廖… Ⅲ. ①PLC 技术－高等职业教育－教材

Ⅳ. ①TM571.61

中国版本图书馆 CIP 数据核字（2020）第 096661 号

机械工业出版社（北京市百万庄大街 22 号　邮政编码 100037）

策划编辑：李文轶　　责任编辑：李文轶

责任校对：张艳霞　　责任印制：常天培

天津嘉恒印务有限公司印刷

2025 年 1 月第 2 版·第 14 次印刷

184mm×260mm·14.5 印张·356 千字

标准书号：ISBN 978-7-111-65753-8

定价：55.00 元

电话服务　　　　　　　　　　网络服务

客服电话：010-88361066　　机　工　官　网：www.cmpbook.com

　　　　　010-88379833　　机　工　官　博：weibo.com/cmp1952

　　　　　010-68326294　　金　书　网：www.golden-book.com

封底无防伪标均为盗版　　机工教育服务网：www.cmpedu.com

前　言

党的二十大报告提出，要加快建设制造强国。在智能制造系统中，PLC 不仅仅是机械装备和生产线的控制器，而且还是制造信息的采集器和转发器。PLC 技术作为自动化技术与新兴信息技术深度融合的关键技术，在工业自动化领域中的地位愈发重要。

S7-1200 是西门子公司的新一代小型 PLC，其指令和软件与大中型 PLC S7-1500 兼容。它集成了以太网接口和很强的工艺功能，用西门子自动化的软件平台 TIA 博途中的 STEP 7 编程。

本书第 1 版出版以后，TIA 博途已从 V13 SP1 升级到 V15 SP1，S7-1200 的硬件已升级到 V4.3 版。本书根据 TIA 博途 V15 SP1 和 S7-1200 最新版的硬件对第 1 版进行了全面的改写，增加了大量的配套电子资源。

本书通过大量的实例，全面介绍了 S7-1200 应用中的各种知识和方法。

第 1 章介绍了 S7-1200 的硬件结构与硬件组态方法、TIA 博途与仿真软件的安装和使用方法。

第 2 章介绍了 S7-1200 的编程语言、工作过程、程序设计的基础知识，程序下载、调试和仿真的方法。

第 3 章介绍了 S7-1200 的各种指令、高速计数器与高速脉冲输出的应用。

第 4 章介绍了 S7-1200 的用户程序结构、各种代码块的编程和调试的方法。

第 5 章通过实例，介绍了编者总结的一整套易学易用的开关量控制系统的梯形图设计方法，用它们可以快速地设计出复杂的开关量控制系统的梯形图。

第 6 章详细介绍了网络通信基础、PROFINET IO 系统组态，开放式用户通信、S7 协议通信和 Modbus RTU 协议通信的组态、编程和仿真调试的方法，以及故障诊断的方法。

第 7 章介绍了精简系列面板的组态方法，以及 PLC 和触摸屏控制系统的纯软件仿真方法。

第 8 章介绍了 PID 闭环控制系统、PID 参数的手动整定和参数自整定的纯软件仿真方法。

本书注重实际，强调应用。各章有适量的习题，附录有 20 多个实验的指导书。使用 S7-PLCSIM 仿真软件，只用计算机就可以做实验指导书中的绝大多数实验。

读者扫描本书封底有"IT"字样的二维码，输入本书书号中的 5 位数字（65753），就可以获取本书配套资源的下载链接，包括 46 个视频教程、36 个例程、TIA 博途 V15 SP1（STEP 7 专业版与 WinCC 高级版）、仿真软件 S7-PLCSIM V15 SP1 和 20 多本中文用户手册。也可以扫描书中的二维码，观看指定的视频教程。

本书配有电子课件和习题答案，需要的教师可登录 www.cmpedu.com 进行免费注册，审核通过后可下载，或联系编辑索取（微信：13261377872，电话：010-88379739）。

本书是机械工业出版社组织出版的"高等职业教育系列教材"之一，廖常初任主编，李运树为副主编，其中李运树编写第 1～3 章，廖亮编写第 5 章，廖常初编写其余各章和实验指导书。 本书可以作为高职高专机电类相关专业的教材，也可供工程技术人员使用。

因编者水平有限，书中难免有错漏之处，恳请读者批评指正。

重庆大学　廖常初

目　　录

第1章 S7-1200 的硬件与硬件组态

1.1 S7-1200 的硬件

1.1.1 S7-1200 的硬件结构

本书以西门子公司新一代的模块化小型 PLC S7-1200 为主要讲授对象。S7-1200 主要由 CPU 模块（简称为 CPU）、信号板、信号模块、通信模块和编程软件组成，各种模块安装在标准 DIN 导轨上。S7-1200 的硬件组成具有高度的灵活性，用户可以根据自身需求确定 PLC 的结构，系统扩展十分方便。

1. CPU 模块

S7-1200 的 CPU 模块（见图 1-1）将微处理器、电源、数字量输入/输出电路、模拟量输入/输出电路、PROFINET 以太网接口、高速运动控制 IO 组合到一个设计紧凑的外壳中。每块 CPU 内可以安装一块信号板（见图 1-2），安装以后不会改变 CPU 的外形和体积。

微处理器相当于人的大脑，它不断地采集输入信号，执行用户程序，刷新系统的输出。存储器用来储存程序和数据。

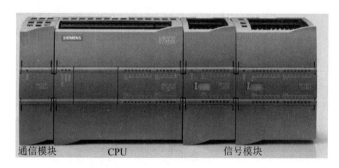

通信模块　　　CPU　　　信号模块

图 1-1　S7-1200 PLC

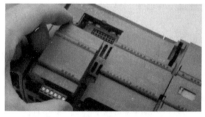

图 1-2　安装信号板

S7-1200 集成的 PROFINET 接口用于与编程计算机、HMI（人机界面）、其他 PLC、其他设备通信。此外它还通过开放的以太网协议支持与第三方设备的通信。

2. 信号模块

输入（Input）模块和输出（Output）模块简称为 I/O 模块，数字量（又称为开关量）输入模块和数字量输出模块简称为 DI 模块和 DQ 模块，模拟量输入模块和模拟量输出模块简称为 AI 模块和 AQ 模块，它们统称为信号模块，简称为 SM。

信号模块安装在 CPU 模块的右边，扩展能力最强的 CPU 可以扩展 8 个信号模块，以增加数字量和模拟量的输入、输出点。

CPU 和信号模块中的 I/O 点是系统的眼、耳、手和脚，是联系外部现场设备和 CPU 的桥梁。输入点用来接收和采集输入信号，数字量输入点用来接收从按钮、选择开关、数字拨码开关、限位开关、接近开关、光电开关、压力继电器等来的数字量输入信号。模拟量输入点用来接收电位器、测速发电机和各种变送器提供的连续变化的模拟量电流、电压信号，或者直接接收热电阻、热电偶提供的温度信号。

数字量输出点用来控制接触器、电磁阀、电磁铁、指示灯、数字显示装置和报警装置等输出设备，模拟量输出点用来控制电动调节阀、变频器等执行器。

CPU 模块内部的工作电压一般是 DC 5V，而 PLC 的外部输入/输出信号的电压一般较高，例如 DC 24V 或 AC 220V。从外部引入的尖峰电压和干扰噪声可能损坏 CPU 中的元器件，或使 PLC 不能正常工作。在 CPU 和信号模块中，用光电耦合器、光控晶闸管、小型继电器等器件来隔离 PLC 的内部电路和外部的输入、输出电路。在 CPU 和信号模块中的 I/O 点除了传递信号外，还有电平转换与隔离的作用。

3．通信模块

通信模块安装在 CPU 模块的左边，最多可以添加 3 块通信模块，可以使用点到点通信模块、PROFIBUS 主站模块和从站模块、工业远程通信模块、AS-i 接口模块和标示系统的通信模块。

4．精简系列面板

第二代精简系列面板主要与 S7-1200 配套，64K 色高分辨率宽屏显示器的尺寸为 4.3in、7in、9in 和 12in，支持垂直安装，用 TIA 博途中的 WinCC 组态。面板上有一个 RS-422/RS-485 接口或一个 RJ45 以太网接口，还有一个 USB 2.0 接口。

5．编程软件

TIA 是 Totally Integrated Automation（全集成自动化）的简称，TIA 博途（TIA Portal）是西门子自动化的全新工程设计软件平台。S7-1200 用 TIA 博途中的 STEP 7 Basic（基本版）或 STEP 7 Professional（专业版）编程。

1.1.2 CPU 模块

1．CPU 的共性

1）S7-1200 可以使用梯形图（LAD）、函数块图（FDB）和结构化控制语言（SCL）这 3 种编程语言。每条直接寻址的布尔运算指令、字传送指令和浮点数数学运算指令的执行时间分别为 0.08μs、0.137μs 和 1.48μs。

2）CPU 集成了最大 150KB（B 是字节的缩写）的工作存储器、最大 4MB 的装载存储器和 10KB 的保持性存储器。CPU 1211C 和 CPU 1212C 的位存储器（M）为 4096B，其他 CPU 的为 8192B。可以用可选的 SIMATIC 存储卡扩展存储器的容量和更新 PLC 的固件。还可以用存储卡将程序传输到其他 CPU。

3）过程映像输入、过程映像输出存储器各 1024B。集成的数字量输入电路的输入类型为漏型/源型，电压额定值为 DC 24V，输入电流为 4mA。1 状态允许的最小电压/电流为 DC 15V/2.5mA，0 状态允许的最大电压/电流为 DC 5V/1mA。输入延迟时间可以组态为 0.1μs～20ms，有脉冲捕获功能。在过程输入信号的上升沿或下降沿可以产生快速响应的硬件中断。

继电器输出的电压范围为 DC 5～30V 或 AC 5～250V。最大电流为 2A，白炽灯负载为 DC 30W 或 AC 200W。DC/DC/DC 型 CPU 的 MOSFET（场效应晶体管）的 1 状态最小输出电压为 DC 20V，0 状态最大输出电压为 DC 0.1V，输出电流为 0.5A。最大白炽灯负载为 5W。

脉冲输出最多 4 路，CPU 1217C 支持最高 1MHz 的脉冲输出，其他 DC/DC/DC 型的 CPU 本机可输出最高 100kHz 的脉冲，通过信号板可输出最高 200kHz 的脉冲。

4）有两点集成的模拟量输入（0～10V），10 位分辨率，输入电阻大于等于 100kΩ。

5）集成的 DC 24V 电源可供传感器和编码器使用，也可以用作输入回路的电源。

6）CPU 1215C 和 CPU 1217C 有两个带隔离的 PROFINET 以太网端口，其他 CPU 有一个以太网端口，传输速率为 $10\text{Mbit}\cdot(\text{s}^{-1})/100\text{Mbit}\cdot(\text{s}^{-1})$。

7）实时时钟的保持时间通常为 20 天，40℃时最少为 12 天，最大误差为 ±60s/月。

2. CPU 的技术规范

S7-1200 现在有 5 种型号的 CPU（见表 1-1），此外还有故障安全型 CPU。CPU 可以扩展 1 块信号板，左侧可以扩展 3 块通信模块。

表 1-1　S7-1200 CPU 技术规范

特　　　性	CPU 1211C	CPU 1212C	CPU 1214C	CPU 1215C	CPU 1217C
本机数字量 I/O 点数	6 入/4 出	8 入/6 出	14 入/10 出		
本机模拟量 I/O 点数	2 入	2 入	2 入	2 入/2 出	
工作存储器/装载存储器	50KB/1MB	75KB /2MB	100KB/4MB	125KB/4MB	150KB/4MB
信号模块扩展个数	无	2	8		
最大本地数字量 I/O 点数	14	82	284	284	284
最大本地模拟量 I/O 点数	3	19	67	69	69
以太网端口个数	1			2	
高速计数器路数	最多可组态 6 个使用任意内置或信号板输入的高速计数器				
脉冲输出（最多 4 路）	100kHz	100kHz 或 20kHz	100kHz 或 20kHz	1MHz 或 100kHz	
上升沿/下降沿中断点数	6/6	8/8	12/12		
脉冲捕获输入点数	6	8	14		
传感器电源输出电流/mA	300		400		
外形尺寸（$L\times W\times H$）/ (mm×mm×mm)	90×100×75		110×100×75	130×100×75	150×100×75

图 1-3 中的①是用于集成的 I/O（输入/输出）的状态显示 LED（发光二极管），②是用于 3 个指示 CPU 运行状态的 LED，③是用于 PROFINET 以太网接口的 RJ45 连接器，④是存储卡插槽（在盖板下面），⑤是可拆卸的接线端子板。

每种 CPU 有 3 种具有不同电源电压和输入/输出电压的版本（见表 1-2）。

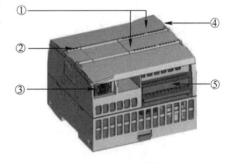

图 1-3　CPU 模块

3. CPU 的外部接线图

CPU 1214C AC/DC/RLY（继电器）型的外部接线图见图 1-4。输入回路一般使用图中标有①的 CPU 内置的 DC 24V 传感器电源，漏型输入时需要去除图 1-4 中标有②的外接 DC 电源,将输入回路的 1M 端子与 DC 24V 传感器电源的 M 端子连接起来，将内置的 DC 24V 电源的 L+端子接到外接触点的公共端。源型输入时将 DC 24V 传感器电源的 L+端子连接到 1M 端子。

表 1-2　S7-1200 CPU 的 3 种版本

版　　　本	电源电压	DI 输入电压	DQ 输出电压	DQ 最大输出电流	灯负载
DC/DC/DC	DC 24V	DC 24V	DC 20.4～28.8V	0.5 A，MOSFET	5W
DC/DC/Relay	DC 24V	DC 24V	DC 5～30V, AC 5～250V	2A	DC 30W/AC 200W
AC/DC/Relay	AC 85～264V	DC 24V	DC 5～30V, AC 5～250V	2A	DC 30W/AC 200W

CPU 1214C DC/DC/RLY 的接线图与图 1-4 的区别在于前者的电源电压为 DC 24V。

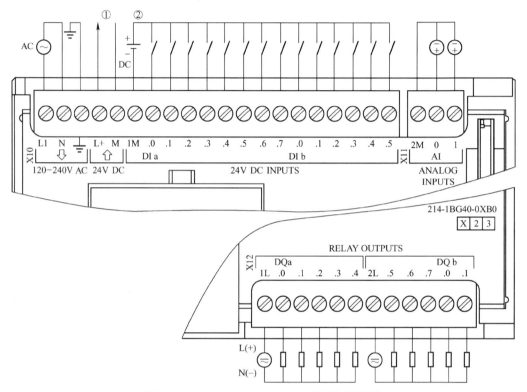

图 1-4　CPU 1214C AC/DC/RLY 的外部接线图

CPU 1214C DC/DC/DC 的电源电压、输入回路电压和输出回路电压均为 DC 24V。输入回路也可以使用内置的 DC 24V 电源。

4. CPU 集成的工艺功能

S7-1200 集成的工艺功能包括高速计数与频率测量、高速脉冲输出、PWM 控制、运动控制和 PID 控制。

（1）高速计数器

最多可组态 6 个使用 CPU 内置或信号板输入的高速计数器，CPU 1217C 有 4 点最高频率为 1MHz 的高速计数器。其他 CPU 可组态 6 个最高频率为 100kHz（单相）/80kHz（互差 90°的正交相位）或最高频率为 30kHz（单相）/20kHz（正交相位）的高速计数器（与输入点地址有关）。如果使用信号板，最高计数频率为 200 kHz（单相）/160 kHz（正交相位）。

（2）高速脉冲输出

各种型号的 CPU 最多有 4 点高速脉冲输出（包括信号板的 DQ 输出）。CPU 1217C 的高速脉冲输出的最高频率为 1MHz，其他 CPU 为 100kHz，信号板为 200kHz。

（3）运动控制

S7-1200 通过轴工艺对象和下述 3 种方式控制伺服电动机或步进电动机。轴工艺对象有专用的组态窗口、调试窗口和诊断窗口。

1）输出高速脉冲，实现最多 4 路开环位置控制；

2）通过 Profinet IO 协议控制 V90、S210、S120 等伺服控制器，实现闭环位置控制。

3）通过模拟量输出控制第三方伺服控制器，实现最多 8 路闭环位置控制。

（4）用于闭环控制的 PID 功能

PID 功能用于对闭环过程进行控制，建议 PID 控制回路的个数不要超过 16 个。STEP 7 中的 PID 调试窗口提供用于参数调节的形象直观的曲线图，支持 PID 参数自整定功能。

1.1.3 信号板与信号模块

各种 CPU 的正面都可以增加一块信号板。信号模块安装在 CPU 的右侧，以扩展其数字量或模拟量 I/O 的点数。CPU 1211C 不能扩展信号模块，CPU 1212C 只能连接两个信号模块，其他 CPU 可以连接 8 个信号模块。所有的 S7-1200 CPU 都可以在 CPU 的左侧安装最多 3 个通信模块。

1. 信号板

S7-1200 所有的 CPU 模块的正面都可以安装一块信号板，并且不会增加安装的空间。有时添加一块信号板，就可以增加需要的功能。例如有数字量输出的信号板使继电器输出的 CPU 具有高速输出的功能。

安装时首先取下端子盖板，然后将信号板直接插入 S7-1200 CPU 正面的槽内（见图 1-2）。信号板采用插座连接，因此可以很容易地更换信号板。有下列信号板和电池板：

1）SB 1221 数字量输入信号板，4 点输入的最高脉冲输出频率为单相 200kHz。正交相位 160kHz。数字量输入信号板和数字量输出信号板的额定电压有 DC 24V 和 DC 5V 两种。

2）SB 1222 数字量输出信号板，4 点固态 MOSFET 输出的脉冲最高频率为单相 200kHz。

3）两种 SB 1223 数字量输入/输出信号板，2 点输入和 2 点输出的最高频率均为单相 200kHz，一种的输入、输出电压均为 DC 24V，另一种的均为 DC 5V。

4）SB 1223 数字量输入/输出信号板，2 点输入和 2 点输出的电压均为 DC 24V，最高输入频率为单相 30kHz，最高输出频率为 20kHz。

5）SB 1231 模拟量输入信号板，一路输入，分辨率为 11 位+符号位，可测量电压和电流。

6）SB 1232 模拟量输出信号板，一路输出，可输出 12 位的电压和 11 位的电流。

7）SB 1231 热电偶信号板和 RTD（热电阻）信号板，它们可选多种量程的传感器，温度分辨率为 0.1℃/0.1℉，电压分辨率为 15 位+符号位。

8）CB 1241 RS485 信号板，提供一个 RS-485 接口。

9）BB 1297 电池板，适用于实时时钟的长期备份。

2. 数字量 I/O 模块

数字量输入/数字量输出（DI/DQ）模块和模拟量输入/模拟量输出（AI/AQ）模块统称为信号模块。可以选用 8 点、16 点和 32 点的数字量输入模块和数字量输出模块（见表 1-3），来满足不同的控制需要。8 继电器切换输出的 DQ 模块的每一点，可以通过有公共端子的一个常闭触点和一个常开触点，在输出值为 0 和 1 时，分别控制两个负载。

所有的模块都能方便地安装在标准的 35mm DIN 导轨上。所有的硬件都配备了可拆卸的端子板，不用重新接线，就能迅速地更换组件。

表 1-3　数字量输入/输出模块

型　　号	型　　号
SM 1221，8 输入 DC 24V	SM 1222，8 继电器切换输出，2A
SM 1221，16 输入 DC 24V	SM 1223，8 输入 DC 24V/8 继电器输出，2A
SM 1222，8 继电器输出，2A	SM 1223，16 输入 DC 24V/16 继电器输出，2A
SM 1222，16 继电器输出，2A	SM 1223，8 输入 DC 24V/8 输出 DC 24V，0.5A
SM 1222，8 输出 DC 24V，0.5A	SM 1223，16 输入 DC 24V/16 输出 DC 24V 漏型，0.5A
SM 1222，16 输出 DC 24V 漏型，0.5A	SM 1223，8 输入 AC 230V/8 继电器输出，2A

3. 模拟量 I/O 模块

在工业控制中，某些输入量（例如压力、温度、流量、转速等）是模拟量，某些执行机构（例如电动调节阀和变频器等）要求 PLC 输出模拟量信号，而 PLC 的 CPU 只能处理数字量。模拟量首先被传感器和变送器转换为标准量程的电流或电压，例如 DC 4～20mA 和 DC ±10V，PLC 用模拟量输入模块的 A-D 转换器将它们转换成数字量。带正负号的电流或电压在A-D 转换后用二进制补码来表示。模拟量输出模块的 D-A 转换器将 PLC 中的数字量转换为模拟量电压或电流，再去控制执行机构。模拟量 I/O 模块的主要任务就是实现 A-D 转换（模拟量输入）和 D-A 转换（模拟量输出）。

A-D 转换器和 D-A 转换器的二进制位数反映了它们的分辨率，位数越多，分辨率越高。模拟量输入/模拟量输出模块的另一个重要指标是转换时间。

（1）SM 1231 模拟量输入模块

有 4 路、8 路的 13 位模块和 4 路的 16 位模块。模拟量输入可选±10V、±5V、±2.5V、±1.25V 和 0～20mA、4～20mA 等多种量程。电压输入的输入电阻≥9MΩ，电流输入的输入电阻为 280Ω。双极性和单极性模拟量正常范围（-100%～100% 和 0～100%）转换后对应的数字分别为-27648～27648 和 0～27648。

（2）SM1231 热电偶和热电阻模拟量输入模块

有 4 路、8 路的热电偶（TC）模块和 4 路、8 路的热电阻（RTD）模块。可选多种量程的传感器，温度分辨率为 0.1℃/0.1℉，电压分辨率为 15 位+符号位。

（3）SM 1232 模拟量输出模块

有 2 路和 4 路的模拟量输出模块，-10～+10V 电压输出为 14 位，负载阻抗≥1000Ω。0～20mA 或 4～20mA 电流输出为 13 位，负载阻抗≤600Ω。-27648～27648 对应于正常范围电压，0～27648 对应于正常范围电流。

（4）SM1234 4 路模拟量输入/2 路模拟量输出模块

SM 1234 模块的模拟量输入和模拟量输出通道的性能指标分别与 SM 1231 4 路模拟量输入模块和 SM 1232 2 路模拟量输出模块的相同，相当于这两种模块的组合。

1.1.4　集成的通信接口与通信模块

S7-1200 具有非常强大的通信功能，CPU 集成的以太网接口和通信模块可使用以下网络和协议进行通信：PROFINET、PROFIBUS、点对点通信、USS 通信、Modbus、GPRS、LTE、具有安全集成功能的 WAN（广域网）、IEC 60870、DNP3、AS-i 和 IO-Link 主站。

1. 集成的 PROFINET 接口

实时工业以太网是现场总线发展的趋势，PROFINET 是基于工业以太网的现场总线（IEC 61158 现场总线标准的类型 10），它是开放式的工业以太网标准，使工业以太网的应用扩展到了控制网络最底层的现场设备。

S7-1200 CPU 集成的 PROFINET 接口可以与计算机、人机界面、其他 S7 CPU、PROFINET IO 设备（例如 ET 200 分布式 I/O 和 SINAMICS 驱动器）通信。该接口使用具有自动交叉网线功能的 RJ45 连接器，用直通网线或者交叉网线都可以连接 CPU 和其他以太网设备或交换机，数据传输速率为 10Mbit·(s^{-1})/100Mbit·(s^{-1})。集成的 PROFINET 接口作为 IO 控制器，可以与最多 16 台 IO 设备通信。还可以与别的 S7 CPU 进行 S7 通信，或使用 UDP、TCP、ISO on TCP 和 Modbus TCP 通信。

CPU 1215C 和 CPU 1217C 具有内置的双端口以太网交换机。可以使用安装在导轨上，不需要组态的 4 端口以太网交换机模块 CSM 1277，来连接多个 CPU 和 HMI 设备。

2. PROFIBUS 通信与通信模块

S7-1200 最多可以增加 3 个通信模块，它们安装在 CPU 模块的左边。

PROFIBUS 已被纳入现场总线的国际标准 IEC 61158。通过使用 PROFIBUS-DP 主站模块 CM 1243-5，S7-1200 可以与其他 CPU、编程设备、人机界面和 PROFIBUS-DP 从站设备（例如 ET 200 和 SINAMICS 驱动设备）通信。CM 1243-5 可以做 S7 通信的客户机或服务器。

通过使用 PROFIBUS-DP 从站模块 CM 1242-5，S7-1200 可以作为智能 DP 从站设备与 PROFIBUS-DP 主站设备通信。

3. 点对点（PtP）通信与通信模块

通过点对点通信，S7-1200 可以直接发送信息到外部设备，例如打印机；从其他设备接收信息，例如条形码阅读器、RFID（射频识别）读写器和视觉系统；可以与 GPS 装置、无线电调制解调器以及其他类型的设备交换信息。

CM 1241 是点对点串行通信模块，可执行的协议有 ASCII、USS 驱动、Modbus RTU 主站协议和从站协议，可以装载其他协议。CM 1241 的 3 种模块分别有 RS-232、RS-485 和 RS-422/485 通信接口。

通过 CM 1241 通信模块或者 CB 1241 RS485 通信板，可以与支持 Modbus RTU 协议和 USS 协议的设备进行通信。S7-1200 可以作为 Modbus 主站或从站。

4. AS-i 通信与通信模块

AS-i 是执行器传感器接口（Actuator Sensor Interface）的缩写，位于工厂自动化网络的最底层。AS-i 已被列入 IEC 62026 标准。AS-i 是单主站主从式网络，支持总线供电，即两根电缆同时作信号线和电源线。AS-i 主站模块 CM 1243-2 用于将 AS-i 设备连接到 CPU，可配置 31 个标准开关量/模拟量从站或 62 个 A/B 类开关量/模拟量从站。

5. 远程控制通信与通信模块

工业远程通信用于将广泛分布的各远程终端单元连接到过程控制系统，以便进行监视和控制。远程服务包括与远程的设备和计算机进行数据交换，实现故障诊断、维护、检修和优化等操作。可以使用多种远程控制通信处理器，将 S7-1200 连接到控制中心。使用 CP 1243-7 LTE 可将 S7-1200 连接到 GSM/GPRS (2G)/UMTS (3G)/LTE 移动无线网络。

1.2 TIA 博途与仿真软件的安装

1. TIA 博途中的软件

TIA 博途是西门子自动化的全新工程设计软件平台，它将所有自动化软件工具集成在统一的开发环境中。TIA 博途通过统一的控制、显示和驱动机制，实现高效的组态、编程和公共数据存储，极大地简化了工厂内所有组态阶段的工程组态过程。

TIA 博途中的 STEP 7 Professional 可用于 S7-1200/1500、S7-300/400 和 WinAC 的组态、编程和诊断。S7-1200 还可以用 TIA 博途中的 STEP 7 Basic 编程。TIA 博途中的 WinCC 是用于西门子的 HMI（人机界面）、工业 PC 和标准 PC 的组态软件。

选件包"STEP 7 Safety"用于标准和故障安全自动化的组态和编程，支持所有的 S7-1200F/1500F-CPU 和老型号 F-CPU。

SINAMICS Startdrive 用于所有 SINAMICS 驱动装置的组态、调试和诊断。

Scout TIA V5.3 SP1 用于实现 SIMOTION 运动控制器的工艺对象的组态、编程、调试和诊断。

STEP 7 和 WinCC V15.1 试用版在下载时被分为 3 个 DVD 文件夹。其中的 DVD1 为 STEP 7 和 WinCC，DVD2 为硬件支持包、开源软件和工具，DVD3 为老面板的映像文件。本书的配套资源提供了 DVD1。

2. 安装 TIA 博途对计算机的要求

推荐的计算机硬件的最低配置如下：处理器主频为 2.3GHz，内存为 8GB，硬盘有 20GB 的可用空间，屏幕分辨率为 1024 像素×768 像素。建议的 PC 硬件如下：处理器主频为 3.4GHz，内存为 16GB 或更多，硬盘至少有 50GB 可用空间，屏幕分辨率为 1920 像素×1080 像素或更高。

TIA 博途 V15 SP1 要求的计算机操作系统为非家用版的 64 位的 Windows 7 SP1、非家用版的 64 位的 Windows 10 和某些 Windows 服务器。

3. 安装 STEP 7 和 WinCC V15.1

为了保证成功地安装 TIA 博途，建议在安装之前卸载杀毒软件和 360 卫士之类的软件。安装时将随书资源的文件夹"TIA Portal STEP7 Pro-WINCC Adv V15 SP1 DVD1"中的 5 个文件保存到同一个文件夹，然后双击运行其中后缀为 exe 的文件。首先出现欢迎对话框，单击各对话框的"下一步(N) >"按钮，进入下一个对话框。

选择安装语言为默认的简体中文，下一对话框将软件包解压缩到指定的文件夹，可用复选框设置退出时删除提取的文件。

解压结束后，开始初始化。在"安装语言"对话框，采用默认的安装语言（简体中文）。在"产品语言"对话框，采用默认的英语和中文。在"产品配置"对话框，建议采用默认的"典型"配置和默认的目标文件夹。单击"浏览"按钮，可以设置安装软件的目标文件夹。

在"许可证条款"对话框（见图 1-5），单击对话框最下面的两个小正方形复选框，使方框中出现"√"（上述操作简称为"勾选"），接受列出的许可证协议的条款。

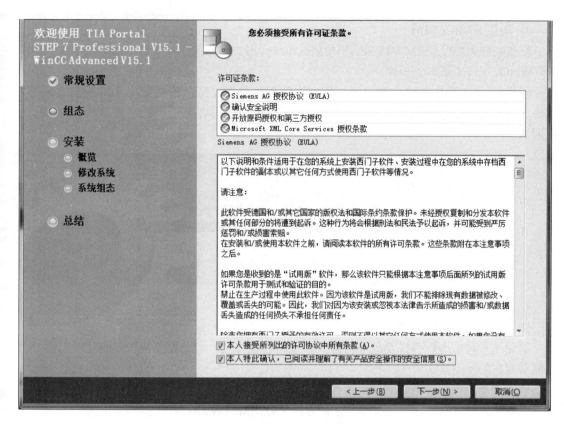

图 1-5 "许可证条款"对话框

在"安全控制"对话框，勾选复选框"我接受此计算机上的安全和权限设置"。

"概览"对话框列出了前面设置的产品配置、产品语言和安装路径。单击"安装"按钮，开始安装软件。安装结束后，出现的对话框询问"现在是否重启计算机?"，用单选框选中"是"，单击"重新启动"按钮，重启计算机。

在安装过程中，如果出现图 1-6 中的对话框，即使重新启动计算机后再安装软件，还会出现上述对话框。解决的方法如下：同时按计算机的 Windows 键 和〈R〉键，打开"运行"对话框，输入命令 Regedit，单击"确定"按钮，打开注册表编辑器。打开左边窗口的文件夹"\HKEY_LOCAL_MACHINE\SYSTEM\CurrentControlSet\Control"，选中其中的"Session Manager"，用键盘上的删除键〈Delete〉删除右边窗口中的条目"PendingFileRename Operations"。删除后不用重新启动计算机，就可以安装软件了。

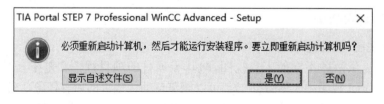

图 1-6 要求重启计算机的对话框

4．安装 S7-PLCSIM

双击文件夹"\PLCSIM V15 SP1"中的 Start.exe，开始安装软件。安装的过程与安装 STEP 7 和 WinCC V15.1 基本上相同。

如果没有软件的自动化许可证，第一次使用软件时，将会出现图 1-7 所示的对话框。选中 STEP 7 Professional，单击"激活"按钮，激活试用许可证密钥，可以获得 21 天试用期。

图 1-7　激活试用许可证密钥

5．学习 TIA 博途的建议

博途是一种大型软件，功能非常强大，使用也很方便，但是需要花较多的时间来学习，才能掌握它的使用方法。

学习使用大型软件时一定要动手操作软件，如果只是限于阅读手册和书籍，不可能掌握软件的使用方法，只有边学边练习，才能逐渐学好用好软件。

本书的配套资源提供了基于 TIA 博途的编程软件 STEP 7 V15 SP1、HMI 组态软件 WinCC V15 SP1、仿真软件 S7-PLCSIM V15 SP1、20 多本中文用户手册、与正文配套的 30 多个例程和 46 个多媒体视频教程。

S7-1200 的仿真软件 S7-PLCSIM 和 HMI 的运行系统可以分别对 PLC 和 HMI 仿真，它们还可以对 PLC 和 HMI 组成的控制系统仿真。读者安装好 STEP 7 和 S7-PLCSIM 后，在阅读本书的同时，可以一边看书一边打开有关的例程，进行仿真操作，这样做可以收到事半功倍的效果。在此基础上，读者可以根据本书附录中实验指导书有关实验的要求创建项目，对项目进行组态、编程和仿真调试，这样可以进一步提高使用博途组态硬件、编程和调试程序的能力。

1.3　TIA 博途使用入门与硬件组态

1.3.1　项目视图的结构

1．Portal 视图与项目视图

TIA Portal 提供两种不同的工具视图，即基于项目的项目视图和基于任务的 Portal（门户）视图。在 Portal 视图中（见图 1-8），可以概览自动化项目的所有任务。初学者可以借助面向任务的用户指南，以及最适合其自动化任务的编辑器来进行工程组态。

安装好 TIA 博途后，双击桌面上的图标，打开启动画面（即 Portal 视图）。单击视图左下角的"项目视图"，将切换到项目视图（见图 1-9）。本书主要使用项目视图。

图 1-8 启动界面（Portal 视图）

图 1-9 在项目视图中组态硬件

2．项目树

图 1-9 中标有①的区域为项目树，可以用它访问所有的设备和项目数据，添加新的设备，编辑已有的设备，打开处理项目数据的编辑器。

项目中的各组成部分在项目树中以树状结构显示，分为 4 个层次：项目、设备、文件夹和对象。项目树的使用方式与 Windows 的资源管理器相似。作为每个编辑器的子元件，用文件夹以结构化的方式保存对象。

单击项目树右上角的◀按钮，项目树和下面标有②的详细视图消失，同时最左边的垂直条的上端出现▶按钮。单击它将打开项目树和详细视图。可以用类似的方法隐藏和显示右边标有⑤的任务卡（图 1-9 中为硬件目录）。

将鼠标的光标放到相邻的两个窗口的垂直分界线上，出现带双向箭头的✛光标时，按住鼠标的左键移动鼠标，可以移动分界线，以调节分界线两边的窗口大小。可以用同样的方法调节水平分界线。

单击项目树标题栏上的"自动折叠"按钮▣，该按钮变为▯（永久展开）。此时单击项目树之外的任何区域，项目树自动折叠（消失）。单击最左边的垂直条上端的▶按钮，项目树随即打开。单击▯按钮，该按钮变为▣，自动折叠功能被取消。

可以用类似的操作，启动或关闭任务卡和巡视窗口的自动折叠功能。

3．详细视图

项目树窗口下面标有②的区域是详细视图，打开项目树中的"PLC 变量"文件夹，选中其中的"默认变量表"，详细视图显示出该变量表中的变量。可以将其中的符号地址拖拽到程序中用红色问号表示的需要设置地址的地址域处。拖拽到已设置的地址上时，原来的地址将会被替换。

单击详细视图左上角的▼按钮或"详细视图"标题，详细视图被关闭，只剩下紧靠"Portal 视图"的标题，标题左边的按钮变为▶。单击该按钮或标题，重新显示详细视图。单击标有④的巡视窗口右上角的▼按钮或▲按钮，可以隐藏和显示巡视窗口。

4．工作区

标有③的区域为工作区，可以同时打开几个编辑器，但是一般只能在工作区同时显示一个当前打开的编辑器。在最下面标有⑦的编辑器栏中显示被打开的编辑器，单击它们可以切换工作区显示的编辑器。

单击工具栏上的▯、▬按钮，可以垂直或水平拆分工作区，同时显示两个编辑器。

在工作区同时打开程序编辑器和设备视图，将设备视图放大到200%或以上，可以将模块上的 I/O 点拖拽到程序编辑器中指令的地址域，这样不仅能快速设置指令的地址，还能在 PLC 变量表中创建相应的条目。也可以用上述的方法将模块上的 I/O 点拖拽到 PLC 变量表中。

单击工作区右上角的"最大化"按钮▯，将会关闭其他所有的窗口，工作区被最大化。单击工作区右上角的"浮动"按钮▯，工作区浮动。用鼠标左键按住浮动的工作区的标题栏并移动鼠标，可以将工作区拖到界面上希望的位置。松开左键，工作区被放在当前所在的位置，这个操作称为"拖拽"。可以将浮动的窗口拖拽到任意位置。

工作区被最大化或浮动后，单击浮动的窗口右上角的"嵌入"按钮▯，工作区将恢复原状。图 1-9 的工作区显示的是设备和网络编辑器的"设备视图"选项卡，可以组态硬件。选中"网络视图"选项卡，打开网络视图，可以组态网络。选中"拓扑视图"选项卡，可以组态 PROFINET 网络的拓扑结构。

可以将硬件列表中需要的设备或模块拖拽到工作区的设备视图和网络视图中。

5．巡视窗口

标有④的区域为巡视（Inspector）窗口，用来显示选中的工作区中的对象附加的信息，还可以用巡视窗口来设置对象的属性。巡视窗口有 3 个选项卡。

1）"属性"选项卡：用来显示和修改选中的工作区中的对象的属性。巡视窗口中左边的窗口是浏览窗口，选中其中的某个参数组，在右边窗口显示和编辑相应的信息或参数。

2）"信息"选项卡：显示所选对象和操作的详细信息，以及编译后的报警信息。

3）"诊断"选项卡：显示系统诊断事件和组态的报警事件。

图 1-9 选中了工作区中编号为 101 的 RS485 通信模块。巡视窗口有两级选项卡，选中第一级的"属性"选项卡和第二级的"常规"选项卡，再选中左边浏览窗口的"RS-485 接口"文件夹中的"IO-Link"，简记为选中了巡视窗口的"属性 〉 常规 〉RS-485 接口 〉IO-Link"。

6．任务卡

标有⑤的区域为任务卡，任务卡的功能与编辑器有关。可以通过任务卡进行进一步的或附加的操作。例如从库或硬件目录中选择对象，搜索与替代项目中的对象，将预定义的对象拖拽到工作区。

可以用最右边的竖条上的按钮来切换任务卡显示的内容。图 1-9 中的任务卡显示的是硬件目录，任务卡下面标有⑥的"信息"窗格显示在"目录"窗格中选中的硬件对象的图形和对它的简要描述。

单击任务卡窗格上的"更改窗格模式"按钮，可以在同时打开几个窗格和同时只打开一个窗格之间切换。

视频"TIA 博途使用入门（A）"和"TIA 博途使用入门（B）"可通过扫描二维码 1-1 和二维码 1-2 播放。

二维码 1-1　　二维码 1-2

1.3.2　创建项目与硬件组态

1．新建一个项目

执行菜单命令"项目"→"新建"，在出现的"创建新项目"对话框中，将项目的名称修改为"电动机控制"。单击"路径"输入框右边的██按钮，可以修改保存项目的路径。单击"创建"按钮，开始生成项目。

2．添加新设备

双击项目树中的"添加新设备"，出现"添加新设备"对话框（见图 1-10）。单击其中的"控制器"按钮，双击要添加的 CPU 的订货号，添加一个 PLC。在项目树、设备视图和网络视图中可以看到添加的 CPU。

将硬件目录中的设备拖拽到网络视图中，也可以添加设备。

3．设置项目的参数

执行菜单命令"选项"→"设置"，选中

图 1-10　"添加新设备"对话框

工作区左边浏览窗口的"常规"（见图 1-11），用户界面语言为默认的"中文"，助记符为默认的"国际"（英语助记符）。

建议用单选框选中"起始视图"区的"项目视图"或"上一视图"。以后在打开博途时将会自动打开项目视图或上一次关闭时的视图。

图 1-11 的右图是选中"常规"后右边窗口下面的部分内容，在"存储设置"区，可以选择最近使用的存储位置或默认的存储位置。选中后者时，可以用"浏览"按钮设置保存项目和库的文件夹。

图 1-11　设置 TIA 博途的常规参数

4．硬件组态的任务

英语单词"Configuring"（配置、设置）一般被翻译为"组态"。设备组态的任务就是在设备视图和网络视图中，生成一个与实际的硬件系统对应的虚拟系统。PLC、远程 I/O、HMI 和 PLC 各模块的型号、订货号和版本号，模块的安装位置和设备之间的通信连接，都应与实际的硬件系统完全相同。此外还应设置模块的参数，即给参数赋值。

组态信息应下载到 CPU，PLC 按组态的参数运行。自动化系统启动时，CPU 比较组态时生成的虚拟系统和实际的硬件系统，检测出可能的错误并用巡视窗口显示。可以设置两个系统不兼容时，是否能启动 CPU（见图 1-18）。

5．在设备视图中添加模块

打开项目"电动机控制"的项目树中的"PLC_1"文件夹（见图 1-9），双击其中的"设备组态"，打开设备视图，可以看到 1 号插槽中的 CPU 模块。在硬件组态时，需要将 I/O 模块或通信模块放置到工作区的机架的插槽内，有两种放置硬件对象的方法。

（1）用"拖拽"的方法放置硬件对象

单击图 1-9 中最右边竖条上的"硬件目录"按钮，打开硬件目录窗口。打开文件夹"\通信模块\点到点\CM 1241 (RS485)"，单击选中订货号为 6ES7 241-1CH30-0XB0 的 CM 1241 (RS485) 模块，其背景色变为深色。可以插入该模块的 CPU 左边的 3 个插槽四周出现深蓝色的方框，只能将该模块插入这些插槽。用鼠标左键按住该模块不放，移动鼠标，将选中的模块"拖"到机架中 CPU 左边的 101 号插槽，该模块浅色的图标和订货号随着光标一起移动。没有移动到允许放置该模块的区域时，光标的形状为 🚫（禁止放置）。反之光标的形状变为 ⬆（允许放置），同时选中的 101 号插槽出现浅色的边框。松开鼠标左键，拖动的模块被放置到选中的插槽。

用上述的方法将 CPU、HMI 或分布式 I/O 拖拽到网络视图，可以生成新的设备。

（2）用双击的方法放置硬件对象

放置模块还有另外一个简便的方法，首先用鼠标左键单击（本书中简称为单击）机架中需要放置模块的插槽，使它的四周出现深蓝色的边框。用鼠标左键双击（本书中简称为双击）硬件目录中要放置的模块的订货号，该模块便出现在选中的插槽中。

放置信号模块和信号板的方法与放置通信模块的方法相同，信号板安装在 CPU 模块内，信号模块安装在 CPU 右侧的 2～9 号槽。

可以将信号模块插入已经组态的两个模块中间。插入点右边所有的信号模块将向右移动一个插槽的位置，新的模块被插入到空出来的插槽中。

6. 硬件目录中的过滤器

如果勾选了图 1-9 中"硬件目录"窗口左上角的"过滤"复选框，激活了硬件目录的过滤器功能，则硬件目录只显示与工作区中的设备有关的硬件。例如打开 S7-1200 的设备视图时，如果勾选了"过滤"复选框，硬件目录窗口不显示其他控制设备，只显示 S7-1200 的组件。

7. 删除硬件组件

可以删除被选中的设备视图或网络视图中的硬件组件，被删除的组件的插槽可供其他组件使用。不能单独删除 CPU 和机架，只能在网络视图或项目树中删除整个 PLC 站。

删除硬件组件后，可能在项目中产生矛盾，即违反了插槽规则。选中指令树中的"PLC_1"，单击工具栏上的"编译"按钮，对硬件组态进行编译。编译时进行一致性检查，如果有错误将会显示错误信息，应改正错误后重新进行编译，直到没有错误。

8. 复制与粘贴硬件组件

可以在项目树、网络视图或设备视图中复制硬件组件，然后将保存在剪贴板上的组件粘贴到其他地方。可以在网络视图中复制和粘贴站点，在设备视图中复制和粘贴模块。

可以用拖拽的方法或通过剪贴板在设备视图或网络视图中移动硬件组件，但是 CPU 必须在 1 号槽。

9. 改变设备的型号

右键单击（本书中简称为右击）项目树或设备视图中要更改型号的 CPU 或 HMI，执行出现的快捷菜单中的"更改设备"命令，双击出现的"更改设备"对话框右边的列表中用来替换的设备的订货号，设备型号被更改。

10. 打开已有的项目

单击项目视图工具栏上的 按钮，在打开的"打开项目"对话框中双击列出的最近使用的某个项目，打开该项目。或者单击对话框中的"浏览"按钮，在打开的对话框中打开某个项目的文件夹，双击其中标有 的文件，打开该项目。

11. 打开用 TIA 博途 V13 保存的项目

单击工具栏上的"打开项目"按钮，打开一个用 TIA 博途 V13 保存的项目文件夹，双击其中后缀为"ap13"的文件，单击对话框中的"升级"按钮，数据被导入新项目。为了完成项目升级，需要对每台设备执行菜单命令"编辑"→"编译"。

1.3.3 信号模块与信号板的参数设置

1. 输入、输出点的地址分配

双击项目树的 PLC_1 文件夹中的"设备组态"，打开 PLC_1 的设备视图。

单击图 1-12 的设备视图原来在右边的竖条上向左的小三角形按钮，从右到左弹出"设备概览"视图，可以用鼠标移动小三角形按钮所在的设备视图和设备概览视图的垂直分界线。单击该分界线上向右或向左的小三角形按钮，设备概览视图将会向右关闭或向左扩展。

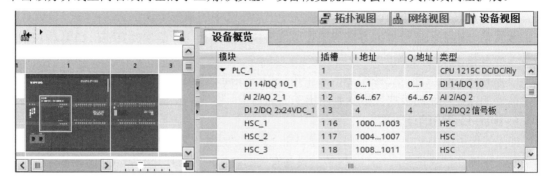

图 1-12　设备视图与设备概览视图

在设备概览视图中，可以看到 CPU 集成的 I/O 点和信号模块的字节地址（见图 1-12）。I、Q 地址是自动分配的，CPU 1215C 集成的 14 点数字量输入（I0.0～I0.7 和 I1.0～I1.5）的字节地址为 0 和 1，10 点数字量输出（Q0.0～Q0.7、Q1.0 和 Q1.1）的字节地址为 0 和 1。

CPU 集成的模拟量输入点的地址为 IW64 和 IW66，集成的模拟量输出点的地址为 QW64 和 QW66，每个通道占一个字或两个字节。DI 2/DQ 2 信号板的字节地址均为 4（I4.0～I4.1 和 Q4.0～Q4.1）。DI、DQ 的地址以字节为单位分配，如果没有用完分配给它的某个字节中所有的位，剩余的位也不能再作它用。

模拟量输入、模拟量输出的地址以组为单位分配，每一组有两个输入/输出点。

从设备概览视图还可以看到分配给各插槽的信号模块的输入、输出字节地址。

选中设备概览中某个插槽的模块，可以修改自动分配的 I、Q 地址。建议采用自动分配的地址，不要修改它。但是在编程时必须使用组态时分配给各 I/O 点的地址。

2．CPU 集成的数字量输入点的参数设置

组态数字量输入时，首先选中设备视图或设备概览中的 CPU 或有数字量输入的信号板，再选中工作区下面的巡视窗口的"属性 ＞ 常规 ＞ 数字量输入"文件夹中的某个通道（见图 1-13）。可以用选择框设置该通道输入滤波器的输入延时时间。还可以用复选框启用或禁用该通道的上升沿中断、下降沿中断和脉冲捕捉功能，以及设置产生中断事件时调用的硬件中断组织块（OB）。

图 1-13　组态 CPU 的数字量输入点

脉冲捕捉功能暂时保持窄脉冲的 1 状态，直到下一次刷新过程映像输入。可以同时启用同一通道的上升沿中断和下降沿中断，但是不能同时启用中断和脉冲捕捉功能。

DI 模块只能组态 4 点 1 组的输入滤波器的输入延时时间。

3. 数字量输出点的参数设置

首先选中设备视图或设备概览中的 CPU、数字量输出模块或信号板，在巡视窗口选中"数字量输出"后（见图 1-14），可以选择在 CPU 进入 STOP 模式时，数字量输出保持上一个值（Keep last value），或者使用替代值。选中后者时，选中左边窗口的某个输出通道，用复选框设置其替代值，以保证系统因故障自动切换到 STOP 模式时进入安全的状态。复选框内有"√"表示替代值为 1，反之为 0（默认的替代值）。

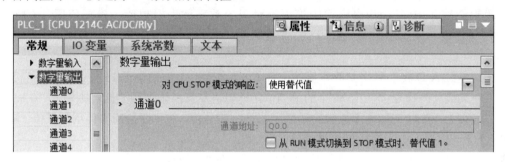

图 1-14　组态 CPU 的数字量输出点

4. 模拟量输入模块的参数设置

选中设备视图中的 AI 4/AQ 2 模块，模拟量输入需要设置下列参数：

1）积分时间（见图 1-15），它与干扰抑制频率成反比，后者可选 400Hz、60Hz、50Hz 和 10Hz。积分时间越长，精度越高，快速性越差。积分时间为 20ms 时，对 50Hz 的工频干扰噪声有很强的抑制作用，一般选择积分时间为 20ms。

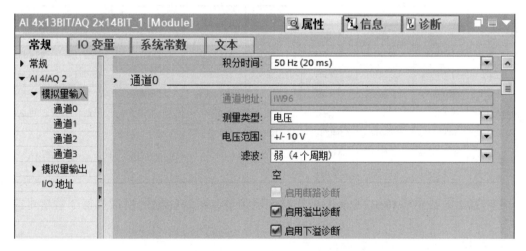

图 1-15　组态 AI/AQ 模块的模拟量输入点

2）测量类型（电压或电流）和测量范围。

3）A-D 转换得到的模拟值的滤波等级。模拟值的滤波处理可以减轻干扰的影响，这对缓慢变化的模拟量信号（例如温度测量信号）是很有意义的。滤波处理根据系统规定的转换次数来计算转换后的模拟值的平均值。有"无、弱、中、强"这4个等级，它们对应的计算平均值的模拟量采样值的周期数分别为1、4、16和32。所选的滤波等级越高，滤波后的模拟值越稳定，但是测量的快速性越差。

4）设置诊断功能，可以选择是否启用断路和溢出诊断功能。只有4~20mA输入才能检测是否有断路故障。

CPU集成的模拟量输入点、模拟量输入信号板与模拟量输入模块的参数设置方法基本上相同。

5．模拟量输入转换后的模拟值

模拟量输入/模拟量输出模块中模拟量对应的数字称为模拟值，模拟值用16位二进制补码（整数）来表示。最高位（第15位）为符号位，正数的符号位为0，负数的符号位为1。

模拟量经A-D转换后得到的数值的位数（包括符号位）如果小于16位，则转换值被自动左移，使其最高的符号位在16位字的最高位，模拟值左移后未使用的低位则填入"0"，这种处理方法称为"左对齐"。设模拟值的精度为12位+符号位，左移3位后未使用的低位（第0~2位）为0，相当于实际的模拟值被乘以8。

这种处理方法的优点在于模拟量的量程与移位处理后的数字的关系是固定的，与左对齐之前的转换值的位数（即AI模块的分辨率）无关，便于后续的处理。

表1-4给出了模拟量输入模块的模拟值与以百分数表示的模拟量之间的对应关系，其中最重要的关系是双极性模拟量正常范围的上、下限（100%和-100%）分别对应于模拟值27648和-27648，单极性模拟量正常范围的上、下限（100%和0%）分别对应于模拟值27648和0。上述关系在表1-4中用黑体字表示。

表 1-4　模拟量输入模块的模拟值

范围	双极性				单极性			
	百分比	十进制	十六进制	±10V	百分比	十进制	十六进制	0~20mA
上溢出，断电	118.515%	32767	7FFFH	11.851V	118.515%	32767	7FFFH	23.70mA
超出范围	117.589%	32511	7EFFH	11.759V	117.589%	32511	7EFFH	23.52mA
正常范围	**100.000%**	**27648**	**6C00H**	**10V**	**100.000%**	**27648**	**6C00H**	**20mA**
	0 %	**0**	**0H**	**0V**	**0 %**	**0**	**0H**	**0mA**
	-100.000%	**-27648**	**9400H**	**-10V**				
低于范围	-117.593%	-32512	8100H	-11.759V				
下溢出，断电	-118.519%	-32768	8000H	-11.851V				

S7-1200的热电偶和RTD（电阻式温度检测器）模块输出的模拟值每个数值对应于0.1℃。

6．模拟量输出模块的参数设置

选中设备视图中的AI 4/AQ 2模块，设置模拟量输出的参数。

与数字量输出相同，可以设置CPU进入STOP模式后，各模拟量输出点保持上一个值，或使用替代值（见图1-16）。选中后者时，可以设置各点的替代值。

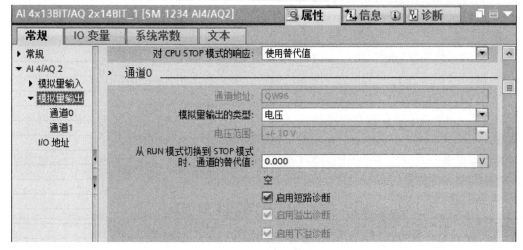

图 1-16　组态 AI/AQ 模块的模拟量输出点

需要设置各输出点的输出类型（电压或电流）和输出范围。可以激活电压输出的短路诊断功能，电流输出的断路诊断功能，以及超出上限值或低于下限值的溢出诊断功能。

CPU 集成的模拟量输出点、模拟量输出信号板与模拟量输出模块的参数设置方法基本上相同。

1.3.4　CPU 模块的参数设置

CPU 集成的 I/O 点的参数设置方法已在上一节介绍过了，CPU 集成的 PROFINET 接口、高速计数器和脉冲发生器的参数设置方法将在有关的章节介绍。本节介绍 CPU 其他主要参数的设置方法。

1. 设置系统存储器字节与时钟存储器字节

双击项目树某个 PLC 文件夹中的"设备组态"，打开该 PLC 的设备视图。选中 CPU 后，再选中巡视窗口的"属性 > 常规 > 系统和时钟存储器"（见图 1-17），可以用复选框分别启用系统存储器字节（默认地址为 MB1）和时钟存储器字节（默认地址为 MB0），可以设置它们的地址值。

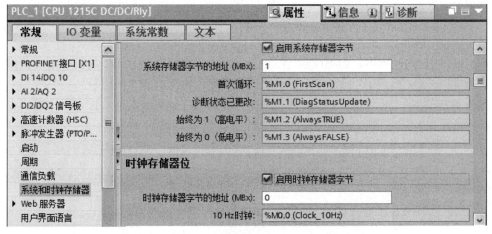

图 1-17　组态系统存储器字节与时钟存储器字节

将 MB1 设置为系统存储器字节后，该字节的 M1.0～M1.3 的意义如下。

1）M1.0（首次循环）：仅在刚进入 RUN 模式的首次扫描时为 TRUE（1 状态），以后为 FALSE（0 状态）。在 TIA 博途中，位编程元件的 1 状态和 0 状态分别用 TRUE 和 FALSE 来表示。

2）M1.1（诊断状态已更改）：诊断状态发生变化。

3）M1.2（始终为 1）：总是为 TRUE，其常开触点总是闭合。

4）M1.3（始终为 0）：总是为 FALSE，其常闭触点总是闭合。

勾选图 1-17 右边窗口的"启用时钟存储器字节"复选框，采用默认的 MB0 作时钟存储器字节。

时钟存储器的各位在一个周期内为 FALSE 和为 TRUE 的时间各为 50%，时钟存储器字节每一位的周期和频率见表 1-5。CPU 在扫描循环开始时初始化这些位。

表 1-5 时钟存储器字节各位的周期与频率

位	7	6	5	4	3	2	1	0
周期/s	2	1.6	1	0.8	0.5	0.4	0.2	0.1
频率/Hz	0.5	0.625	1	1.25	2	2.5	5	10

M0.5 的时钟脉冲周期为 1s，如果用它的触点来控制指示灯，指示灯将以 1Hz 的频率闪动，亮 0.5s，熄灭 0.5s。

因为系统存储器和时钟存储器不是保留的存储器，用户程序或通信可能改写这些存储单元，破坏其中的数据。指定了系统存储器和时钟存储器字节以后，这两个字节不能再作他用，否则将会使用户程序运行出错，甚至造成设备损坏或人身伤害。建议始终使用系统存储器字节和时钟存储器字节的默认地址（MB1 和 MB0）。

2. 设置 PLC 上电后的启动方式

选中设备视图中的 CPU 后，再选中巡视窗口的"属性 > 常规 > 启动"（见图 1-18），可以组态上电后 CPU 的 3 种启动方式：

1）不重新启动，保持在 STOP 模式。

2）暖启动，进入 RUN 模式。

3）暖启动，进入断电之前的操作模式。这是默认的启动方式。

暖启动将非断电保持存储器复位为默认的初始值，但是断电保持存储器中的值不变。

可以用"比较预设与实际组态"选择框设置当预设的组态与实际的硬件不匹配（不兼容）时，是否启动 CPU。

在 CPU 的启动过程中，如果中央 I/O 或分布式 I/O 在组态的时间段内没有准备就绪（默认值为 1min），则 CPU 的启动特性取决于"比较预设与实际组态"的设置。

如果勾选了图 1-18 中的"OB 应该可中断"复选框，优先级高的 OB 可以中断优先级低的 OB 的执行。

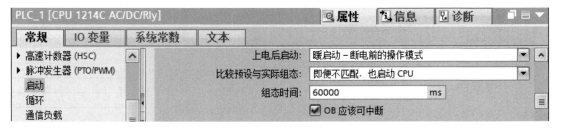

图 1-18 设置启动方式

3. 设置实时时钟

选中设备视图中的 CPU 后，再选中巡视窗口的"属性 > 常规 > 时间"。如果设备在国内使用，应设置本地时间的时区为"（UTC+08:00）北京. 重庆. 中国香港特别行政区. 乌鲁木齐"，不要激活夏令时。出口产品可能需要设置夏令时。

4. 设置读写保护和密码

选中设备视图中的 CPU 后，再选中巡视窗口的"属性 > 常规 > 防护与安全 > 访问级别"（见图 1-19），可以选择右边窗口的 4 个访问级别。其中绿色的勾表示在没有该访问级别密码的情况下可以执行的操作。如果要使用该访问级别中没有打勾的功能，需要输入密码。

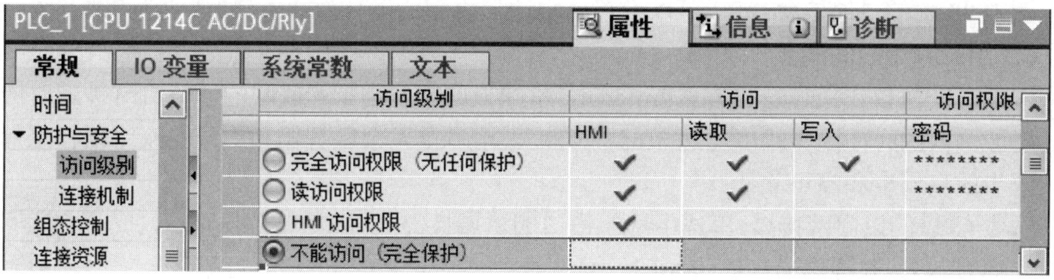

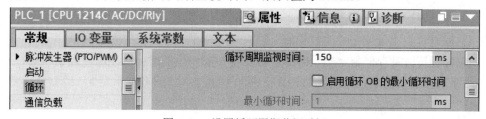

图 1-19　设置访问权限与密码

1）选中"完全访问权限（无任何保护）"时，不需要密码，具有对所有功能的访问权限。

2）选中"读访问权限"时，没有密码仅仅允许对硬件配置和块进行读访问，没有写访问权限。知道第一行的密码的用户可以不受限制地访问 CPU。

3）选中"HMI 访问权限"时，不输入密码用户没有读访问和写访问权限，只能通过 HMI 访问 CPU。此时至少需要设置第一行的密码，知道第 2 行的密码的用户只有读访问权限。各行的密码不能相同。

4）选中"不能访问（完全保护）"时，没有密码不能进行读写访问和通过 HMI 访问，禁用 PUT/GET 通信的服务器功能。至少需要设置第一行的密码，可以设置第 2、3 行的密码。知道第 3 行密码的用户只能通过 HMI 访问 CPU。

如果 S7-1200 的 CPU 在 S7 通信中做服务器，必须在选中图 1-19 中的"连接机制"后，勾选复选框"允许来自远程对象的 PUT/GET 通信访问"。

5. 设置循环周期监视时间与通信负载

循环时间是操作系统刷新过程映像和执行程序循环 OB 的时间，包括所有中断此循环的中断程序的执行时间。选中设备视图中的 CPU 后，再选中巡视窗口中的"属性 > 常规 > 循环"（见图 1-20），可以设置循环周期监视时间，默认值为 150ms。

图 1-20　设置循环周期监视时间

如果循环时间超过设置的循环周期监视时间，操作系统将会启动时间错误组织块 OB80。

如果 OB80 不可用，CPU 将忽略这一事件。

如果循环时间超出循环周期监视时间的两倍，CPU 将切换到 STOP 模式。

如果勾选了复选框"启用循环 OB 的最小循环时间"，并且 CPU 完成正常的扫描循环任务的时间小于设置的循环 OB 的"最小循环时间"，CPU 将延迟启动新的循环，在等待时间内将处理新的事件和操作系统服务，用这种方法来保证在固定的时间内完成扫描循环。

如果在设置的最小循环时间内，CPU 没有完成扫描循环，那么 CPU 将完成正常的扫描（包括通信处理），并且不会产生超出最小循环时间的系统响应。

CPU 的"通信负载"属性用于将延长循环时间的通信过程的时间控制在特定的限制值内。选中图 1-20 中的"通信负载"，可以设置"由通信引起的循环负载"，默认值为 20%。

6. 组态网络时间同步

网络时间协议（Network Time Protocol，NTP）广泛应用于互联网的计算机时钟的时间同步，局域网内的时间同步精度可达 1ms。NTP 采用多重冗余服务器和不同的网络路径来保证时间同步的高精度和高可靠性。

选中 CPU 的以太网接口，再选中巡视窗口的"属性 > 常规 > 时间同步"，勾选"通过 NTP 服务器启动同步时间"复选框。然后设置时间同步的服务器的 IP 地址和更新的时间间隔，设置的参数下载后起作用。

二维码 1-3

视频"生成项目与组态硬件"可通过扫描二维码 1-3 播放。

1.4 习题

1．填空题

1）CPU 1214C 最多可以扩展_____个信号模块、_____个通信模块。信号模块安装在 CPU 的_____边，通信模块安装在 CPU 的_____边。

2）CPU 1214C 有集成的_____点数字量输入、_____点数字量输出、_____点模拟量输入，_____点高速输出、_____点高速输入。

3）模拟量输入模块输入的 -10～+10V 满量程电压转换后对应的数字为_____～_____。

2．S7-1200 的硬件主要由哪些部件组成？

3．信号模块是哪些模块的总称？

4．怎样设置才能在打开博途时用项目视图自动打开最近的项目？

5．硬件组态有什么任务？

6．怎样设置保存项目的默认的文件夹？

7．怎样设置数字量输入点的上升沿中断功能？

8．怎样设置数字量输出点的替代值？

9．怎样设置时钟存储器字节？时钟存储器字节哪一位的时钟脉冲周期为 500ms？

10．系统存储器的地址为默认的 MB1，哪一位是首次循环位？

第 2 章　S7-1200 程序设计基础

2.1　S7-1200 的编程语言

S7-1200 使用梯形图（LAD）、函数块图（FBD）和结构化控制语言（SCL）这三种编程语言。

1．梯形图

梯形图（LAD）是使用得最多的 PLC 图形编程语言。梯形图与继电器电路图很相似，具有直观易懂的优点，很容易被工厂熟悉继电器控制的电气人员掌握，特别适用于数字量逻辑控制。有时把梯形图称为电路或程序。

梯形图由触点、线圈和用方框表示的指令框组成。触点代表逻辑输入条件，例如外部的开关、按钮和内部条件等。线圈通常代表逻辑运算的结果，常用来控制外部的负载和内部的标志位等。指令框用来表示定时器、计数器或者数学运算等指令。

触点和线圈等组成的电路称为程序段，英语名称为 Network（网络），STEP 7 自动地为程序段编号。可以在程序段编号的右边加上程序段的标题，在程序段编号下面为程序段加上注释（见图 2-1）。单击编辑器工具栏上的 按钮，可以显示或关闭程序段的注释。

在分析梯形图的逻辑关系时，为了借用继电器电路图的分析方法，可以想象在梯形图的左右两侧垂直"电源线"之间有一个左正右负的直流电源电压，当图 2-1 中 I0.0 与 I0.1 的触点同时接通，或 Q0.0 与 I0.1 的触点同时接通时，有一个假想的"能流"（Power Flow）流过 Q0.0 的线圈。利用能流这一概念，可以借用继电器电路的术语和分析方法，帮助我们更好地理解和分析梯形图。能流只能从左往右流动。

程序段内的逻辑运算按从左往右的方向执行，与能流的方向一致。如果没有跳转指令，程序段之间按从上到下的顺序执行，执行完所有的程序段后，下一次扫描循环返回最上面的程序段 1，重新开始执行。

2．函数块图

函数块图（FBD）使用类似于数字电路的图形逻辑符号来表示控制逻辑，有数字电路基础的人很容易掌握。国内很少有人使用函数块图语言。

图 2-2 是图 2-1 中的梯形图对应的函数块图，图 2-2 同时显示绝对地址和符号地址。

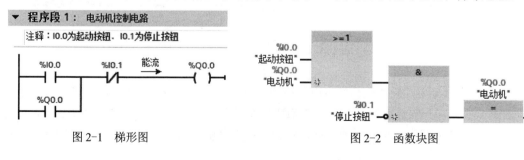

图 2-1　梯形图　　　　　　　　　　　　　图 2-2　函数块图

在函数块图中，用类似于与门（带有符号"&"）、或门（带有符号">=1"）的方框来表示逻辑运算关系，方框的左边为逻辑运算的输入变量，右边为输出变量，输入、输出端的小圆圈表示"非"运算，方框被"导线"连接在一起，信号自左向右流动。指令框用来表示一些复杂的功能，例如数学运算等。

3．结构化控制语言

结构化控制语言（Structured Control Language，SCL）是一种基于 PASCAL 的高级编程语言。这种语言基于 IEC 1131-3 标准。SCL 除了包含 PLC 的典型元素（例如输入、输出、定时器和位存储器）外，还包含高级编程语言中的表达式、赋值运算和运算符。SCL 提供了简便的指令进行程序控制，例如创建程序分支、循环或跳转。SCL 尤其适用于下列应用领域：数据管理、过程优化、配方管理、数学计算和统计任务等场合。

4．编程语言的切换

右击项目树中 PLC 的"程序块"文件夹中的某个代码块，选中快捷菜单中的"切换编程语言"，LAD 和 FDB 语言可以相互切换。只能在"添加新块"对话框中选择 SCL 语言。

2.2　PLC 的工作原理与用户程序结构简介

2.2.1　逻辑运算

在数字量（或称开关量）控制系统中，变量仅有两种相反的工作状态，例如高电平和低电平、继电器线圈的通电和断电，可以分别用逻辑代数中的 1 和 0 来表示这些状态，在波形图中，用高电平表示 1 状态，用低电平表示 0 状态。

使用数字电路或 PLC 的梯形图都可以实现数字量逻辑运算。用继电器电路或梯形图可以实现基本的逻辑运算，触点的串联可以实现"与"运算，触点的并联可以实现"或"运算，用常闭触点控制线圈可以实现"非"运算。多个触点的串、并联电路可以实现复杂的逻辑运算。图 2-3 中上面是 PLC 的梯形图，下面是对应的函数块图。

图 2-3 中的 I0.0～I0.4 为数字量输入变量，Q4.0～Q4.2 为数字量输出变量，它们之间的"与""或""非"逻辑运算关系见表 2-1。表中的 0 和 1 分别表示输入点的常开触点断开和接通，或表示线圈断电和通电。

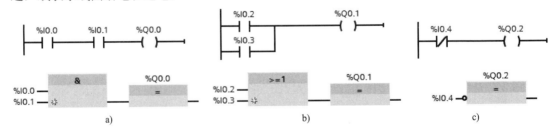

图 2-3　基本逻辑运算

a) 与　b) 或　c) 非

图 2-4 是用交流接触器控制异步电动机的主电路、控制电路和有关的波形图。按下起动按钮 SB1，它的常开触点接通，电流经过 SB1 的常开触点和停止按钮 SB2 的常闭触点，流过交流接触器 KM 的线圈，接触器的衔铁被吸合，使主电路中 KM 的 3 对常开触点闭合，异步

电动机的三相电源接通，电动机开始运行，控制电路中接触器 KM 的辅助常开触点同时接通。

表 2-1　逻辑运算关系表

逻辑运算名称	与			或			非	
逻辑运算表达式	$Q0.0 = I0.0 \cdot I0.1$			$Q0.1 = I0.2 + I0.3$			$Q0.2 = \overline{I0.4}$	
	I0.0	I0.1	Q0.0	I0.2	I0.3	Q0.1	I0.4	Q0.2
逻辑运算规则	0	0	0	0	0	0	0	1
	0	1	0	0	1	1	1	0
	1	0	0	1	0	1		
	1	1	1	1	1	1		

放开起动按钮后，SB1 的常开触点断开，电流经 KM 的辅助常开触点和 SB2 的常闭触点流过 KM 的线圈，电动机继续运行。KM 的辅助常开触点实现的这种功能称为"自锁"或"自保持"，它使继电器电路具有类似于 R-S 触发器的记忆功能。

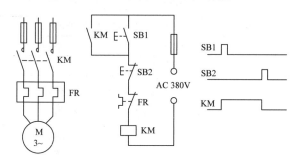

图 2-4　继电器控制电路与波形图

在电动机运行时按下停止按钮 SB2，它的常闭触点断开，使 KM 的线圈失电，KM 的主触点断开，异步电动机的三相电源被切断，电动机停止运行，同时控制电路中 KM 的辅助常开触点断开。当停止按钮 SB2 被放开，其常闭触点闭合后，KM 的线圈仍然失电，电动机继续保持停止运行状态。图 2-4 给出了有关信号的波形图，图中用高电平表示 1 状态（线圈通电、按钮被按下），用低电平表示 0 状态（线圈断电、按钮被放开）。

图中的热继电器 FR 用于过载保护，电动机过载时，经过一段时间后，FR 的常闭触点断开，使 KM 的线圈断电，电动机停转。图 2-4 中的继电器电路称为起动-保持-停止电路，简称为"起保停"电路。

图 2-4 中的继电器控制电路实现的逻辑运算可以用逻辑代数表达式表示为

$$KM = (SB1 + KM) \cdot \overline{SB2} \cdot \overline{FR}$$

在继电器电路图和梯形图中，线圈的状态是输出量，触点的状态是输入量。上式左边的 KM 与图中的线圈相对应，右边的 KM 与接触器的辅助常开触点相对应，上划线表示作逻辑"非"运算，$\overline{SB2}$ 对应于 SB2 的常闭触点。上式中的加号表示逻辑"或"运算，小圆点（乘号）或星号表示逻辑"与"运算。

与普通算术运算"先乘除后加减"类似，逻辑运算的规则为先"与"后"或"。上式为了先进行"或"运算（触点的并联），用括号将"或"运算式括起来，括号中的运算优先执行。

2.2.2　用户程序结构简介

S7-1200 与 S7-300/400 的用户程序结构基本上相同。

1.模块化编程

模块化编程将复杂的自动化任务划分为对应于生产过程的技术功能的较小的子任务，每个子任务对应于一个称为"块"的子程序，可以通过块与块之间的相互调用来组织程序。这样的程序易于修改、查错和调试。块结构显著地增加了 PLC 程序的组织透明性、可理解性和易维护性。各种块的简要说明见表 2-2，其中的 OB、FB、FC 都包含程序，统称为代码（Code）块。所有的代码块和数据块的总数最多为 1024 个。

表 2-2　用户程序中的块

块	简　要　描　述
组织块（OB）	操作系统与用户程序的接口，决定用户程序的结构
函数块（FB）	用户编写的包含经常使用的功能的子程序，有专用的背景数据块
函数（FC）	用户编写的包含经常使用的功能的子程序，没有专用的背景数据块
背景数据块（DB）	用于保存 FB 的输入、输出参数和静态变量，其数据在编译时自动生成
全局数据块（DB）	存储用户数据的数据区域，供所有的代码块共享

被调用的代码块又可以调用别的代码块，这种调用称为嵌套调用。从程序循环 OB 或启动 OB 开始，嵌套深度为 16；从中断 OB 开始，嵌套深度为 6。

在块调用中，调用者可以是各种代码块，被调用的块是 OB 之外的代码块。调用函数块时需要为它指定一个背景数据块。

2.组织块

组织块（Organization Block，OB）是操作系统与用户程序的接口，它被操作系统调用，用于控制扫描循环和中断程序的执行、PLC 的启动和错误处理等。组织块的程序是用户编写的。

每个组织块必须有一个唯一的 OB 编号，123 之前的某些编号是保留的，其他 OB 的编号应大于等于 123。CPU 中特定的事件触发组织块的执行，OB 不能相互调用，也不能被 FC 和 FB 调用。只有启动事件（例如诊断中断事件或周期性中断事件）可以启动 OB 的执行。

（1）程序循环组织块

OB1 是用户程序中的主程序，CPU 循环执行操作系统程序，在每一次循环中，操作系统程序调用一次 OB1。因此 OB1 中的程序也是循环执行的。允许有多个程序循环 OB，默认的是 OB1，其他程序循环 OB 的编号应大于等于 123。

（2）启动组织块

当 CPU 的操作模式从 STOP 切换到 RUN 时，执行一次启动（STARTUP）组织块，来初始化程序循环 OB 中的某些变量。执行完启动 OB 后，开始执行程序循环 OB。可以有多个启动 OB，默认的为 OB100，其他启动 OB 的编号应大于等于 123。

（3）中断组织块

中断处理用来实现对特殊内部事件或外部事件的快速响应。如果没有中断事件出现，CPU 循环执行组织块 OB1 和它调用的块。如果出现中断事件，例如诊断中断和时间延迟中断等，因为 OB1 的中断优先级最低，操作系统在执行完当前程序的当前指令（即断点处）后，立即响应中断。CPU 暂停正在执行的程序块，自动调用一个分配给该事件的组织块（即中断程序）来处理中断事件。执行完中断组织块后，返回被中断的程序的断点处继续执行原来的程序。

这意味着部分用户程序不必在每次循环中处理，而是在需要时才被及时地处理。处理中断事件的程序放在该事件驱动的 OB 中。

4.3 节详细介绍了各种中断组织块和中断事件的处理方法。

3．函数

函数（Function，FC）是用户编写的子程序，STEP 7 V5.5x 称为功能。它包含完成特定任务的代码和参数。FC 和 FB（函数块）有与调用它的块共享的输入参数和输出参数。执行完 FC 和 FB 后，返回调用它的代码块。

函数是快速执行的代码块，可用于完成标准的和可重复使用的操作，例如算术运算。或完成技术功能，例如使用位逻辑运算的控制。

可以在程序的不同位置多次调用同一个 FC 或 FB，这样可以简化重复执行的任务的编程。函数没有固定的存储区，函数执行结束后，其临时变量中的数据可能被别的块的变量覆盖。

4．函数块

函数块（Function Block，简称为 FB）是用户编写的子程序，STEP 7 V5.x 称为功能块。调用函数块时，需要指定背景数据块，后者是函数块专用的存储区。CPU 执行 FB 中的程序代码，将块的输入、输出参数和局部静态变量保存在背景数据块中，以便在后面的扫描周期访问它们。FB 的典型应用是执行不能在一个扫描周期完成的操作。在调用 FB 时，自动打开对应的背景数据块，后者的变量可以被其他代码块访问。

使用不同的背景数据块调用同一个函数块，可以控制不同的对象。

5．数据块

数据块（Data Block，DB）是用于存放执行代码块时所需的数据的数据区，与代码块不同，数据块没有指令，STEP 7 按变量生成的顺序自动地为数据块中的变量分配地址。

有两种类型的数据块：

1）全局数据块存储供所有的代码块使用的数据，所有的 OB、FB 和 FC 都可以访问它们。

2）背景数据块存储的数据供特定的 FB 使用。背景数据块中保存的是对应的 FB 的输入、输出参数和局部静态变量。FB 的临时数据（Temp）不是用背景数据块保存的。

2.2.3 PLC 的工作过程

1．操作系统与用户程序

CPU 的操作系统用来实现与具体的控制任务无关的 PLC 的基本功能。操作系统的任务包括处理暖启动、刷新过程映像输入/输出、调用用户程序、检测中断事件和调用中断组织块、检测和处理错误、管理存储器，以及处理通信任务等。

用户程序包含处理具体的自动化任务必需的所有功能。用户程序由用户编写并下载到 CPU，用户程序的任务包括：

1）检查是否满足暖启动需要的条件，例如限位开关是否在正确的位置。

2）处理过程数据，例如用数字量输入信号来控制数字量输出信号，读取和处理模拟量输入信号，输出模拟量值。

3）用 OB（组织块）中的程序对中断事件做出反应，例如在诊断错误中断组织块 OB82

中发出报警信号，和编写处理错误的程序。

2. CPU 的操作模式

CPU 有 3 种操作模式：RUN（运行）、STOP（停止）与 STARTUP（启动）。CPU 面板上的状态 LED（发光二极管）用来指示当前的操作模式，可以用编程软件改变 CPU 的操作模式。

在 STOP 模式，CPU 仅处理通信请求和进行自诊断，不执行用户程序，不会自动更新过程映像。上电后 CPU 进入 STAPTUP（启动）模式，进行上电诊断和系统初始化，检查到某些错误时，将禁止 CPU 进入 RUN 模式，保持在 STOP 模式。

在 CPU 内部的存储器中，设置了一片区域来存放输入信号和输出信号的状态，它们被称为过程映像输入区和过程映像输出区。从 STOP 模式切换到 RUN 模式时，CPU 进入启动模式，执行下列操作（见图 2-5 中各阶段的代码）：

阶段 A 将外设输入（或称物理输入）的状态复制到过程映像输入（I 存储器）。

阶段 B 用上一次 RUN 模式最后的值或组态的替代值，来初始化过程映像输出（Q 存储器）、将 DP、PN 和 AS-i 网络上的分布式 I/O 的输出设为零。

阶段 C 执行启动 OB（如果有的话），将非保持性 M 存储器和数据块初始化为其初始值，并启用组态的循环中断事件和时钟事件。

阶段 D（整个启动阶段）将所有中断事件保存到中断队列，以便在 RUN 模式进行处理。

阶段 E 将过程映像输出的值写到外设输出。

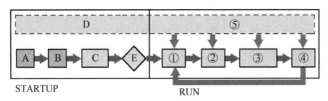

图 2-5 启动与运行过程示意图

启动阶段结束后，进入 RUN 模式。为了使 PLC 的输出及时地响应各种输入信号，CPU 反复地分阶段处理各种不同的任务（见图 2-5 中各阶段的符号）：

阶段①将过程映像输出的值写到外设输出。

阶段②将外设输入的状态复制到 I 存储器。

阶段③执行一个或多个程序循环 OB，首先执行主程序 OB1。

阶段④进行自诊断。

上述任务是按顺序循环执行的，这种周而复始的循环工作方式称为扫描循环。

阶段⑤（扫描循环的任意阶段）处理中断和通信，执行中断程序。

3. 操作模式的切换

CPU 模块上没有切换操作模式的模式选择开关，只能用博途的 CPU 操作面板（见图 6-24），或工具栏上的 ▶ 按钮和 ■ 按钮，来切换 STOP 和 RUN 操作模式。也可以在用户程序中用 STP 指令使 CPU 进入 STOP 模式。

4. 冷启动与暖启动

下载了用户程序的块和硬件组态后，下一次切换到 RUN 模式时，CPU 执行冷启动。冷启动时复位输入，初始化输出；复位存储器，即清除工作存储器、非保持性存储区和保持性存储区，并将装载存储器的内容复制到工作存储器。存储器复位不会清除诊断缓冲区，也不会清除永久保存的 IP 地址。

冷启动之后，在下一次下载之前的 STOP 到 RUN 模式的切换均为暖启动。暖启动时所有非保持的系统数据和用户数据被初始化，不会清除保持性存储区。

暖启动不对存储器复位，可以用在线与诊断视图的"CPU 操作面板"上的"MRES"按钮（见图 6-24）来复位存储器。

移除或插入中央模块将导致 CPU 进入 STOP 模式。

5．RUN 模式 CPU 的操作

下面是 RUN 模式各阶段任务的详细介绍。

（1）写外设输出

在扫描循环的第一阶段，操作系统将过程映像输出中的值写到输出模块并锁存起来。梯形图中某输出位的线圈"通电"时，对应的过程映像输出位中的二进制数为 1。信号经输出模块隔离和功率放大后，继电器型输出模块中对应的硬件继电器的线圈通电，其常开触点闭合，使外部负载通电工作。若梯形图中某输出位的线圈"断电"，对应的过程映像输出位中的二进制数为 0。将它送到继电器型输出模块，对应的硬件继电器的线圈断电，其常开触点断开，外部负载断电，停止工作。

可以用指令立即改写外设输出点的值，同时将刷新过程映像输出。

（2）读外设输入

在扫描循环的第二阶段，读取输入模块的输入，并传送到过程映像输入区。外接的输入电路闭合时，对应的过程映像输入位中的二进制数为 1，梯形图中对应的输入点的常开触点接通，常闭触点断开。外接的输入电路断开时，对应的过程映像输入位中的二进制数为 0，梯形图中对应的输入点的常开触点断开，常闭触点接通。

可以用指令立即读取数字量或模拟量的外设输入点的值，但是不会刷新过程映像输入。

（3）执行用户程序

PLC 的用户程序由若干条指令组成，指令在存储器中按顺序排列。读取输入后，从第一条指令开始，逐条顺序执行用户程序中的指令，包括程序循环 OB 调用 FC 和 FB 的指令，直到最后一条指令。

在执行指令时，从过程映像输入/输出或别的位元件的存储单元读出其 0、1 状态，并根据指令的要求执行相应的逻辑运算，运算的结果写入相应的过程映像输出和其他存储单元，它们的内容随着程序的执行而变化。

程序执行过程中，各输出点的值被保存到过程映像输出，而不是立即写给输出模块。

在程序执行阶段，即使外部输入信号的状态发生了变化，过程映像输入的状态也不会随之而变，输入信号变化了的状态只能在下一个扫描周期的读取输入阶段被读入。执行程序时，对输入/输出的访问通常是通过过程映像，而不是实际的 I/O 点，这样做有以下好处：

1）在整个程序执行阶段，各过程映像输入点的状态是固定不变的，程序执行完后再用过程映像输出的值更新输出模块，使系统的运行稳定。

2）由于过程映像保存在 CPU 的系统存储器中，访问速度比直接访问信号模块快得多。

（4）通信处理与自诊断

在扫描期间定期处理通信请求，这可能会中断用户程序的执行。自诊断检查包括定期检查系统和检查 I/O 模块的状态。

（5）中断处理

事件驱动的中断可以在扫描循环的任意阶段发生。有事件出现时，CPU 中断扫描循环，调用组态给该事件的 OB。OB 处理完事件后，CPU 在中断点恢复用户程序的执行。中断功能可以提高 PLC 对事件的响应速度。

2.3　数据类型与系统存储区

2.3.1　物理存储器

PLC 的操作系统使 PLC 具有基本的智能，能够完成 PLC 设计者规定的各种工作。用户程序由用户设计，它使 PLC 能完成用户要求的特定功能。

1. PLC 使用的物理存储器

（1）随机存取存储器

CPU 可以读出随机存取存储器（RAM）中的数据，也可以将数据写入 RAM。它是易失性的存储器，电源中断后，存储的信息将会丢失。RAM 的工作速度快，价格便宜，改写方便。在关断 PLC 的外部电源后，可以用锂电池保存 RAM 中的用户程序和某些数据。

（2）只读存储器

只读存储器（ROM）的内容只能读出，不能写入。它是非易失的，电源消失后，仍能保存存储的内容，ROM 一般用来存放 PLC 的操作系统。

（3）快闪存储器和可电擦除可编程只读存储器

快闪存储器（Flash EPROM）简称为 FEPROM，可电擦除可编程的只读存储器简称为 EEPROM。它们是非易失性的，可以用编程装置对它们编程，兼有 ROM 的非易失性和 RAM 的随机存取优点，但是将数据写入它们所需的时间比 RAM 长得多。它们用来存放用户程序和断电时需要保存的重要数据。

2. 装载存储器与工作存储器

（1）装载存储器

装载存储器是非易失性的存储器，用于保存用户程序、数据和组态信息。所有的 CPU 都有内部的装载存储器，CPU 插入存储卡后，用存储卡作装载存储器。项目下载到 CPU 时，保存在装载存储器中。装载存储器具有断电保持功能，它类似于计算机的硬盘，工作存储器类似于计算机的内存条。

（2）工作存储器

工作存储器是集成在 CPU 中的高速存取的 RAM，为了提高运行速度，CPU 将用户程序中与程序执行有关的部分，例如组织块、函数块、函数和数据块从装载存储器复制到工作存储器。CPU 断电时，工作存储器中的内容将会丢失。

3. 保持性存储器

断电保持存储器（保持性存储器）用来防止在 PLC 电源关闭时丢失数据，暖启动后保持性存储器中的数据保持不变，存储器复位时其值被清除。

CPU 提供了 10KB 的保持性存储器，可以在断电时，将工作存储器的某些地址（例如数据块或位存储器 M）的值永久保存在保持性存储器中。

断电时组态的工作存储器的值被复制到保持性存储器中。电源恢复后，系统将保持性存储器保存的断电之前工作存储器的数据，恢复到原来的存储单元。

在暖启动时，所有非保持的位存储器被删除，非保持的数据块的内容被设置为装载存储器中的初始值。保持性存储器和有保持功能的数据块的内容被保持。

在线时只能在 STOP 模式，用 CPU 操作面板上的"MRES"按钮来复位存储器（见图 6-24）。存储器复位使 CPU 进入所谓的"初始状态"，清除所有的工作存储器，包括保持和非保持的存储区，将装载存储器的内容复制给工作存储器，数据块中变量的值被初始值替代。编程设备与 CPU 的在线连接被中断时，诊断缓冲区、实时时间、IP 地址、硬件组态和激活的强制作业保持不变。

4. 存储卡

SIMATIC 存储卡基于 FEPROM，是预先格式化的 SD 存储卡，它用于在断电时保存用户程序和某些数据，不能用普通读卡器格式化存储卡。可以将存储卡作为程序卡、传送卡或固件更新卡。

装载了用户程序的存储卡将替代设备的内部装载存储器，后者的数据被擦除。拔掉存储卡不能运行。无须使用 STEP 7，用传送卡就可以将项目复制到 CPU 的内部装载存储器，复制后必须取出传送卡。

将模块的固件存储在存储卡上，就可以执行固件更新。忘记密码时，插入空的传送卡将会自动删除 CPU 内部装载存储器中受密码保护的程序，以后就可以将新程序下载到 CPU 中。

存储卡的详细使用方法见本书配套资源中的《S7-1200 可编程控制器系统手册》的 5.5 节"使用存储卡"。

2.3.2 数制与编码

1. 数制

（1）二进制数

二进制数的 1 位（bit）只能取 0 和 1 这两个不同的值，可以用来表示开关量（或称数字量）的两种不同的状态，例如触点的断开和接通、线圈的通电和断电等。如果该位为 1，则梯形图中对应的位编程元件（例如位存储器 M 和过程映像输出位 Q）的线圈"通电"，其常开触点接通，常闭触点断开，以后称该编程元件为 TRUE 或 1 状态，如果该位为 0，则对应的编程元件的线圈和触点的状态与上述的相反，称该编程元件为 FALSE 或 0 状态。

（2）多位二进制整数

计算机和 PLC 用多位二进制数来表示数字，二进制数遵循逢二进一的运算规则，从右往左的第 n 位（最低位为第 0 位）的权值为 2^n。二进制常数以 2#开始，用下式计算 2#1100 对应的十进制数：

$$1 \times 2^3 + 1 \times 2^2 + 0 \times 2^1 + 0 \times 2^0 = 8 + 4 = 12$$

（3）十六进制数

多位二进制数的书写和阅读很不方便。为了解决这一问题，可以用十六进制数来取代二进制数，每个十六进制数对应于 4 位二进制数。十六进制数的 16 个数字是 0～9 和 A～F（对应于十进制数 10～15）。B#16#、W#16#和 DW#16#分别用来表示十六进制字节、字和双字常数，例如 W#16#13AF。在数字后面加"H"也可以表示十六进制数，例如 16#13AF 可以表示为 13AFH。

表 2-3 给出了不同进制数的表示方法。

表 2-3　不同进制的数的表示方法

进制	十进制数	十六进制数	二进制数	BCD 码	十进制数	十六进制数	二进制数	BCD 码
数	0	0	00000	0000 0000	9	9	01001	0000 1001
	1	1	00001	0000 0001	10	A	01010	0001 0000
	2	2	00010	0000 0010	11	B	01011	0001 0001
	3	3	00011	0000 0011	12	C	01100	0001 0010
	4	4	00100	0000 0100	13	D	01101	0001 0011
	5	5	00101	0000 0101	14	E	01110	0001 0100
	6	6	00110	0000 0110	15	F	01111	0001 0101
	7	7	00111	0000 0111	16	10	10000	0001 0110
	8	8	01000	0000 1000	17	11	10001	0001 0111

2．编码

（1）补码

有符号二进制整数用补码来表示，其最高位为符号位，最高位为 0 时为正数，为 1 时为负数。正数的补码就是它本身，最大的 16 位二进制正数为 2#0111 1111 1111 1111，对应的十进制数为 32767。

将正数的补码逐位取反（0 变为 1，1 变为 0）后加 1，得到绝对值与它相同的负数的补码。例如将 1158 对应的补码 2#0000 0100 1000 0110 逐位取反后加 1，得到-1158 的补码 2#1111 1011 0111 1010。

将负数的补码的各位取反后加 1，得到它的绝对值对应的正数的补码。例如将-1158 的补码 2#1111 1011 0111 1010 逐位取反后加 1，得到 1158 的补码 2#0000 0100 1000 0110。

整数的取值范围为 -32768～32767，双整数的取值范围为 -2147483648～2147483647。

（2）BCD 码

BCD（Binary-coded Decimal）是二进制编码的十进制数的缩写，BCD 码用 4 位二进制数表示一位十进制数（见表 2-3），每一位 BCD 码允许的数值范围为 2#0000～2#1001，对应于十进制数 0～9。BCD 码的最高位二进制用来表示符号，负数为 1，正数为 0。一般令负数和正数的最高 4 位二进制数分别为 1111 或 0000（见图 2-6）。3 位 BCD 码的范围为-999～+999，7 位 BCD 码（见图 2-7）的范围为-9999999～+9999999。BCD 码各位之间的关系是逢十进一，图 2-6 中的 BCD 码为-829。

图 2-6　3 位 BCD 码的格式　　　　　　　　图 2-7　7 位 BCD 码的格式

BCD 码常用来表示 PLC 的输入/输出变量的值。TIA 博途用 BCD 码来显示日期和时间值。拨码开关（见图 2-8）内的圆盘的圆周面上有 0～9 这 10 个数字，用按钮来增、减各位要输入的数字。它用内部硬件将 10 个十进制数转换为 4 位二进制数。PLC 用输入点读取的多位拨码开关的输出值就是 BCD 码，可以用"转换值"指令 CONVERT 将它转换为二进制整数。

用 PLC 的 4 个输出点给译码驱动芯片 4547 提供输入信号，可以用 LED 七段显示器显示一位十进制数（见图 2-9）。需要使用"转换值"指令 CONVERT，将 PLC 中的二进制整数或双整数转换为 BCD 码，然后分别送给各个译码驱动芯片。

图 2-8　拨码开关

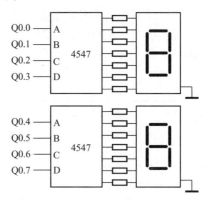

图 2-9　LED 七段显示器电路

（3）美国信息交换标准代码（ASCII 码）

美国信息交换标准代码（American Standard Code for Information Interchange，ASCII 码）由美国国家标准局（ANSI）制定，它已被国际标准化组织（ISO）定为国际标准（ISO 646 标准）。ASCII 码用来表示所有的英语大/小写字母、数字 0～9、标点符号和在美式英语中使用的特殊控制字符。数字 0～9 的 ASCII 码为十六进制数 30H～39H，英语大写字母 A～Z 的 ASCII 码为 41H～5AH，英语小写字母 a～z 的 ASCII 码为 61H～7AH。

2.3.3　数据类型

1．数据类型

数据类型用来描述数据的长度（即二进制的位数）和属性。本节主要介绍基本数据类型，其他数据类型主要在 2.3.4 和 4.2.1 节介绍。

很多指令和代码块的参数支持多种数据类型。不同的任务使用不同长度的数据对象，例如位逻辑指令使用位数据，MOVE 指令使用字节、字和双字。字节、字和双字分别由 8 位、16 位和 32 位二进制数组成。表 2-4 给出了基本数据类型的属性。

2．位

位数据的数据类型为 Bool（布尔）型，在编程软件中，Bool 变量的值 2#1 和 2#0 用英语单词 TRUE（真）和 FALSE（假）来表示。

位存储单元的地址由字节地址和位地址组成，例如 I3.2 中的区域标识符"I"表示输入（Input），字节地址为 3，位地址为 2（见图 2-10）。这种存取方式称为"字节.位"寻址方式。

3．位字符串

数据类型 Byte、Word、Dword 统称为位字符串。它们不能比较大小，它们的常数一般用十六进制数表示。

1）字节（Byte）由 8 位二进制数组成，例如 I3.0～I3.7 组成了输入字节 IB3（见图 2-10），B 是 Byte 的缩写。

2）字（Word）由相邻的两个字节组成，例如字 MW100 由字节 MB100 和 MB101 组成（见图 2-11）。MW100 中的 M 为区域标识符，W 表示字。

3）双字（DWord）由两个字（或 4 个字节）组成，双字 MD100 由字节 MB100～MB103

或字 MW100、MW102 组成（见图 2-11），D 表示双字。需要注意以下两点：

① 用组成双字的编号最小的字节 MB100 的编号作为双字 MD100 的编号。

② 用组成双字 MD100 的编号最小的字节 MB100 为 MD100 的最高位字节，编号最大的字节 MB103 为 MD100 的最低位字节。字也有类似的特点。

表 2-4　基本数据类型

变 量 类 型	符 号	位数	取 值 范 围	常 数 举 例
位	Bool	1	1、0	TRUE、FALSE 或 1、0
字节	Byte	8	16#00～16#FF	16#12, 16#AB
字	Word	16	16#0000～16#FFFF	16#ABCD, 16#0001
双字	DWord	32	16#00000000～16#FFFFFFFF	16#02468ACE
短整数	SInt	8	−128～127	123, −123
整数	Int	16	−32768～32767	12573, −12573
双整数	DInt	32	−2147483648～2147483647	12357934, −12357934
无符号短整数	USInt	8	0～255	123
无符号整数	UInt	16	0～65535	12321
无符号双整数	UDInt	32	0～4294967295	1234586
浮点数（实数）	Real	32	$\pm 1.175495\times 10^{-38}\sim\pm 3.402\,823\times 10^{38}$	12.45, −3.4, −1.2E+12, 3.4E-3
长浮点数	LReal	64	$\pm 2.2250738585072020\times 10^{-308}$ $\sim\pm 1.7976931348623157\times 10^{308}$	12345.123456789, −1.2E+40
时间	Time	32	T#−24d20h31m23s648ms～ T#+24d20h31m23s647ms	T#10d20h30m20s630ms
日期	Date	16	D#1990-1-1 到 D#2168-12-31	D#2017-10-31
实时时间	Time_of_Day	32	TOD#0:0:0.0 到 TOD#23:59:59.999	TOD#10:20:30.400
长格式日期和时间	DTL	12B	最大 DTL#2262-04-11:23:47:16.854 775 807	DTL#2016-10-16-20:30:20.250
字符	Char	8	16#00～16#FF	'A', 't'
16 位宽字符	WChar	16	16#0000～16#FFFF	WCHAR#'a'
字符串	String	n+2B	n = 0～254B	STRING#'NAME'
16 位宽字符串	WString	n+2 字	n = 0～16382 字	WSTRING#'Hello World'

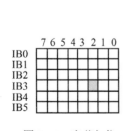

图 2-10　字节与位

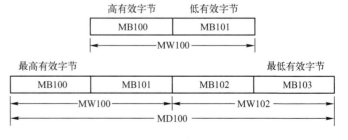

图 2-11　字节、字和双字

4．整数

一共有 6 种整数（见表 2-4），SInt 和 USInt 分别为 8 位的短整数和无符号短整数，Int 和

UInt 分别为 16 位的整数和无符号整数，DInt 和 UDInt 分别为 32 位的双整数和无符号的双整数。所有整数的符号中均有 Int。符号中带 S 的为 8 位整数（短整数），带 D 的为 32 位双整数，不带 S 和 D 的为 16 位整数。带 U 的为无符号整数，不带 U 的为有符号整数。有符号整数用补码来表示，其最高位为符号位，最高位为 0 时为正数，为 1 时为负数。

5. 浮点数

32 位的浮点数（Real）又称为实数，浮点数的最高位（第 31 位）为符号位（见图 2-12），正数的符号位为 0，负数的为 1。ANSI/IEEE 标准的浮点数的尾数的整数部分总是为 1，第 0～22 位为尾数的小数部分。8 位指数加上偏移量 127 后（0～255），放在第 23～30 位。

图 2-12　浮点数的结构

浮点数的优点是用很小的存储空间（4B）可以表示非常大和非常小的数。浮点数的范围为 $\pm 1.175495 \times 10^{-38} \sim \pm 3.402823 \times 10^{38}$。PLC 输入和输出的数值大多是整数，例如 AI 模块的输出值和 AQ 模块的输入值。用浮点数来处理这些数据需要进行整数和浮点数之间的相互转换，浮点数的运算速度比整数的运算速度慢一些。

在编程软件中，用十进制小数来输入或显示浮点数，例如 50 是整数，而 50.0 为浮点数。

LReal 为 64 位的长浮点数，它的最高位（第 63 位）为符号位。尾数的整数部分总是为 1，第 0～51 位为尾数的小数部分。11 位的指数加上偏移量 1023 后（0～2047），放在第 52～62 位。浮点数 Real 和长浮点数 LReal 的精度最高为十进制 6 位和 15 位有效数字。

6. 时间与日期

Time 是有符号双整数，其单位为 ms，能表示的最大时间范围为 24 天多。Date（日期）为 16 位无符号整数，TOD（TIME_OF_DAY）为从指定日期的 0 时算起的毫秒数（无符号双整数）。其常数必须指定小时（24 小时/天）、分钟和秒，ms 是可选的。

数据类型 DTL 的 12 个字节依次为年（占 2B）、月、日、星期的代码，和小时、分、秒（各占 1B）、纳秒（占 4B），均为 BCD 码。星期日、星期一～星期六的代码依次为 1～7。DTL 属于复杂数据类型，可以在块的临时存储器或者 DB 中定义 DTL 数据。

7. 字符

每个字符（Char）占一个字节，Char 数据类型以 ASCII 格式存储。字符常量用英语的单引号来表示，例如'A'。WChar（宽字符）占两个字节，可以存储汉字和中文的标点符号。

2.3.4　全局数据块与其他数据类型

1. 生成全局数据块

在项目"电动机控制"中，单击项目树 PLC 的"程序块"文件夹中的"添加新块"，在打开的对话框中（见图 2-13 中的大图），单击"数据块（DB）"按钮，生成一个数据块，可以修改其名称或采用默认的名称，其类型为默认的"全局 DB"，生成数据块编号的方式为默认的"自动"。如果用单选框选中"手动"，可以修改块的编号。

图 2-13　添加数据块与数据块中的变量

单击"确定"按钮后自动生成数据块。选中下面的复选框"新增并打开",生成新的块之后,将会自动打开它。右击项目树中新生成的"数据块_1",执行快捷菜单命令"属性",选中打开的对话框左边窗口中的"属性"(见图 2-14),如果勾选右边窗口中的复选框"优化的块访问",只能用符号地址访问生成的块中的变量,不能使用绝对地址。这种访问方式可以提高存储器的利用率。

只有在未勾选复选框"优化的块访问"时,才能用绝对地址访问数据块中的变量,数据块中才会显示"偏移量"列中的偏移量。

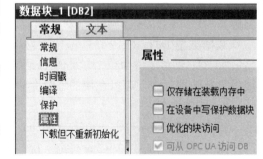

图 2-14　设置数据块的属性

右击数据块灰色的表头所在的行,选中"显示/隐藏",通过勾选复选框,可以设置显示或隐藏某个列。

2. 字符串

数据类型 String(字符串)是字符组成的一维数组,每个字节存放 1 个字符。第一个字节是字符串的最大字符长度,第二个字节是字符串当前有效字符的个数,字符从第 3 个字节开始存放,一个字符串最多 254 个字符。

数据类型 WString（宽字符串）存储多个数据类型为 WChar 的 Unicode 字符（长度为 16 位的宽字符，包括汉字）。第一个字是最大字符个数，默认的长度为 254 个宽字符，最多 16382 个 WChar 字符。第二个字是当前的宽字符个数。

可以在代码块的接口区和全局数据块中创建字符串、数组和结构。

在"数据块_1"的第 2 行的"名称"列（见图 2-13 中的小窗口）输入字符串的名称"故障信息"，单击"数据类型"列中的 ▤ 按钮，选中下拉式列表中的数据类型"String"。"String[30]"表示该字符串的最大字符个数为 30，其起始值（初始字符）为 'OK'。

3. 数组

数组（Array）是由固定数目的同一种数据类型元素组成的数据结构。允许使用除 Array 之外的所有数据类型作为数组的元素，数组的维数最多为 6 维。数组元素通过下标（即元素的编号）进行寻址。图 2-15 给出了一个名为"电流"的二维数组 Array[1..2,1..3] of Byte 的内部结构，它一共有 6 个字节型元素，第一维的下标 1、2 是电动机的编号，第二维的下标 1～3 是三相电流的序号。方括号中各维的上、下限值用英语的逗号分隔。数组元素"电流[1,2]"是 1 号电动机第 2 相的电流。

名称	数据类型	偏移量
▼ Static		
■ ▼ 电流	Array[1..2, 1..3] of Byte	0.0
■ 电流[1,1]	Byte	0.0
■ 电流[1,2]	Byte	1.0
■ 电流[1,3]	Byte	2.0
■ 电流[2,1]	Byte	3.0
■ 电流[2,2]	Byte	4.0
■ 电流[2,3]	Byte	5.0

图 2-15 二维数组的元素

在数据块_1 的第 3 行的"名称"列输入数组的名称"功率"（见图 2-13 中的小图），单击"数据类型"列中的 ▤ 按钮，选中下拉式列表中的数据类型"Array[0..1] of"。其中的 0 和 1 分别是数组元素的下标的下限值和上限值，它们用两个小数点隔开，可以是任意的整数（−32768～32767），下限值应小于等于上限值。

将"Array[0..1] of"修改为"Array[0..23] of Int"（见图 2-13），其元素的数据类型为 Int，元素的下标为 0～23。在用户程序中，可以用符号地址"数据块_1".功率[2]或绝对地址 DB1.DBW36 访问数组"功率"中下标为 2 的元素。

单击图 2-13 中"功率"左边的 ▶ 按钮，它变为 ▼，将会显示数组的各个元素和它们的起始值。在线时还可以监控它们的监控值。单击"功率"左边的 ▼ 按钮，它变为 ▶，数组的元素被隐藏起来。

4. 结构

结构（Struct）是由固定数目的多种数据类型的元素组成的数据类型。可以用数组和结构做结构的元素，结构可以嵌套 8 层。用户可以把过程控制中有关的数据统一组织在一个结构中，作为一个数据单元来使用，而不是使用大量的单个的元素，为统一处理不同类型的数据或参数提供了方便。

在数据块_1 的第 4 行生成一个名为"电动机"的结构（见图 2-13），数据类型为 Struct。在第 5～8 行生成结构的 4 个元素。单击"电动机"左边的 ▼ 按钮，它变为 ▶，结构的元素被隐藏起来。单击"电动机"左边的 ▶ 按钮，它变为 ▼，将会显示结构的各个元素。

数组和结构的"偏移量"列是它们在数据块中的起始绝对字节地址。可以看出数组"功率"占 48B。

下面是用符号地址表示结构中元素的例子："数据块_1". 电动机. 电流。

单击数据块编辑器的工具栏上的 ▤ 按钮（见图 2-13），在选中的变量的下面增加一个空白行，单击工具栏上的 ▤ 按钮，在选中的变量的上面增加一个空白行。单击扩展模式按钮 ▤，可以显示或隐藏结构和数组的元素。

选中项目树中的PLC_1,将PLC的组态数据和用户程序下载到CPU,将CPU切换到RUN模式。打开数据块_1以后,单击工具栏上的![icon]按钮,启动监控功能,出现"监视值"列,可以看到数据块_1中的字符串和数组、结构的元素的当前值。

5. Variant 指针

Variant的实参是一个可以指向不同数据类型的变量的指针,可以指向基本数据类型、复杂数据类型和复杂数据类型的元素。Variant数据类型的操作数不占用背景数据块或工作存储器的空间。Variant除了传递变量的指针外,还会传递变量的数据类型信息。在块中可以使用与Variant有关的指令,识别出变量的类型信息并进行处理。Variant指向的实参,可以是符号寻址或绝对地址寻址。还可以是P#DB5.DBX10.0 INT 12这种Any指针形式的寻址,它用来表示一个地址区,其起始地址为DB5.DBW10,一共12个连续的Int(整数)变量。

6. PLC 数据类型

PLC数据类型(UDT)是一种复杂的用户自定义数据类型,用于声明变量。它是一个由多个不同数据类型元素组成的数据结构,嵌套深度限制为8级。打开项目树的"PLC数据类型"文件夹,双击"添加新数据类型",可以创建PLC数据类型。

基于PLC数据类型,可以创建多个具有相同数据结构的全局数据块。例如,为颜料混合配方创建一个PLC数据类型后,用户可以将该PLC数据类型分配给多个数据块。通过调节各数据块中的变量,就可以创建特定颜色的配方。

7. 使用符号方式访问非结构数据类型变量的"片段"

可以用符号方式按位、按字节、按字访问PLC变量表和数据块中某个符号地址变量的一部分。双字大小的变量可以按位0~31、字节0~3或字0、1访问(见图2-16),字大小的变量可以按位0~15、字节0或1、字0访问。字节大小的变量则可以按位0~7或字节0访问。

例如在PLC变量表中,"状态"是一个声明为DWord数据类型的变量,"状态".x11是"状态"的第11位,"状态".b2是"状态"的第2号字节,"状态".w0是"状态"的第0号字。

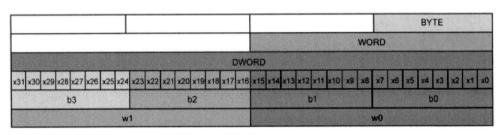

图2-16 双字中的字、字节和位

8. 访问带有一个AT覆盖的变量

通过关键字"AT",可以将一个已声明的变量覆盖为其他类型的变量,比如通过Bool型数组访问Word变量的各个位。使用AT覆盖访问变频器的控制字和状态字的各位非常方便。

在FC或FB的块接口参数区组态覆盖变量。生成名为"函数块1"的函数块FB1,右击项目树中的"函数块1",选中快捷菜单中的"属性",在"属性"选项卡取消"优化的块访问"属性(去掉复选框中的对勾)。

打开函数块 1 的接口区，输入想要用新的数据类型覆盖的输入参数"状态字"，其数据类型为 Word（见图 2-17）。在"状态字"下面的空行中输入变量名称"状态位"，双击"数据类型"列表中的"AT"，在"名称"列的变量名称"状态位"的右边出现"AT '状态字'"。

再次单击"数据类型"列，并声明变量"状态位"的数据类型为数组 Array[0..15] of Bool。单击"状态位"左边的 ▶ 按钮，它变为 ▼，显示出数组"状态位"的各个元素，例如"状态位[0]"。至此覆盖变量的声明已经完成，可以在程序中使用数组"状态位"的各个元素，即 Word 变量"状态字"的各位。

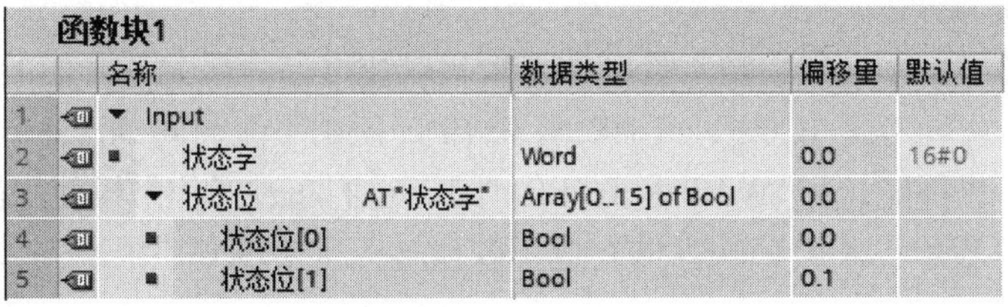

函数块1				
	名称	数据类型	偏移量	默认值
1	▼ Input			
2	■ 状态字	Word	0.0	16#0
3	▼ 状态位 　　AT"状态字"	Array[0..15] of Bool	0.0	
4	■ 状态位[0]	Bool	0.0	
5	■ 状态位[1]	Bool	0.1	

图 2-17　在块的接口区声明 AT 覆盖变量

2.3.5　系统存储区

1. 过程映像输入/输出

过程映像输入在用户程序中的标识符为 I，它是 PLC 接收外部输入的数字量信号的窗口。输入端可以外接常开触点或常闭触点，也可以接多个触点组成的串、并联电路。

在每次扫描循环开始时，CPU 读取数字量输入点的外部输入电路的状态，并将它们存入过程映像输入区（见表 2-5）。

表 2-5　系统存储区

存 储 区	描 述	强 制	保持性
过程映像输入（I）	在循环开始时，将输入模块的输入值保存到过程映像输入表	No	No
外设输入（I_:P）	通过该区域直接访问集中式和分布式输入模块	Yes	No
过程映像输出（Q）	在循环开始时，将过程映像输出表中的值写入输出模块	No	No
外设输出（Q_:P）	通过该区域直接访问集中式和分布式输出模块	Yes	No
位存储器（M）	用于存储用户程序的中间运算结果或标志位	No	Yes
临时局部存储器（L）	块的临时局部数据，只能供块内部使用	No	No
数据块（DB）	数据存储器与 FB 的参数存储器	No	Yes

过程映像输出在用户程序中的标识符为 Q，用户程序访问 PLC 的输入和输出地址区时，不是去读、写数字量模块中信号的状态，而是访问 CPU 的过程映像区。在扫描循环中，用户程序计算输出值，并将它们存入过程映像输出区。在下一扫描循环开始时，将过程映像输出区的内容写到数字量输出点，再由后者驱动外部负载。

对存储器的"读写""访问""存取"这 3 个词的意思基本上相同。

I 和 Q 均可以按位、字节、字和双字来访问，例如 I0.0、IB0、IW0 和 ID0。程序编辑器自动地在绝对操作数前面插入%，例如%I3.2。在 SCL 中，必须在地址前输入"%"来表示该地址为绝对地址。如果没有"%"，STEP 7 将在编译时生成未定义的变量错误。

2. 外设输入

在 I/O 点的地址或符号地址的后面附加 ":P"，可以立即访问外设输入或外设输出。通过给输入点的地址附加 ":P"，例如 I0.3:P 或 "Stop:P"，可以立即读取 CPU、信号板和信号模块的数字量输入和模拟量输入。访问时使用 I_:P 取代 I 的区别在于前者的数字直接来自被访问的输入点，而不是来自过程映像输入。因为数据从信号源被立即读取，而不是从最后一次被刷新的过程映像输入中复制，这种访问被称为"立即读"访问。

由于外设输入点从直接连接在该点的现场设备接收数据值，因此写外设输入点是被禁止的，即 I_:P 访问是只读的。

I_:P 访问还受到硬件支持的输入长度的限制。以被组态为从 I4.0 开始的 2 DI / 2 DQ 信号板的输入点为例，可以访问 I4.0:P、I4.1:P 或 IB4:P，但是不能访问 I4.2:P～I4.7:P，因为没有使用这些输入点。也不能访问 IW4:P 和 ID4:P，因为它们超过了信号板使用的字节范围。

用 I_:P 访问外设输入不会影响存储在过程映像输入区中的对应值。

3. 外设输出

在输出点的地址后面附加 ":P"（例如 Q0.3:P），可以立即写 CPU、信号板和信号模块的数字量和模拟量输出。访问时使用 Q_:P 取代 Q 的区别在于前者的数字直接写给被访问的外设输出点，同时写给过程映像输出。这种访问被称为"立即写"，因为数据被立即写给目标点，不用等到下一次刷新时将过程映像输出中的数据传送给目标点。

由于外设输出点直接控制与该点连接的现场设备，因此读外设输出点是被禁止的，即 Q_:P 访问是只写的。与此相反，可以读写 Q 区的数据。

与 I_:P 访问相同，Q_:P 访问还受到硬件支持的输出长度的限制。

用 Q_:P 访问外设输出会影响外设输出点和存储在过程映像输出区中的对应值。

4. 位存储器

位存储器（M 存储器）用来存储运算的中间操作状态或其他控制信息。可以用位、字节、字或双字读/写位存储器。

5. 数据块

数据块（DB）用来存储代码块使用的各种类型的数据，包括中间操作状态或 FB 的其他控制信息参数，以及某些指令（例如定时器、计数器指令）需要的数据结构。

数据块可以按位（例如 DB1.DBX3.5）、字节（DBB）、字（DBW）和双字（DBD）来访问。在访问数据块中的数据时，应指明数据块的名称，例如 DB1.DBW20。

如果启用了块属性"优化的块访问"，不能用绝对地址访问数据块和代码块的接口区中的临时局部数据。

6. 局部数据

局部数据又称为临时数据，此区域包含块被处理时使用的临时数据。局部数据类似于 M 存储器，二者的主要区别在于 M 存储器是全局的，而局部数据是局部的。

1) 所有的 OB、FC 和 FB 都可以访问 M 存储器中的数据，即这些数据可以供用户程序中所有的代码块全局性地使用。

2) 在 OB、FC 和 FB 的接口区生成临时数据（Temp）。它们具有局部性，只能在生成它们的代码块内使用，不能与其他代码块共享。即使 OB 调用 FC，FC 也不能访问调用它的 OB 的临时数据。

CPU 在代码块被启动（对于 OB）或被调用（对于 FC 和 FB）时，将临时局部存储器分配给代码块。代码块执行结束后，CPU 将它使用的临时局部存储器重新分配给其他要执行的代码块使用。CPU 不对在分配时可能包含数值的临时存储单元初始化。只能通过符号地址访问临时局部存储器。

可以通过菜单命令"工具"→"调用结构"查看程序中各代码块占用的临时局部存储器空间。

2.4 编写用户程序与使用变量表

2.4.1 编写用户程序

1. 在项目视图中生成项目

如果勾选了图 1-11 中的复选框"启动过程中，将加载上一次打开的项目"，启动 STEP 7后，将自动打开上一次关闭软件之前打开的项目（见图 2-18）。

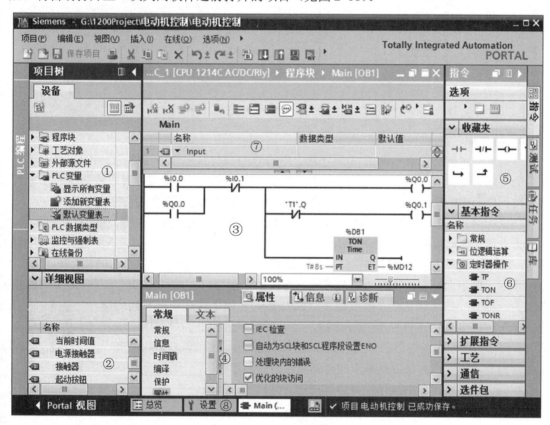

图 2-18　项目视图中的程序编辑器

执行菜单命令"项目"→"新建"，生成一个新的项目，项目名称为"电动机控制"。

2. 添加新设备

双击项目树中的"添加新设备"，添加一个新设备。单击打开的对话框中的"控制器"按钮（见图 1-10），选中右边窗口的"CPU 1214C"文件夹中的某个订货号。单击"确定"按钮，生成名为"PLC_1"的新PLC，该设备只有CPU模块。

图2-18中标有⑧的编辑器栏中的按钮对应于已经打开的编辑器。单击编辑器栏中的某个按钮，可以在工作区显示单击的按钮对应的编辑器。

3．系统简介

图2-19和图2-20是异步电动机星形-三角形降压起动的主电路和PLC的外部接线图。起动时主电路中的接触器KM1和KM2接通，异步电动机在星形接线方式运行，以减小起动电流。延时后KM1和KM3接通，在三角形接线方式运行。

停止按钮和过载保护器的常开触点并联后接在I0.1对应的输入端，可以节约一个输入点。输入回路使用CPU模块内置的DC 24V电源，其负极M点与输入电路内部的公共点1M连接，L+是CPU内置的DC 24V电源的正极。

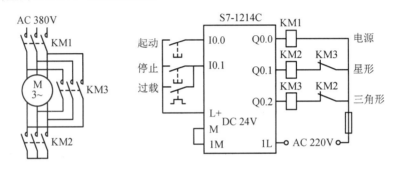

图2-19　电动机主电路　　　　　图2-20　PLC外部接线图

4．程序编辑器简介

双击项目树的文件夹"\PLC_1\程序块"中的OB1，打开主程序（见图2-18）。选中项目树中的"默认变量表"后，标有②的详细视图显示该变量表中的变量，可以将其中的变量直接拖拽到梯形图中使用。拖拽到已设置的地址上时，原来的地址将会被替换。

将鼠标的光标放在OB1的程序区③最上面的分隔条上，按住鼠标左键，往下拉动分隔条，分隔条上面是代码块的接口（Interface）区（见图2-18中标有⑦的区域），下面标有③的是程序区。将水平分隔条拉至程序编辑器视窗的顶部，不再显示接口区，但是它仍然存在。

程序区的下面标有④的区域是打开的程序块的巡视窗口。标有⑥的区域是任务卡中的指令列表。标有⑤的区域是指令的收藏夹（Favorites），用于快速访问常用的指令。单击程序编辑器工具栏上的 按钮，可以在程序区的上面显示或隐藏收藏夹。可以将指令列表中自己常用的指令拖拽到收藏夹，也可以右击收藏夹中的某条指令，用弹出的快捷菜单中的"删除"命令删除它。

二维码2-1

视频"程序编辑器的操作"可通过扫描二维码2-1播放。

5．生成用户程序

按下起动按钮I0.0，Q0.0和Q0.1同时变为1状态（见图2-21），使KM1和KM2同时动作，电动机按星形接线方式运行，定时器TON的IN输入端为1状态，开始定时。8s后定时器的定时时间到，其输出位"T1".Q的常闭触点断开，使Q0.1和KM2的线圈断电。"T1".Q的常开触点闭合，使Q0.2和KM3的线圈通电，电动机改为三角形接线方式运行。按下停止按钮，梯形图中I0.1的常闭触点断开，使KM1和KM3的线圈断电，电动机停止运行。过载时

I0.1 的常闭触点也会断开，使电动机停机。

下面介绍生成用户程序的过程。选中程序段 1 中的水平线，依次单击图 2-18 中标有⑤的收藏夹中的┤├、┤/├和─( )─按钮，水平线上出现从左到右串联的常开触点、常闭触点和线圈，元件上面红色的地址域 <??.?> 用来输入元件的地址。选中最左边的垂直"电源线"，依次单击收藏夹中的按钮→、┤├和─┛，生成一个与上面的常开触点并联的 Q0.0 的常开触点。

选中图 2-21 中 I0.1 的常闭触点之后的水平线，依次单击→、┤/├和─( )─按钮，出现图中 Q0.1 线圈所在的支路。

输入触点和线圈的绝对地址后，自动生成名为"tag_x"（x 为数字）的符号地址，可以在 PLC 变量表中修改它们。绝对地址前面的字符%是编程软件自动添加的。

S7-1200 使用的 IEC 定时器和计数器属于函数块（FB），在调用它们时，需要生成对应的背景数据块。选中图 2-21 中"T1".Q 的常闭触点左边的水平线，单击→按钮，然后打开指令列表中的文件夹"定时器操作"，双击其中的接通延时定时器指令 TON，出现图 2-22 中的"调用选项"对话框，将数据块默认的名称改为"T1"。单击"确定"按钮，生成指令 TON 的背景数据块 DB1。S7-1200 的定时器和计数器没有编号，可以用背景数据块的名称来作它们的标识符。

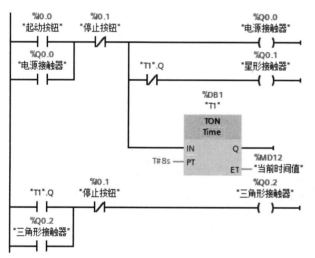

图 2-21　梯形图

图 2-22　生成定时器的背景数据块

在定时器的 PT 输入端输入预设值 T#8s。定时器的输出位 Q 是它的背景数据块"T1"中的 Bool 变量，符号名为"T1".Q。为了输入定时器左上方的常闭触点的地址"T1".Q，单击触点上面的 <??.?>（地址域），再单击出现的小方框右边的 ▤ 按钮，单击出现的地址列表中的"T1"（见图 2-23），地址域出现"T1".（见图 2-24）。单击地址列表中的"Q"，地址列表消失，地址域出现"T1".Q。

图 2-23　生成地址"T1"

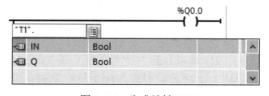

图 2-24　生成地址"T1".Q

生成定时器时,也可以将收藏夹中的 🖭 图标拖拽到指定的位置,单击出现的图标中的问号,再单击出现的 🔳 按钮,用下拉式列表选中 TON,或者直接输入 TON。可以用这个方法输入任意的指令。

选中最左边的垂直"电源线",单击收藏夹中的➡按钮,生成图 2-21 中用"T1".Q 和 I0.1 控制 Q0.2 的电路。

与 S7-200 和 S7-300/400 不同,S7-1200 的梯形图允许在一个程序段内生成多个独立电路。

单击图 2-18 工作区工具栏上的 🔀 按钮,将在选中的程序段的下面插入一个新的程序段。🔀 按钮用于删除选中的程序段。🔳 和 🔳 按钮用于打开或关闭所有的程序段。🔳 按钮用于关闭或打开程序段的注释。单击程序编辑器工具栏上的 ⬇ 按钮,可以用下拉菜单选择只显示绝对地址、只显示符号地址,或同时显示两种地址。单击工具栏上的 🔳 按钮,可以在上述 3 种地址显示方式之间切换。

即使程序块没有完整输入,或者有错误,也可以保存项目。

视频"生成用户程序"可通过扫描二维码 2-2 播放。

二维码 2-2

6. 设置程序编辑器的参数

用菜单命令"选项"→"设置"打开"设置"编辑器(见图 2-25),选中工作区左边窗口中的"PLC 编程"文件夹,可以设置是否显示程序段注释。如果勾选了右边窗口的"代码块的 IEC 检查"复选框,项目中所有的新块都将启用 IEC 检查。执行指令时,将用较严格的条件检查操作数的数据类型是否兼容。

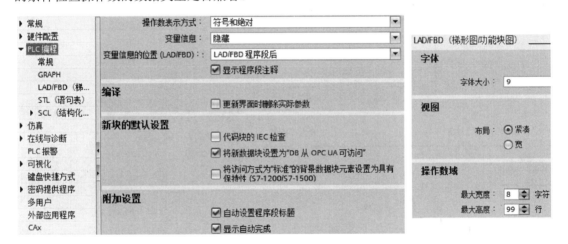

图 2-25 程序编辑器的参数设置

"助记符"选择框用来选择使用英语助记符(国际)或德语助记符。

选中"设置"编辑器左边窗口的"LAD/FBD"组,图 2-25 的右图是此时右边窗口下面的部分内容。"字体"区的"字体大小"选择框用来设置程序编辑器中字体的大小。"视图"区的"布局"单选框用来设置操作数和其他对象(例如操作数与触点)之间的垂直间距,建议设置为"紧凑"。

"操作数域"的"最大宽度"和"最大高度"分别是操作数域水平方向和垂直方向可以输入的最大字符数和行数。如果操作数域的最大宽度设置过小,有的方框指令内部的空间不够用,方框的宽度将会自动成倍增大。需要关闭代码块后重新打开它,修改后的设置才起作用。

2.4.2　使用变量表与帮助功能

1. 生成和修改变量

打开项目树的文件夹"PLC 变量",双击其中的"默认变量表",打开变量编辑器。"变量"选项卡用来定义 PLC 的全局变量,"系统常数"选项卡中是系统自动生成的与 PLC 的硬件和中断事件有关的常数值。

在"变量"选项卡最下面的空白行的"名称"列输入变量的名称,单击"数据类型"列右侧隐藏的按钮,设置变量的数据类型,可用的 PLC 变量地址和数据类型见 TIA 博途的在线帮助。在"地址"列输入变量的绝对地址,"%"是自动添加的。

符号地址使程序易于阅读和理解。可以首先用 PLC 变量表定义变量的符号地址,然后在用户程序中使用它们。也可以在变量表中修改自动生成的符号地址的名称。

图 2-26 是修改变量名称后项目"电动机控制"的 PLC 变量表。

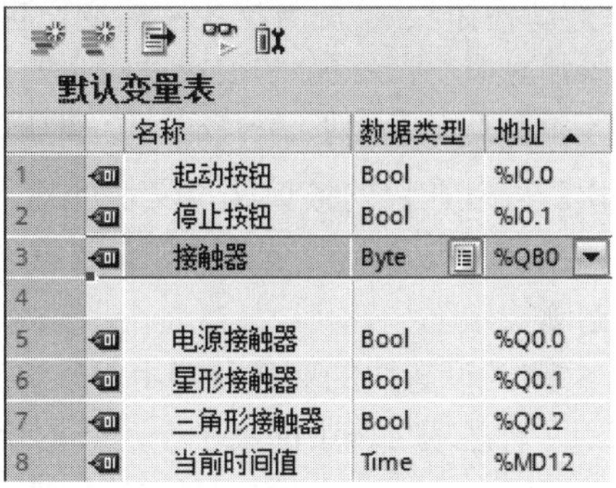

2. 变量表中变量的排序

单击变量表表头中的"地址",该单元出现向上的三角形,各变量按地址的第一个字母从 A 到 Z 升序排列。再单击一次该单元,三角形的方向向下,各变量按地址的第一个字母从 Z 到 A 降序排列。可以用同样的方法,根据变量的名称和数据类型等来排列变量。

图 2-26　PLC 变量表的"变量"选项卡

3. 快速生成变量

右击图 2-26 的变量"电源接触器",执行出现的快捷菜单中的命令"插入行",在该变量上面出现一个空白行。单击"接触器"最左边的单元,选中变量"接触器"所在的整行。将光标放到该行的标签列单元 左下角的小正方形上(见图 2-26),光标变为深蓝色的小十字。按住鼠标左键不放,向下移动鼠标。松开左键,在空白行生成新的变量"接触器_1",它继承了上一行的变量的数据类型,其地址 QB1 与上一行顺序排列,其名称是自动生成的。如果选中最下面一行的变量,用上述方法可以快速生成多个相同数据类型的变量。

4. 设置变量的保持性功能

单击变量编辑器工具栏上的 按钮,可以用打开的对话框(见图 2-27)设置 M 区从 MB0 开始的具有保持性功能的字节数。设置后变量表中有保持性功能的 M 区的变量的"保持性"列的复选框中出现"√"。将项目下载到 CPU 后,M 区的保持性功能才开始起作用。

图 2-27　设置保持性存储器

5. 调整表格的列

右键单击 TIA 博途中某些表格灰色的表头所在的行，选中快捷菜单中的"显示/隐藏"，勾选某一列对应的复选框，或去掉复选框中的勾，可以显示或隐藏该列。选中"调整所有列的宽度"，将会调节各列的宽度，使表格各列尽量紧凑。单击某个列对应的表头单元，选中快捷菜单中的"调整宽度"，将会使该列的宽度恰到好处。

6. 全局变量与局部变量

PLC 变量表中的变量是全局变量，可以用于整个 PLC 中所有的代码块，在所有的代码块中具有相同的意义和唯一的名称。可以在变量表中，为输入 I、输出 Q 和位存储器 M 的位、字节、字和双字定义全局变量。在程序中，变量表中的变量被自动添加英语的双引号，例如"起动按钮"。全局数据块中的变量也是全局变量，程序的变量名称中，数据块的名称被自动添加双引号，例如"数据块_1".功率[1]。

局部变量只能在它被定义的块中使用，同一个变量名称可以在不同的块中分别使用一次。可以在块的接口区定义块的输入/输出参数（Input、Output 和 Inout 参数）和临时数据（Temp），以及定义 FB 的静态数据（Static）。在程序中，局部变量被自动添加#号，例如"#起动按钮"。

7. 设置块的变量只能用符号访问

右击项目树中的某个全局数据块、FB 或 FC，选中快捷菜单中的"属性"，再选中打开的对话框左边窗口中的"属性"，勾选"优化的块访问"复选框，确认后在块的接口区声明的变量在块内没有固定的地址，只有符号名。在编译时变量的绝对地址被动态地传送，并且不会在全局数据块内或在 FB、FC 的接口区显示出来。变量以优化的方式保存，可以提高存储区的利用率。只能用符号地址的方式访问声明的变量。例如用"Data".Level2 访问数据块 Data 中的变量 Level2。

视频"使用变量表"可通过扫描二维码 2-3 播放。

8. 使用帮助功能

为了帮助用户获得更多的信息和快速高效地解决问题，STEP 7 提供了丰富全面的在线帮助信息和信息系统。

二维码 2-3

（1）弹出项

将鼠标的光标放在 STEP 7 的文本框、工具栏上的按钮和图标等对象上，例如在设置 CPU 的"循环"属性的"循环周期监视时间"时，单击文本框，将会出现黄色背景的弹出项方框（见图 2-28），方框内是对象的简要说明或帮助信息。

设置循环周期监视时间时，如果输入的值超过了允许的范围，按回车键后，出现红色背景的错误信息（见图 2-29）。

图 2-28 弹出项	图 2-29 弹出项中的错误信息

将光标放在指令的地址域的<???>上，将会出现该参数的类型（例如 Input）和允许的数据类型等信息。如果放在指令已输入的参数上，将会出现该参数的数据类型和地址。

（2）层叠工具提示

下面是使用层叠工具提示的例子。将光标放在程序编辑器的收藏夹的 ?? 按钮上（见图 2-30），出现的黄色背景的层叠工具提示框中的 ▶ 表示有更多信息。单击 ▶ 图标，层叠工具提示框出现第 2 行的蓝色有下划线的层叠项，它是指向相应帮助页面的链接。单击该链接，将会打开信息系统，显示对应的帮助页面。可以用"设置"窗口的"工具提示"区中的复选框设置是否自动打开工具提示框中的层叠功能（见图 1-11）。

图 2-30　层叠工具提示框

（3）信息系统

帮助又称为信息系统，除了用上述的层叠工具提示框打开信息系统，还可以用下面两种方式打开信息系统（见图 2-31）。

1）执行菜单命令"帮助"→"显示帮助"。

2）选中某个对象（例如程序中的某条指令）后，按〈F1〉键。

信息系统从左到右分为"搜索区""导航区"和"内容区"。可以用鼠标移动 3 个区的垂直分隔条，也可以用垂直分隔条上的小按钮打开或关闭某个分区。

在搜索区搜索关键字，将会列出包含与搜索的关键字完全相同或者有少许不同的所有帮助页面。双击列表中的某个页面，将会在内容区显示它。可以用"设备"和"范围"下拉式列表来缩小搜索的范围。

可以通过导航区的"目录"选项卡查找到感兴趣的帮助信息。右键单击内容区，或单击搜索区、导航区中的某个对象，可以用快捷菜单中的命令将页面或对象的名称添加到收藏夹。右键单击搜索到的某个页面，执行快捷菜单中的"在新选项卡中打开"命令，可以在内容区生成一个新的选项卡。

二维码 2-4

视频"帮助功能的使用"可通过扫描二维码 2-4 播放。

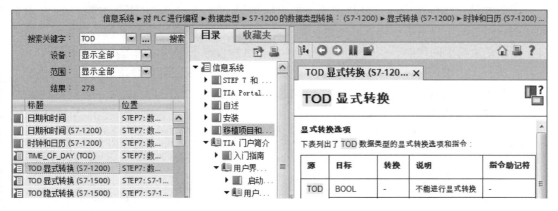

图 2-31　信息系统

47

2.5 用户程序的下载与仿真

2.5.1 下载与上传用户程序

1. 以太网设备的地址

（1）MAC 地址

媒体访问控制（Media Access Control，MAC）地址是以太网接口设备的物理地址。通常由设备生产厂家将 MAC 地址写入 EEPROM 或闪存芯片。在网络底层的物理传输过程中，通过 MAC 地址来识别发送和接收数据的主机。MAC 地址是 48 位二进制数，分为 6 个字节（6B），一般用十六进制数表示，例如 00-05-BA-CE-07-0C。其中的前 3 个字节是网络硬件制造商的编号，它由 IEEE（国际电气与电子工程师协会）分配，后 3 个字节是该制造商生产的某个网络产品（例如网卡）的序列号。MAC 地址就像我们的身份证号码，具有全球唯一性。

CPU 的每个 PN 接口在出厂时都装载了一个永久的唯一的 MAC 地址。可以在模块的以太网端口上面看到它的 MAC 地址。

（2）IP 地址

为了使信息能在以太网上快捷准确地传送到目的地，连接到以太网的每台计算机必须拥有一个唯一的 IP 地址。IP 地址由 32 位二进制数（4B）组成，是 Internet Protocol（网际协议）地址。在控制系统中，一般使用固定的 IP 地址。IP 地址通常用十进制数表示，用小数点分隔。CPU 默认的 IP 地址为 192.168.0.1。

（3）子网掩码

子网是连接在网络上的设备的逻辑组合。同一个子网中的节点彼此之间的物理位置通常相对较近。子网掩码（Subnet mask）是一个 32 位二进制数，用于将 IP 地址划分为子网地址和子网内节点的地址。二进制的子网掩码的高位应该是连续的 1，低位应该是连续的 0。以常用的子网掩码 255.255.255.0 为例，其高 24 位二进制数（前 3 个字节）为 1，表示 IP 地址中的子网地址（类似于长途电话的地区号）为 24 位；低 8 位二进制数（最后一个字节）为 0，表示子网内节点的地址（类似于长途电话的电话号）为 8 位。

（4）路由器

IP 路由器用于连接子网，如果 IP 报文发送给别的子网，首先将它发送给路由器。在组态时子网内所有的节点中都应输入路由器的地址。路由器通过 IP 地址发送和接收数据包。路由器的子网地址与子网内的节点的子网地址相同，其区别仅在于子网内的节点地址不同。

在串行通信中，传输速率（又称为波特率）的单位为 bit/s，即每秒传送的二进制位数。西门子的工业以太网默认的传输速率为 $10\mathrm{Mbit\cdot(s^{-1})}/100\mathrm{Mbit\cdot(s^{-1})}$。

2. 组态 CPU 的 PROFINET 接口

通过 CPU 与运行 STEP 7 的计算机的以太网通信，可以执行项目的下载、上传、监控和故障诊断等任务。一对一的通信不需要交换机，两台以上的设备通信则需要交换机。CPU 可以使用直通的或交叉的以太网电缆进行通信。

打开 STEP 7，生成一个项目，在项目中生成一个 PLC 设备，其 CPU 的型号和订货号应与实际的硬件相同。

双击项目树中 PLC 文件夹内的"设备组态"，打开该 PLC 的设备视图。单击 CPU 的以太网接口，打开该接口的巡视窗口（见图 2-32），选中左边的"以太网地址"，采用右边窗口默认的 IP 地址和子网掩码。设置的地址在下载后才起作用。

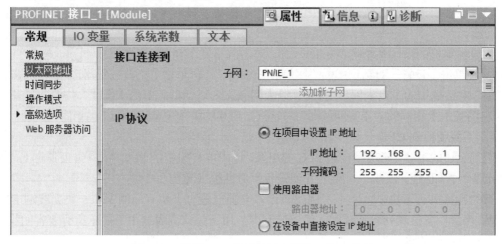

图 2-32　设置 CPU 集成的以太网接口的 IP 地址

3．设置计算机网卡的 IP 地址

如果操作系统是 Windows 7，用以太网电缆连接计算机和 CPU，接通 PLC 的电源。打开计算机的控制面板，单击"查看网络状态和任务"。再单击"本地连接"，打开"本地连接状态"对话框。单击其中的"属性"按钮，在"本地连接属性"对话框中（见图 2-33 的左图），双击"此连接使用下列项目"列表框中的"Internet 协议版本 4（TCP/IPv4）"，打开"Internet 协议版本 4（TCP/IPv4）属性"对话框。

用单选框选中"使用下面的 IP 地址"，键入 PLC 以太网接口默认的子网地址 192.168.0.12（见图 2-33 的右图，应与 CPU 的子网地址相同），IP 地址的第 4 个字节是子网内设备的地址，可以取 0～255 中的某个值，但是不能与子网中其他设备的 IP 地址重叠。单击"子网掩码"输入框，自动出现默认的子网掩码 255.255.255.0。一般不用设置网关的 IP 地址。

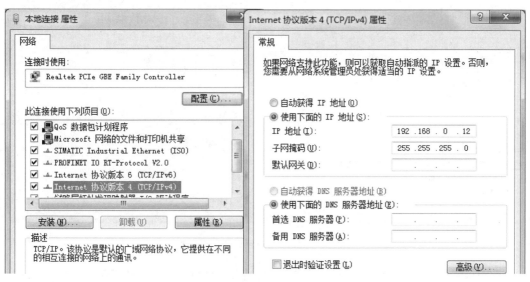

图 2-33　设置计算机网卡的 IP 地址

使用宽带上互联网时，一般只需要用单选框选中图 2-33 中的"自动获得 IP 地址"。

设置结束后，单击各级对话框中的"确定"按钮，最后关闭"本地连接状态"对话框和控制面板。

如果计算机的操作系统是 Windows 10，单击屏幕左下角的"开始"按钮 ⊞，选中"设置"按钮 ⚙。单击"设置"对话框中的"网络和 Internet"，再单击"更改适配器选项"，双击"网络连接"对话框中的"以太网"，打开"以太网状态"对话框。单击"属性"按钮，打开与图 2-33 左图基本上相同的"以太网属性"对话框。后续的操作与 Windows 7 的相同。

4．下载项目到 CPU

做好上述的准备工作后，接通 PLC 的电源，选中项目树中的 PLC_1，单击工具栏上的"下载到设备"按钮 ⬇，出现"扩展下载到设备"对话框（见图 2-34）。

有的计算机有多块以太网卡，例如笔记本电脑一般有一块有线网卡和一块无线网卡，用"PG/PC 接口"下拉式列表选择实际使用的网卡。用下拉列表选中"显示所有兼容的设备"或"显示可访问的设备"。

单击"开始搜索"按钮，经过一定的时间后，在"选择目标设备"列表中，出现搜索到的网络上所有的 CPU 和它们的 IP 地址，图 2-34 中计算机与 PLC 之间的连线由断开变为接通。CPU 所在方框的背景色变为实心的橙色，表示 CPU 进入在线状态。

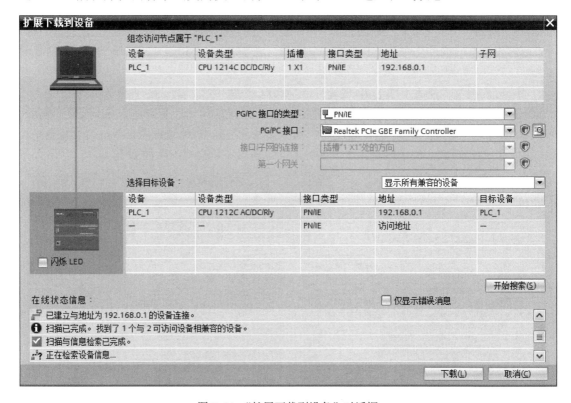

图 2-34 "扩展下载到设备"对话框

新出厂的 CPU 还没有 IP 地址，只有厂家设置的 MAC 地址，搜索后显示的是 CPU 的

MAC 地址。将硬件组态中的 IP 地址下载到 CPU 以后，才会显示搜索到的 IP 地址。

如果搜索到网络上有多个 CPU，为了确认设备列表中的 CPU 对应的硬件，选中列表中的某个 CPU，勾选左边的 CPU 图标下面的"闪烁 LED"复选框（见图 2-34），对应的 CPU 上的"RUN/STOP"等 3 个 LED（发光二极管）将会闪动。再单击一次该复选框，停止闪动。

选中列表中的 CPU，"下载"按钮上的字符由灰色变为黑色。单击该按钮，出现"下载预览"对话框（见图 2-35 上面的图）。如果出现"装载到设备前的软件同步"对话框，单击"在不同步的情况下继续"按钮。编程软件首先对项目进行编译，编译成功后，单击"装载"按钮，开始下载到设备。

如果要在 RUN 模式下载修改后的硬件组态，应在"停止模块"行选择"全部停止"。

如果组态的模块与在线的模块略有差异（例如固件版本略有不同），将会出现"不同的模块"行。单击该行的 ▶ 按钮，可以查看具体的差异。可以用下拉式列表选中"全部接受"。

下载结束后，出现"下载结果"对话框（见图 2-35 下面的图），如果想切换到 RUN 模式，用下拉式列表选中"启动模块"，单击"完成"按钮，PLC 切换到 RUN 模式，CPU 上的"RUN/STOP" LED 变为绿色。

5．使用菜单命令下载

1）选中 PLC_1，执行菜单命令"在线"→"下载到设备"，如果在线版本和离线版本之间存在差异，将硬件组态数据和程序下载给选中的设备。

2）执行菜单命令"在线"→"扩展的下载到设备"，出现"扩展的下载到设备"对话框，其功能与"下载到设备"相同。通过扩展的下载，可以显示所有可访问的网络设备，以及是否为所有设备分配了唯一的 IP 地址。

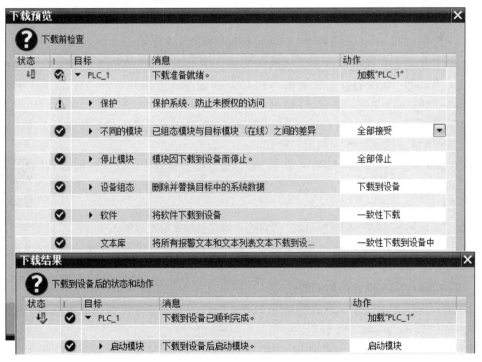

图 2-35 "下载预览"与"下载结果"对话框

6. 用快捷菜单下载部分内容

右击项目树中的 PLC_1，选中快捷菜单中的"下载到设备"和其中的子选项"硬件和软件（仅更改）""硬件配置""软件（仅更改）"或"软件（全部下载）"，执行相应的操作。

也可以在打开某个程序块时，单击工具栏上的下载按钮 ，下载该程序块。

7. 上传设备作为新站

做好计算机与 PLC 通信的准备工作后，首先生成一个新项目，选中项目树中的项目名称，执行菜单命令"在线"→"将设备作为新站上传（硬件和软件）"，出现"将设备上传到 PG/PC"对话框（见图 2-36）。设置"PG/PC 接口的类型"为"PN/IE"，用"PG/PC 接口"下拉式列表选择实际使用的网卡。

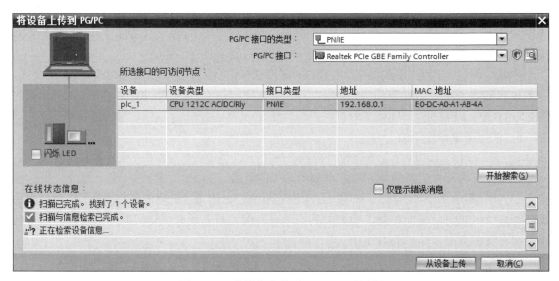

图 2-36 "将设备上传到 PG/PC"对话框

单击"开始搜索"按钮，经过一定的时间后，在"所选接口的可访问节点"列表中，出现连接的 CPU 和它的 IP 地址，计算机与 PLC 之间的连线由断开变为接通。CPU 所在方框的背景色变为实心的橙色，表示 CPU 进入在线状态。

选中可访问节点列表中的 CPU，单击对话框下面的"从设备上传"按钮，上传成功后，可以获得 CPU 完整的硬件配置和用户程序。

与 S7-300/400 不同，S7-1200 下载了 PLC 变量表和程序中的注释。因此在上传时可以得到 CPU 中的变量表和程序中的注释，它们对于程序的阅读是非常有用的。

视频"组态通信与下载用户程序"可通过扫描二维码 2-5 播放。

二维码 2-5

2.5.2 用户程序的仿真调试

1. S7-1200/S7-1500 的仿真软件

S7-1200 对仿真的硬件、软件的要求如下：固件版本为 V4.0 或更高版本的 S7-1200，S7-PLCSIM 的版本为 V13 SP1 及以上。

S7-PLCSIM V15 SP1 不支持计数、PID 和运动控制工艺模块，不支持 PID 和运动控制工艺对象，支持通信指令 PUT、GET、TSEND、TRCV、TSEND_C 和 TRCV_C。不支持对包含受专有技术保护的块的程序进行仿真。

2. 启动仿真和下载程序

选中项目树中的 PLC_1，单击工具栏上的"启动仿真"按钮，S7-PLCSIM V15 SP1 被启动，出现"自动化许可证管理器"对话框，显示"启动仿真将禁用所有其他的在线接口"。勾选"不再显示此消息"复选框，以后启动仿真时不会再显示该对话框。单击"确定"按钮，出现 S7-PLCSIM 的精简视图（见图 2-37）。

打开仿真软件后，如果出现"扩展下载到设备"对话框（见图 2-38），将"接口/子网的连接"设置为"PN/IE_1"或"插槽'1×1'处的方向"，用以太网接口下载程序。

图 2-37　S7-PLCSIM 的精简视图

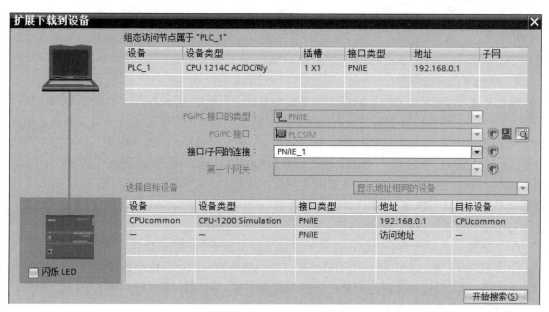

图 2-38　"扩展下载到设备"对话框

单击"开始搜索"按钮（见图 2-38），"选择目标设备"列表中显示出搜索到的仿真 CPU 的以太网接口的 IP 地址。

单击"下载"按钮，出现与图 2-35 基本上相同的"下载预览"对话框，如果要更改仿真 CPU 中已下载的程序，勾选"全部覆盖"复选框，单击"装载"按钮，将程序下载到 PLC。

下载结束后，出现"下载结果"对话框。用选择框将"无动作"改为"启动模块"，单击"完成"按钮，仿真 PLC 被切换到 RUN 模式（见图 2-37）。

3. 生成仿真表

单击精简视图右上角的按钮，切换到项目视图（见图 2-39）。单击工具栏最左边的按钮，创建一个 S7-PLCSIM 的新项目。

双击项目树的"SIM 表格"（仿真表）文件夹中的"SIM 表格_1"，打开该仿真表。在右边窗口的"地址"列输入 I0.0、I0.1 和 QB0，可以用 QB0 所在的行来显示 Q0.0～Q0.7 的状态。如果在 SIM 表中生成 IB0，可以用一行来分别设置和显示 I0.0～I0.7 的状态。

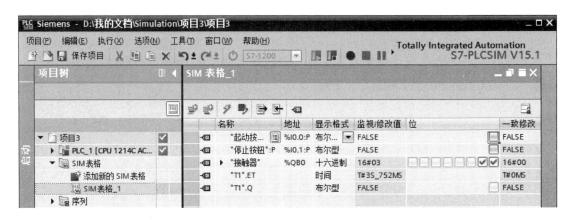

图 2-39 S7-PLCSIM 的项目视图

单击表格空白行的"名称"列隐藏的按钮，再单击选中出现的变量列表中的"T1"（见图 2-23），名称列出现"T1".。单击地址列表中的"T1".ET，地址列表消失，名称列出现"T1".ET。用同样的方法在"名称"列生成"T1".Q。

4．用仿真表调试程序

两次单击图 2-39 中"位"列第一行中的小方框，方框中出现"√"，I0.0 变为 TRUE 后又变为 FALSE，即模拟按下和放开起动按钮。梯形图中 I0.0 的常开触点闭合后又断开。由于 OB1 中程序的作用，Q0.0（电源接触器）和 Q0.1（星形接触器）变为 TRUE，梯形图中其线圈通电，SIM 表中"接触器"（QB0）所在行右边 Q0.0 和 Q0.1 对应的小方框中出现"√"（见图 2-39）。同时，当前时间值"T1".ET 的监视值不断增大。它等于预设时间值 T#8s 时其监视值保持不变，变量"T1".Q 变为 TURE，"接触器"行的 Q0.1 变为 FALSE，Q0.2 变为 TRUE，电动机由星形接法切换到三角形接法。

两次单击 I0.1 对应的小方框，分别模拟按下和放开停止按钮的操作。由于用户程序的作用，Q0.0 和 Q0.2 变为 FALSE，电动机停机。仿真表中对应的小方框中的勾消失。

单击 S7-PLCSIM 项目视图工具栏最右边的按钮，可以返回图 2-37 所示的精简视图。

5．SIM 编辑器的表格视图和控制视图

图 2-39 中 SIM 编辑器的上半部分是表格视图，选中 I0.0 所在的行，编辑器下半部分出现控制视图，其中显示一个按钮，按钮上面是 I0.0 的变量名称"起动按钮"。可以用该按钮来控制 I0.0 的状态。

在表格视图中生成变量 IW64（模拟量输入），选中它所在的行，在下面的控制视图中出现一个用于调整模拟值的滚动条，它的两边显示最小值 16#0000 和最大值 16#FFFF。用鼠标按住并拖动滚动条的滑块，可以看到表格视图中 IW64 的"监视/修改值"快速变化。

6．仿真软件的其他功能

在 S7-PLCSIM 的项目视图中，可以用工具栏上的按钮打开保存的项目，用和按钮启动和停止 S7-PLCSIM 项目的运行。

执行项目视图的"选项"菜单中的"设置"命令，在"设置"视图中，可以设置起始视图为项目视图或紧凑视图（即精简视图），还可以设置项目的存储位置。

默认情况下，只允许更改 I 区的输入值，Q 区或 M 区变量（非输入变量）的"监视/修改值"列的背景为灰色，只能监视不能更改非输入变量的值。单击按下 SIM 表格工具栏的"启动/禁用非输入修改"按钮 ，便可以修改非输入变量。单击工具栏上的 按钮，将会加载项目中所有的标签（即变量）。生成新项目后，单击工具栏上的 按钮，断开 PLC 电源（按钮变为灰色），可以用该按钮右边的下拉式列表来选择"S7-1200""S7-1500"和"ET 200SP"。

二维码 2-6

视频"用仿真软件调试用户程序"可通过扫描二维码 2-6 播放。

2.6 用 STEP 7 调试程序

有两种调试用户程序的方法：程序状态与监控表（Watch Table）。程序状态可以监视程序的运行，显示程序中操作数的值和程序段的逻辑运算结果（RLO），查找用户程序的逻辑错误，还可以修改某些变量的值。

使用监控表可以监视、修改和强制用户程序或 CPU 内指定的多个变量。可以向某些变量写入需要的数值，来测试程序或硬件。例如，为了检查接线，可以在 CPU 处于 STOP 模式时给外设输出点指定固定的值。

2.6.1 用程序状态功能调试程序

1. 启动程序状态监视

与 PLC 建立好在线连接后，打开需要监视的代码块，单击程序编辑器工具栏上的"启用/禁用监视"按钮 ，启动程序状态监视。如果在线（PLC 中的）程序与离线（计算机中的）程序不一致，项目树中的项目、站点、程序块和有问题的代码块的右边均会出现表示故障的符号。需要重新下载有问题的块，使在线、离线的块一致，上述对象右边均出现绿色的表示正常的符号后，才能启动程序状态功能。进入在线模式后，程序编辑器最上面的标题栏变为橘红色。

如果在运行时测试程序出现功能错误或程序错误，可能会对人员或财产造成严重损害，应确保不会出现这样的危险情况。

2. 程序状态的显示

启动程序状态后，梯形图用绿色连续线来表示状态满足，即有"能流"流过，见图 2-40 中较浅的实线。用蓝色虚线表示状态不满足，没有能流流过。用灰色连续线表示状态未知或程序没有执行，黑色表示没有连接。

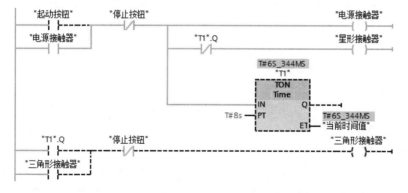

图 2-40　程序状态监视

Bool 变量为 0 状态和 1 状态时，它们的常开触点和线圈分别用蓝色虚线和绿色连续线来表示，常闭触点的显示与变量状态的关系则相反。

进入程序状态之前，梯形图中的线和元件因为状态未知，全部为黑色。启动程序状态监视后，梯形图左侧垂直的"电源"线和与它连接的水平线均为连续的绿线，表示有能流从"电源"线流出。有能流流过的处于闭合状态的触点、指令方框、线圈和"导线"均用连续的绿色线表示。

图 2-40 是星形-三角形降压起动的梯形图。接通连接在 PLC 的输入端 I0.0 的小开关后马上断开它（模拟外接的起动按钮的操作），梯形图中 I0.0 的常开触点接通，使 Q0.0（电源接触器）和 Q0.1（星形接触器）的线圈通电并自保持。TON 定时器的 IN 输入端有能流流入，开始定时。TON 的当前时间值 ET 从 0 开始增大，达到 PT 预置的时间 8s 时，定时器的位输出"T1".Q 变为 1 状态，其常开触点接通，使 Q0.2（三角形接触器）的线圈通电；其常闭触点断开，使 Q0.1 的线圈断电。电动机由星形接法切换到三角形接法运行。

3．在程序状态修改变量的值

右击程序状态中的某个变量，执行出现的快捷菜单中的某个命令，可以修改该变量的值。对于 Bool 变量，执行命令"修改"→"修改为 1"或"修改"→"修改为 0"；对于其他数据类型的变量，执行命令"修改"→"修改值"。执行命令"修改"→"显示格式"，可以修改变量的显示格式。

不能修改连接外部硬件输入电路的过程映像输入（I）的值。如果被修改的变量同时受到程序的控制（例如受线圈控制的 Bool 变量），则程序控制的作用优先。

视频"用程序状态监控与调试程序"可通过扫描二维码 2-7 播放。

二维码 2-7

2.6.2 用监控表监控与强制变量

使用程序状态功能，可以在程序编辑器中形象直观地监视梯形图程序的执行情况，触点和线圈的状态一目了然。但是程序状态功能只能在屏幕上显示一小块程序，调试较大的程序时，往往不能同时看到与某一程序功能有关的全部变量的状态。

监控表可以有效地解决上述问题。使用监控表可以在工作区同时监视、修改和强制用户感兴趣的全部变量。一个项目可以生成多个监控表，以满足不同的调试要求。

监控表可以赋值或显示的变量包括过程映像输入和输出（I 和 Q）、外设输入（I_:P）、外设输出（Q_:P）、位存储器（M）和数据块（DB）内的存储单元。

1．监控表的功能

1）监视变量：在计算机上显示用户程序或 CPU 中变量的当前值。

2）修改变量：将固定值分配给用户程序或 CPU 中的变量。

3）对外设输出赋值：允许在 STOP 模式下将固定值赋给 CPU 的外设输出点，这一功能可用于硬件调试时检查接线。

2．生成监控表

打开项目树中 PLC 的"监控与强制表"文件夹，双击其中的"添加新监控表"，生成一个名为"监控表_1"的新的监控表，并在工作区自动打开它。根据需要，可以为一台 PLC 生成多个监控表。应将有关联的变量放在同一个监控表内。

3. 在监控表中输入变量

如图 2-41 所示，在监控表的"名称"列输入 PLC 变量表中定义过的变量的符号地址，"地址"列将会自动出现该变量的地址。在地址列输入 PLC 变量表中定义过的地址，"名称"列将会自动地出现它的名称。如果输入了错误的变量名称或地址，出错的单元的背景变为提示错误的浅红色，标题为"i"的标示符列出现红色的叉。

可以使用监控表的"显示格式"列默认的显示格式，也可以右击该列的某个单元，选中出现的列表中需要的显示格式。图 2-41 的监控表用二进制格式显示 QB0，可以同时显示和分别修改 Q0.0～Q0.7 这 8 个 Bool 变量。这一方法用于 I、Q 和 M，可以用字节（8 位）、字（16位）或双字（32 位）来监视和修改多个 Bool 变量。

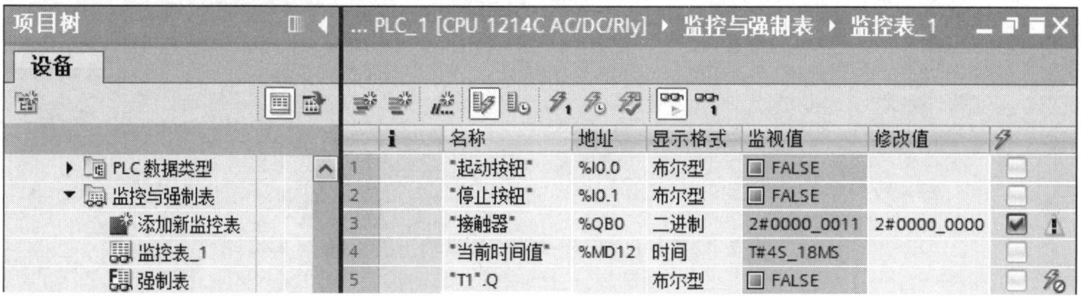

图 2-41 监控表

复制 PLC 变量表中的变量名称，然后将它粘贴到监控表的"名称"列，可以快速生成监控表中的变量。

4. 监视变量

可以用监控表的工具栏上的按钮来执行各种功能。与 CPU 建立在线连接后，单击工具栏上的 按钮，启动监视功能，将在"监视值"列连续显示变量的动态实际值。

再次单击该按钮，可关闭监视功能。单击工具栏上的"立即一次性监视所有变量"按钮 ，即使没有启动监视，将立即读取一次变量值，在"监视值"列用表示在线的橙色背景显示变量值。几秒钟后，背景色变为表示离线的灰色。

位变量为 TRUE（1 状态）时，监视值列的方形指示灯为绿色。位变量为 FALSE（0 状态）时，指示灯为灰色。图 2-41 中的 MD12 是定时器的当前时间值，在定时器的定时过程中，MD12 的值不断增大。

5. 修改变量

单击监控表工具栏上的"显示/隐藏所有修改列"按钮 ，出现隐藏的"修改值"列，在"修改值"列输入变量新的值，并勾选要修改的变量的"修改值"列右边的复选框。输入 Bool 变量的修改值 0 或 1 后，单击监控表其他地方，它们将自动变为"FALSE"（假）或"TRUE"（真）。单击工具栏上的"立即一次性修改所有选定值"按钮 ，复选框打勾的"修改值"被立即送入指定的地址。

右击某个位变量，执行出现的快捷菜单中的"修改"→"修改为 0"或"修改为 1"命令，可以将选中的变量修改为 FALSE 或 TRUE。在 RUN 模式修改变量时，各变量同时又受到用户程序的控制。假设用户程序运行的结果使 Q0.1 的线圈断电，用监控表不可能将 Q0.1 修改和保持为 TRUE。不能改变 I 区分配给硬件的数字量输入点的状态，因为它们的状态取决于外部输入电路的通/断状态。

在程序运行时如果修改变量值出错，可能导致人身或财产的损害。执行修改功能之前，应确认不会有危险情况出现。

视频"用监控表监控与调试程序"可通过扫描二维码 2-8 播放。

二维码 2-8

6. 在 STOP 模式改变外设输出的状态

在调试设备时，这一功能可以用来检查输出点连接的过程设备的接线是否正确。以 Q0.0 为例（见图 2-42），操作的步骤如下：

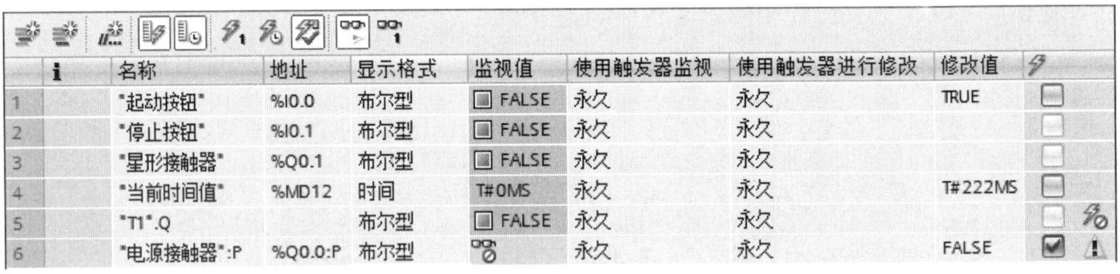

	i	名称	地址	显示格式	监视值	使用触发器监视	使用触发器进行修改	修改值	
1		"起动按钮"	%I0.0	布尔型	FALSE	永久	永久	TRUE	
2		"停止按钮"	%I0.1	布尔型	FALSE	永久	永久		
3		"星形接触器"	%Q0.1	布尔型	FALSE	永久	永久		
4		"当前时间值"	%MD12	时间	T#0MS	永久	永久	T#222MS	
5		"T1".Q		布尔型	FALSE		永久		
6		"电源接触器":P	%Q0.0:P	布尔型		永久	永久	FALSE	

图 2-42 在 STOP 模式改变外设输出的状态

1）在监控表中输入外设输出点 Q0.0:P，勾选该行"修改值"列右边的复选框。

2）将 CPU 切换到 STOP 模式。

3）单击监控表工具栏上的 按钮，切换到扩展模式，出现与"触发器"有关的两列（见图 2-42）。

4）单击监控表工具栏上的 按钮，启动监视功能。

5）单击工具栏上的 按钮，出现"启用外围设备输出"对话框，单击"是"按钮确认。

6）右击 Q0.0:P 所在的行，执行出现的快捷菜单中的"修改"→"修改为 1"或"修改为 0"命令，CPU 上 Q0.0 对应的 LED（发光二极管）亮或熄灭。

CPU 切换到 RUN 模式后，工具栏上的 按钮变为灰色，该功能被禁止，Q0.0 受到用户程序的控制。如果有输入点或输出点被强制，则不能使用这一功能。为了在 STOP 模式下允许外设输出，应取消强制功能。

因为 CPU 只能改写，不能读取外设输出变量 Q0.0:P 的值，符号 表示该变量被禁止监视（不能读取）。将光标放到图 2-42 最下面一行的"监视值"单元时，将会弹出信息框，提示"无法监视外围设备输出"。

7. 定义监控表的触发器

触发器用来设置在扫描循环的哪一点来监视或修改选中的变量。可以选择在扫描循环开始、扫描循环结束或从 RUN 模式切换到 STOP 模式时监视或修改某个变量。

单击监控表工具栏上的 按钮，切换到扩展模式，出现"使用触发器监视"和"使用触发器进行修改"列（见图 2-42）。单击这两列的某个单元，再单击单元右边出现的 按钮，用出现的下拉式列表设置监视和修改该行变量的触发点。

触发方式可以选择"仅一次"或"永久"（每个循环触发一次）。如果设置为触发一次，单击一次工具栏上的按钮，执行一次相应的操作。

8. 强制的基本概念

可以用强制表给用户程序中的单个变量指定固定的值，这一功能被称为强制（Force）。强制应在与 CPU 建立了在线连接时进行。使用强制功能时，不正确的操作可能会危及人员的生命或健康，造成设备或整个工厂的损失。

S7-1200 系列 PLC 只能强制外设输入和外设输出，例如强制 I0.0:P 和 Q0.0:P 等。不能强制组态时指定给 HSC（高速计数器）、PWM（脉冲宽度调制）和 PTO（脉冲列输出）的 I/O 点。在测试用户程序时，可以通过强制 I/O 点来模拟物理条件，例如用来模拟输入信号的变化。强制功能不能仿真。

在执行用户程序之前，强制值被用于输入过程映像。在处理程序时，使用的是输入点的强制值。在写外设输出点时，强制值被送给过程映像输出，输出值被强制值覆盖。强制值在外设输出点出现，并且被用于过程。

变量被强制的值不会因为用户程序的执行而改变。被强制的变量只能读取，不能用写访问来改变其强制值。

输入、输出点被强制后，即使编程软件被关闭，或编程计算机与 CPU 的在线连接断开，或 CPU 断电，强制值都被保持在 CPU 中，直到在线时用强制表停止强制功能。

用存储卡将带有强制点的程序装载到别的 CPU 时，将继续程序中的强制功能。

9. 强制变量

双击打开项目树中的强制表，输入 I0.0 和 Q0.0（见图 2-43），它们后面被自动添加表示外设输入/输出的":P"。只有在扩展模式才能监视外设输入的强制监视值。单击工具栏上的"显示/隐藏扩展模式列"按钮 ，切换到扩展模式。将 CPU 切换到 RUN 模式。

图 2-43　用强制表强制外设输入和外设输出点

同时打开 OB1 和强制表，用"窗口"菜单中的命令，水平拆分编辑器空间，同时显示 OB1 和强制表（见图 2-43）。单击程序编辑器工具栏上的 按钮，启动程序状态功能。

单击强制表工具栏上的 按钮，启动监视功能。右击强制表的第一行，执行快捷菜单命令，将 I0.0:P 强制为 TRUE。单击出现的"强制为 1"对话框中的"是"按钮确认。强制表第一行出现表示被强制的 符号，第一行"F"列的复选框中出现勾。PLC 面板上 I0.0 对应的 LED 不亮，梯形图中 I0.0 的常开触点接通，上面出现被强制的 符号，由于 PLC 程序的作用，梯形图中 Q0.0 和 Q0.1 的线圈通电，PLC 面板上 Q0.0 和 Q0.1 对应的 LED 亮。

右击强制表的第二行，执行快捷菜单命令，将 Q0.0:P 强制为 FALSE。单击出现的"强制为 0" 对话框中的 "是" 按钮确认。强制表第二行出现表示被强制的 **F** 符号。梯形图中 Q0.0 线圈上面出现表示被强制的 **F** 符号，PLC 面板上 Q0.0 对应的 LED 熄灭。

10．停止强制

单击强制表工具栏上的 **F.** 按钮，停止对所有地址的强制。被强制的变量最左边和输入点的 "监视值" 列红色的标有 "F" 的小方框消失，表示强制被停止。复选框后面的黄色三角形符号重新出现，表示该地址被选择强制，但是 CPU 中的变量没有被强制。梯形图中的 **F** 符号也消失了。

为了停止对单个变量的强制，单击去掉该变量的 F 列的复选框中的勾，然后单击工具栏上的 **F.** 按钮，重新启动强制。

2.7　习题

1．填空

1）数字量输入模块某一外部输入电路接通时，对应的过程映像输入位为_____，梯形图中对应的常开触点_____，常闭触点_____。

2）若梯形图中某一过程映像输出位 Q 的线圈 "断电"，对应的过程映像输出位为_____，在写入输出模块阶段之后，继电器型输出模块对应的硬件继电器的线圈_____，其常开触点_____，外部负载_____。

3）二进制数 2#0100 0001 1000 0101 对应的十六进制数是 16#_____，对应的十进制数是_____，绝对值与它相同的负数的补码是 2#_____。

4）二进制补码 2#1111 1111 1010 0101 对应的十进制数为_____。

5）Q4.2 是过程映像输出字节_____的第_____位。

6）MW4 由 MB_____和 MB_____组成，MB_____是它的高位字节。

7）MD104 由 MW_____和 MW_____组成，MB_____是它的最低位字节。

2．S7-1200 可以使用哪些编程语言？

3．S7-1200 的代码块包括哪些块？代码块有什么特点？

4．RAM 与 FEPROM 各有什么特点？

5．装载存储器和工作存储器各有什么作用？

6．字符串的第一个字节和第二个字节存放的是什么？

7．数组元素的下标的下限值和上限值分别为 1 和 10，数组元素的数据类型为 Word，写出数组的数据类型表达式。

8．在符号名为 Pump 的数据块中生成一个由 50 个整数组成的一维数组，数组的符号名为 Press。此外生成一个由 Bool 变量 Start、Stop 和 Int 变量 Speed 组成的结构，结构的符号名为 Motor。

9．在程序中怎样用符号地址表示第 8 题中数组 Press 的下标为 15 的元素？怎样用符号地址表示第 8 题的结构中的元素 Start？

10．在变量表中生成一个名为 "双字" 的变量，数据类型为 DWord，写出它的第 23 位和第 3 号字节的符号名。

11．I0.3:P 和 I0.3 有什么区别，为什么不能写外设输入点？

12. 怎样将 Q4.5 的值立即写入到对应的输出模块？

13. 怎样设置梯形图中触点的宽度和字符的大小？

14. 怎样切换程序中地址的 3 种显示方式？

15. 怎样设置块的"优化的块访问"属性？"优化的块访问"有什么特点？

16. 什么是 MAC 地址和 IP 地址？子网掩码有什么作用？

17. 计算机与 S7-1200 通信时，怎样设置网卡的 IP 地址和子网掩码？

18. 写出 S7-1200 CPU 默认的 IP 地址和子网掩码。

19. 怎样打开 S7-PLCSIM 和下载程序到 S7-PLCSIM？

20. 程序状态监控有什么优点？什么情况应使用监控表？

21. 修改变量和强制变量有什么区别？

第3章 S7-1200的指令

3.1 位逻辑指令

本章主要介绍梯形图编程语言中的基本指令和部分扩展指令，其他指令将在后面各章中陆续介绍。

本节的程序在配套资源的项目"位逻辑指令应用"的OB1中。

1. 常开触点与常闭触点

常开触点（见表3-1）在指定的位为1状态（TRUE）时闭合，为0状态（FALSE）时断开。常闭触点在指定的位为1状态时断开，为0状态时闭合。两个触点串联将进行"与"运算，两个触点并联将进行"或"运算。

2. 取反RLO触点

RLO是逻辑运算结果的简称，图3-1中间有"NOT"的触点为取反RLO触点，它用来转换能流输入的逻辑状态。

如果没有能流流入取反RLO触点，则有能流流出（见图3-1的左图）。如果有能流流入取反RLO触点，则没有能流流出（见图3-1的右图）。

图3-1 取反RLO触点

表3-1 位逻辑指令

指令	描述	指令	描述
—┤├—	常开触点	RS	复位/置位触发器
—┤/├—	常闭触点	SR	置位/复位触发器
—┤NOT├—	取反RLO	—┤P├—	扫描操作数的信号上升沿
—( )—	赋值	—┤N├—	扫描操作数的信号下降沿
—(/)—	赋值取反	—(P)—	在信号上升沿置位操作数
—(S)—	置位输出	—(N)—	在信号下降沿置位操作数
—(R)—	复位输出	P_TRIG	扫描RLO的信号上升沿
—(SET_BF)—	置位位域	N_TRIG	扫描RLO的信号下降沿
—(RESET_BF)—	复位位域	R_TRIG	检测信号上升沿
		F_TRIG	检测信号下降沿

3. 赋值与赋值取反指令

梯形图中的线圈对应于赋值指令，该指令将线圈输入端的逻辑运算结果（RLO）的信号状态写入指定的操作数地址，线圈通电（RLO的状态为"1"）时写入1，线圈断电时写入0。可以用Q0.4:P的线圈将位数据值写入过程映像输出Q0.4，同时立即直接写给对应的外设输出点（见图 3-2 的右图）。

赋值取反线圈中间有"/"符号，如果有能流流过 M4.1 的赋值取反线圈（见图 3-2 的左图），则 M4.1 为 0 状态，其常开触点断开（见图 3-2 的右图），反之 M4.1 为 1 状态，其常开触点闭合。

图 3-2　取反线圈和立即输出

4. 置位、复位输出指令

S（Set，置位输出）指令将指定的位操作数置位（变为 1 状态并保持）。R（Reset，复位输出）指令将指定的位操作数复位（变为 0 状态并保持）。如果同一操作数的 S 线圈和 R 线圈同时断电（线圈输入端的 RLO 为"0"），则指定操作数的信号状态保持不变。

置位输出指令与复位输出指令最主要的特点是有记忆和保持功能。如果图 3-3 中 I0.4 的常开触点闭合，Q0.5 变为 1 状态并保持该状态。即使 I0.4 的常开触点断开，Q0.5 也仍然保持 1 状态（见图 3-3 中的波形图）。I0.5 的常开触点闭合时，Q0.5 变为 0 状态并保持该状态，即使 I0.5 的常开触点断开，Q0.5 也仍然保持为 0 状态。

图 3-3　置位输出与复位输出指令

在程序状态中，用 Q0.5 的 S 和 R 线圈连续的绿色圆弧和线圈中绿色的字母表示 Q0.5 为 1 状态，用间断的蓝色圆弧和蓝色的字母表示 0 状态。图 3-3 中 Q0.5 为 1 状态。

视频"位逻辑指令应用（A）"可通过扫描二维码 3-1 播放。

二维码 3-1

5. 置位位域指令与复位位域指令

"置位位域"指令 SET_BF 将指定的地址开始的连续的若干个位地址置位（变为 1 状态并保持）。在图 3-4 的 I0.6 的上升沿（从 0 状态变为 1 状态），从 M5.0 开始的 4 个连续的位被置位为 1 状态并保持该状态不变。

"复位位域"指令 RESET_BF 将指定的地址开始的连续的若干个位地址复位（变为 0 状态并保持）。在图 3-4 的 M4.4 的下降沿（从 1 状态变为 0 状态），从 M5.4 开始的 3 个连续的位被复位为 0 状态并保持该状态不变。

6. 置位/复位触发器与复位/置位触发器

图 3-5 中的 SR 方框是置位/复位（复位优先）触发器，其输入/输出关系见表 3-2，两种触发器的区别仅在于表的最下面一行。在置位（S）和复位（R1）信号同时为 1 时，图 3-5 的 SR 方框上面的输出位 M7.2 被复位为 0。M7.2 的当前信号状态被传送到输出 Q。

RS 方框是复位/置位（置位优先）触发器（其功能见表 3-2）。在置位（S1）和复位（R）信号同时为 1 时，方框上面的 M7.6 被置位为 1。M7.6 的当前信号状态被传送到输出 Q。

7. 扫描操作数信号边沿的指令

图 3-4 中间有 P 的触点指令的名称为"扫描操作数的信号上升沿",如果该触点上面的输入信号 I0.6 由 0 状态变为 1 状态(即输入信号 I0.6 的上升沿),则该触点接通一个扫描周期。在其他任何情况下,该触点均断开。边沿检测触点不能放在电路结束处。

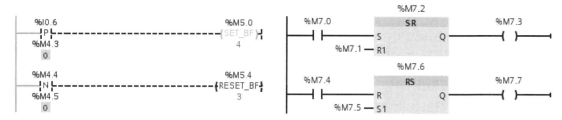

图 3-4 边沿检测触点与置位/复位位域指令　　　　图 3-5 SR 触发器与 RS 触发器

表 3-2　SR 与 RS 触发器的功能

置位/复位(SR)触发器			复位/置位(RS)触发器		
S	R1	输出位	S1	R	输出位
0	0	保持前一状态	0	0	保持前一状态
0	1	0	0	1	0
1	0	1	1	0	1
1	1	0	1	1	1

P 触点下面的 M4.3 为边沿存储位,用来存储上一次扫描循环时 I0.6 的状态。通过比较 I0.6 的当前状态和上一次循环的状态,来检测信号的边沿。边沿存储位的地址只能在程序中使用一次,它的状态不能在其他地方被改写。只能用 M、DB 和 FB 的静态局部变量(Static)来作边沿存储位,不能用块的临时局部数据或 I/O 变量来作边沿存储位。

图 3-4 中间有 N 的触点指令的名称为"扫描操作数的信号下降沿",如果该触点上面的输入信号 M4.4 由 1 状态变为 0 状态(即 M4.4 的下降沿),RESET_BF 的线圈"通电"一个扫描周期。该触点下面的 M4.5 为边沿存储位。

8. 在信号边沿置位操作数的指令

图 3-6 中间有 P 的线圈是"在信号上升沿置位操作数"指令,仅在流进该线圈的能流(即 RLO)的上升沿(线圈由断电变为通电),该指令的输出位 M6.1 为 1 状态。其他情况下 M6.1 均为 0 状态,M6.2 为保存 P 线圈输入端的 RLO 的边沿存储位。

图 3-6 中间有 N 的线圈是"在信号下降沿置位操作数"指令,仅在流进该线圈的能流(即 RLO)的下降沿(线圈由通电变为断电),该指令的输出位 M6.3 为 1 状态。其他情况下 M6.3 均为 0 状态,M6.4 为边沿存储位。

上述两条线圈格式的指令不会影响逻辑运算结果 RLO,它们对能流是畅通无阻的,其输入端的逻辑运算结果被立即送给它的输出端。这两条指令可以放置在程序段的中间或程序段的最右边。

在运行时用外接的小开关使 I0.7 和 I0.3 的串联电路由断开变为接通,RLO 由 0 状态变为 1 状态(即在 RLO 的上升沿),M6.1 的常开触点闭合一个扫描周期,使 M6.6 置位。在上述串联电路由接通变为断开时,RLO 由 1 状态变为 0 状态,M6.3 的常开触点闭合一个扫描周期,使 M6.6 复位。

9. 扫描 RLO 的信号边沿指令

在流进"扫描 RLO 的信号上升沿"指令（P_TRIG 指令）的 CLK 输入端（见图 3-7）的能流（即 RLO）的上升沿（能流刚流进），Q 端输出脉冲宽度为一个扫描周期的能流，使 M8.1 置位。指令方框下面的 M8.0 是脉冲存储位。

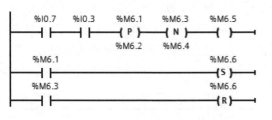

图 3-6　在 RLO 边沿置位操作数指令

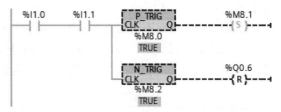

图 3-7　扫描 RLO 的信号边沿指令

在流进"扫描 RLO 的信号下降沿"指令（N_TRIG 指令）的 CLK 输入端的能流的下降沿（能流刚消失），Q 端输出脉冲宽度为一个扫描周期的能流，使 Q0.6 复位。指令方框下面的 M8.2 是脉冲存储器位。P_TRIG 指令与 N_TRIG 指令不能放在电路的开始处和结束处。

10. 检测信号边沿指令

图 3-8 中的 R_TRIG 是"检测信号上升沿"指令，F_TRIG 是"检测信号下降沿"指令。它们是函数块，在调用时应为它们指定背景数据块。这两条指令将输入 CLK 的当前状态与背景数据块中的边沿存储位保存的上一个扫描周期的 CLK 的状态进行比较，如果指令检测到 CLK 的上升沿或下降沿，将会通过 Q 端输出一个扫描周期的脉冲，将 M2.2 置位或复位。

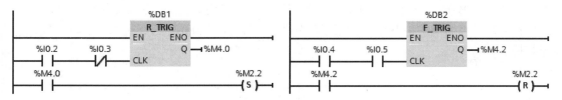

图 3-8　R_TRIG 指令和 F_TRIG 指令

在生成 CLK 输入端的电路时，首先选中左侧的垂直"电源"线，双击收藏夹中的"打开分支"按钮 →，生成一个带双箭头的分支。双击收藏夹中的按钮，生成一个常开触点和常闭触点的串联电路。将鼠标的光标放到串联电路右端的双箭头上，按住鼠标左键不放，移动鼠标。光标放到 CLK 端绿色的小方块上时，出现一根连接双箭头和小方块的浅色折线（见图 3-9）。松开鼠标左键，串联电路被连接到 CLK 端（见图 3-8）。

11. 边沿检测指令的比较

以上升沿检测为例，下面比较前面介绍的这 4 种边沿检测指令的功能。

在 ┤P├ 触点上面的地址的上升沿，该触点接通一个扫描周期。因此 P 触点用于检测触点上面的地址的上升沿，并且直接输出上升沿脉冲。其他 3 种指令都是用来检测 RLO（流

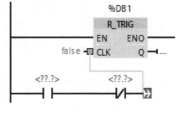

图 3-9　R_TRIG 指令

入它们的能流）的上升沿。

在流过┤P├线圈的能流的上升沿，线圈上面的地址在一个扫描周期为 1 状态。因此 P 线圈用于检测能流的上升沿，并用线圈上面的地址来输出上升沿脉冲。其他 3 种指令都是直接输出检测结果的。

R_TRIG 指令与 P_TRIG 指令都是用于检测流入它们的 CLK 端的能流的上升沿，并直接输出检测结果。其区别在于 R_TRIG 指令用背景数据块保存上一次扫描循环 CLK 端信号的状态，而 P_TRIG 指令用边沿存储位来保存它。如果 P_TRIG 指令与 R_TRIG 指令的 CLK 电路只有某地址的常开触点，可以用该地址的┤P├触点来代替它的常开触点和这两条指令之一的串联电路。例如图 3-10 中的两个程序段的功能是等效的。

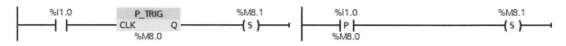

图 3-10　两个等效的上升沿检测电路

12. 故障显示电路

【例 3-1】　设计故障信息显示电路，从故障信号 I0.0 的上升沿开始，Q0.7 控制的指示灯以 1Hz 的频率闪烁。操作人员按复位按钮 I0.1 后，如果故障已经消失，则指示灯熄灭。如果没有消失，则指示灯转为常亮，直至故障消失。

信号波形图和故障信息显示电路如图 3-11 和图 3-12 所示。在设置 CPU 的属性时，令 MB0 为时钟存储器字节（见图 1-17），其中的 M0.5 提供周期为 1s 的时钟脉冲。出现故障时，将 I0.0 提供的故障信号用 M2.1 锁存起来，M2.1 和 M0.5 的常开触点组成的串联电路使 Q0.7 控制的指示灯以 1Hz 的频率闪烁。按下复位按钮 I0.1，故障锁存标志 M2.1 被复位为 0 状态。如果这时故障已经消失，则指示灯熄灭。如果故障没有消失，则 M2.1 的常闭触点与 I0.0 的常开触点组成的串联电路使指示灯转为常亮，直至 I0.0 变为 0 状态，故障消失，指示灯熄灭。

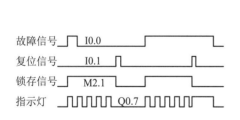

图 3-11　故障显示电路波形图

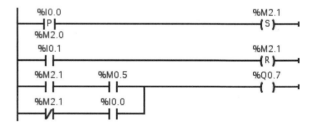

图 3-12　故障显示电路

如果将程序中的┤P├触点改为 I0.0 的常开触点，在故障没有消失的时候按复位按钮 I0.1，松手后 M2.1 又会被置位，指示灯不会由闪烁变为常亮，仍然继续闪动。

视频"位逻辑指令应用（B）"可通过扫描二维码 3-2 播放。

3.2　定时器指令与计数器指令

二维码 3-2

S7-1200 使用符合 IEC 标准的定时器指令和计数器指令。本节的程序在配套资源的项目

"定时器和计数器例程"的OB1中。

3.2.1 定时器指令

1. 脉冲定时器

IEC定时器和IEC计数器属于函数块，调用时需要指定配套的背景数据块，定时器和计数器指令的数据保存在背景数据块中。打开程序编辑器右边的指令列表窗口，将"定时器操作"文件夹中的定时器指令拖放到梯形图中适当的位置。在出现的"调用选项"对话框中（见图2-23），可以修改默认的背景数据块的名称。IEC定时器没有编号，可以用背景数据块的名称（例如"T1"，或"1号电机起动延时"），来做定时器的标示符。单击"确定"按钮，自动生成的背景数据块见图3-13。

定时器的输入IN（见图3-14）为启动输入端，在输入IN的上升沿（从0状态变为1状态），启动脉冲定时器TP、接通延时定时器TON和时间累加器TONR开始定时。在输入IN的下降沿，启动关断延时定时器TOF开始定时。

		名称	数据类型	起始值	保持
1	▼	Static			☐
2	■	PT	Time	T#0ms	☐
3	■	ET	Time	T#0ms	☐
4	■	IN	Bool	false	☐
5	■	Q	Bool	false	☐

图3-13　定时器的背景数据块

各定时器的输入参数PT（Preset Time）为预设时间值，输出参数ET（Elapsed Time）为定时开始后经过的时间，称为当前时间值，它们的数据类型为32位的Time，单位为ms，最大定时时间为T#24D_20H_31M_23S_647MS，D、H、M、S、MS分别为日、小时、分、秒和毫秒。Q为定时器的位输出，可以不给输出Q和ET指定地址。各参数均可以使用I（仅用于输入参数）、Q、M、D、L存储区，IN和PT可以使用常量。定时器指令可以放在程序段的中间或结束处。

脉冲定时器TP的指令名称为"生成脉冲"，用于将输出Q置位为PT预设的一段时间。用程序状态功能可以观察当前时间值的变化情况（见图3-14）。在IN输入信号的上升沿启动该定时器，Q输出变为1状态，开始输出脉冲。定时开始后，当前时间ET从0ms开始不断增大，达到PT预设的时间时，Q输出变为0状态。如果IN输入信号为1状态，则当前时间值保持不变（见图3-15的波形A）。如果达到PT预设的时间时，IN输入信号为0状态（见波形B），则当前时间变为0s。

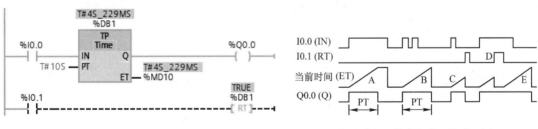

图3-14　脉冲定时器的程序状态　　　　图3-15　脉冲定时器的波形图

IN输入的脉冲宽度可以小于预设值，在脉冲输出期间，即使IN输入出现下降沿和上升沿（见波形B），也不会影响脉冲的输出。

图3-14中的I0.1为1时，定时器复位线圈（RT）通电，定时器被复位。用定时器的背景数据块的编号或符号名来指定需要复位的定时器。如果此时正在定时，且IN输入信号为0

状态，将使当前时间值 ET 清零，Q 输出也变为 0 状态（见波形 C）。如果此时正在定时，且 IN 输入信号为 1 状态，将使当前时间清零，但是 Q 输出保持为 1 状态（见波形 D）。复位信号 I0.1 变为 0 状态时，如果 IN 输入信号为 1 状态，将重新开始定时（见波形 E）。只是在需要时才对定时器使用 RT 指令。

2．接通延时定时器

接通延时定时器（TON，见图 3-16）用于将 Q 输出的置位操作延时参数 PT 指定的一段时间。IN 输入端的输入电路由断开变为接通时开始定时。定时时间大于等于预设时间 PT 指定的设定值时，输出 Q 变为 1 状态，当前时间值 ET 保持不变（见图 3-17 中的波形 A）。

IN 输入端的电路断开时，定时器被复位，当前时间被清零，输出 Q 变为 0 状态。CPU 第一次扫描时，定时器输出 Q 被清零。如果 IN 输入信号在未达到 PT 设定的时间时变为 0 状态（见波形 B），输出 Q 保持 0 状态不变。

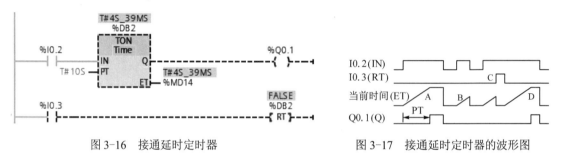

图 3-16　接通延时定时器　　　　　　　　　图 3-17　接通延时定时器的波形图

图 3-16 中的 I0.3 为 1 状态时，定时器复位线圈 RT 通电（见波形 C），定时器被复位，当前时间被清零，Q 输出变为 0 状态。复位输入 I0.3 为 0 状态时，如果 IN 输入信号为 1 状态，将开始重新定时（见波形 D）。

3．关断延时定时器

关断延时定时器（TOF，见图 3-18）用于将 Q 输出的复位操作延时参数 PT 指定的一段时间。其 IN 输入电路接通时，输出 Q 为 1 状态，当前时间被清零。IN 输入电路由接通变为断开时（IN 输入的下降沿）开始定时，当前时间从 0 逐渐增大。当前时间等于预设值时，输出 Q 变为 0 状态，当前时间保持不变，直到 IN 输入电路接通（见图 3-19 的波形 A）。关断延时定时器可以用于设备停机后的延时，例如大型变频电动机的冷却风扇的延时。

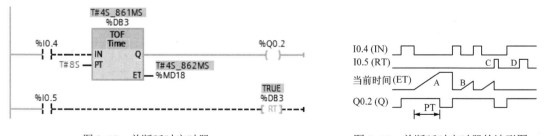

图 3-18　关断延时定时器　　　　　　　　　图 3-19　关断延时定时器的波形图

如果当前时间 ET 未达到 PT 预设的值，IN 输入信号就变为 1 状态，当前时间被清 0，输出 Q 将保持 1 状态不变（见波形 B）。图 3-18 中的 I0.5 为 1 状态时，定时器复位线圈 RT 通电。如果此时 IN 输入信号为 0 状态，则定时器被复位，当前时间被清零，输出 Q 变为 0 状态（见波形 C）。如果复位时 IN 输入信号为 1 状态，则复位信号不起作用（见波形 D）。

视频"定时器的基本功能"可通过扫描二维码 3-3 播放。

二维码 3-3

4. 时间累加器

时间累加器（TONR，见图 3-20）的 IN 输入电路接通时开始定时（见图 3-21 中的波形 A 和 B）。输入电路断开时，累计的当前时间值保持不变。可以用 TONR 来累计输入电路接通的若干个时间段。图 3-21 中的累计时间 $t1 + t2$ 等于预设值 PT 时，Q 输出变为 1 状态（见波形 D）。

复位输入 R 为 1 状态时（见波形 C），TONR 被复位，它的当前时间值变为 0，同时输出 Q 变为 0 状态。

图 3-20 中的 PT 线圈为"加载持续时间"指令，该线圈通电时，将 PT 线圈下面指定的时间预设值（即持续时间），写入图 3-20 中的 TONR 定时器名为"T4"的背景数据块 DB4 中的静态变量 PT（"T4".PT），将"T4".PT 作为 TONR 的输入参数 PT 的实参，定时器才能定时。用 I0.7 复位 TONR 时，"T4".PT 也被清 0。

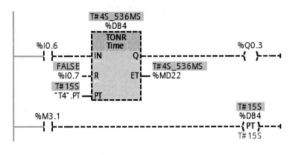

图 3-20 时间累加器

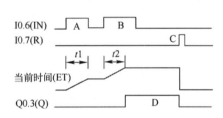

图 3-21 时间累加器的波形图

【例 3-2】 用接通延时定时器设计周期和占空比可调的振荡电路。

图 3-22 中的串联电路接通后，左边的定时器的 IN 输入信号为 1 状态，开始定时。2s 后定时时间到，它的 Q 输出端的能流流入右边的定时器的 IN 输入端，使右边的定时器开始定时，同时 Q0.7 的线圈通电。

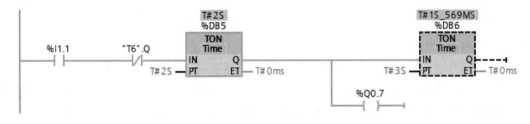

图 3-22 振荡电路

3s 后右边的定时器的定时时间到，它的输出 Q 变为 1 状态，使"T6".Q（T6 是 DB6 的符号地址）的常闭触点断开，左边的定时器的 IN 输入电路断开，其 Q 输出变为 0 状态，使 Q0.7 和右边的定时器的 Q 输出也变为 0 状态。下一个扫描周期因为"T6".Q 的常闭触点接通，左边的定时器又开始定时，以后 Q0.7 的线圈将这样周期性地通电和断电，直到串联电路断开。Q0.7 线圈通电和断电的时间分别等于右边和左边的定时器的预设值。

5. 用数据类型为 IEC_TIMER 的变量提供背景数据

图 3-23 是卫生间冲水控制电路与波形图。I0.7 是光电开关检测到的有使用者的信号，用 Q1.2 控制冲水电磁阀。在配套资源的项目"定时器和计数器例程"中，生成符号地址为"定时器 DB"的全局数据块 DB15。在 DB15 中生成数据类型为 IEC_TIMER 的变量 T1、T2、T3（见图 3-23 右下角的图），用它们提供定时器的背景数据。

将 TON 方框指令拖放到程序区后，单击方框上面的 <??.?>，再单击出现的小方框右边的 按钮，单击出现的地址列表中的"定时器 DB"，地址域出现"定时器 DB."。单击地址列表中的"T1"，地址域出现"定时器 DB".T1.。单击地址列表中的"无"，指令列表消失，地址域出现"定时器 DB".T1。用同样的方法为 TP 和 TOF 提供背景数据，并生成触点上各定时器的 Q 输出的地址。

从 I0.7 的上升沿（有人使用信号）开始，接通延时定时器 TON 延时 3s，3s 后 TON 的 Q 输出变为 1 状态，使脉冲定时器 TP 的 IN 输入信号变为 1 状态，TP 输出脉冲。

由波形图可知，控制冲水电磁阀的 Q1.2 的高电平脉冲波形由两块组成，4s 的脉冲波形由 TP 的触点"定时器 DB".T2.Q 提供。TOF 的 Q 输出"定时器 DB".T3.Q 的波形减去 I0.7 的波形得到宽度为 5s 的脉冲波形，可以用"定时器 DB".T3.Q 的常开触点与 I0.7 的常闭触点的串联电路来实现上述要求。两块脉冲波形的叠加用并联电路来实现。"定时器 DB".T1.Q 的常开触点用于防止 3s 内有人进入和离开时冲水。

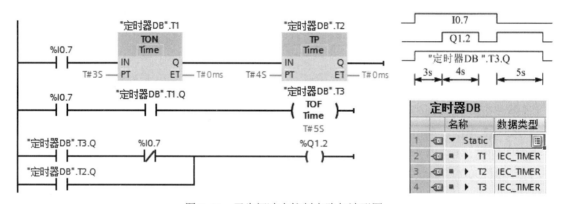

图 3-23　卫生间冲水控制电路与波形图

6. 定时器线圈指令

两条运输带顺序相连（见图 3-24），为了避免运送的物料在 1 号运输带上堆积，按下起动按钮 I0.3，1 号运输带开始运行，8s 后 2 号运输带自动起动。停机的顺序与起动的顺序刚好相反，即按了停止按钮 I0.2 后，先停 2 号运输带，8s 后停 1 号运输带。PLC 通过 Q1.1 和 Q0.6 控制两台电动机 M1 和 M2。

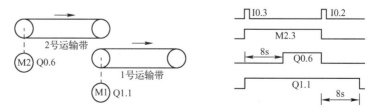

图 3-24　运输带示意图与波形图

运输带控制的梯形图程序如图 3-25 所示，程序中设置了一个用起动按钮和停止按钮控制的辅助元件 M2.3，用它来控制接通延时定时器（TON）的 IN 输入端，以及关断延时定时器（TOF）线圈。

中间标有 TP、TON、TOF 和 TONR 的线圈是定时器线圈指令。将指令列表的"基本指令"窗格的"定时器操作"文件夹中的"TOF"线圈指令拖放到程序区。它的上面可以是自动生成的

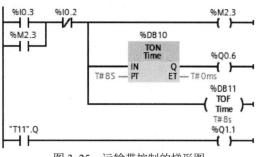

图 3-25 运输带控制的梯形图

类型为 IEC_TIMER 的背景数据块（见图中的 DB11），也可以是数据块中数据类型为 IEC_TIMER 的变量，它的下面是时间预设值 T#8s。TOF 线圈断电时定时器被启动定时，它的功能与对应的 TOF 方框定时器指令相同。

TON 的 Q 输出端控制的 Q0.6 在 I0.3 的上升沿之后 8s 变为 1 状态，在停止按钮 I0.2 的上升沿时变为 0 状态。综上所述，可以用 TON 的 Q 输出端直接控制 2 号运输带 Q0.6。

T11 是 DB11 的符号地址。按下起动按钮 I0.3，关断延时定时器线圈（TOF）通电。它的 Bool 输出"T11".Q 在它的线圈通电时变为 1 状态，在它的线圈断电后延时 8s 变为 0 状态，因此可以用"T11".Q 的常开触点控制 1 号运输带 Q1.1。

二维码 3-4

视频"定时器应用例程"可通过扫描二维码 3-4 播放。

3.2.2 计数器指令

1. 计数器的数据类型

S7-1200 有 3 种 IEC 计数器：加计数器（CTU）、减计数器（CTD）和加减计数器（CTUD）。它们属于软件计数器，其最大计数频率受到 OB1 的扫描周期的限制。如果需要频率更高的计数器，可以使用 CPU 内置的高速计数器。

IEC 计数器指令是函数块，调用它们时，需要生成保存计数器数据的背景数据块。

CU（见图 3-26）和 CD 分别是加计数输入和减计数输入，在 CU 或 CD 由 0 状态变为 1 状态时（信号的上升沿），当前计数器值 CV 被加 1 或减 1。PV 为预设计数值，Q 为布尔输出，R 为复位输入。CU、CD、R 和 Q 均为 Bool 变量。

将指令列表的"计数器操作"文件夹中的 CTU 指令拖放到工作区，单击方框中 CTU 下面的 3 个问号（见图 3-26 的左图），再单击问号右边出现的 ▾ 按钮，用下拉式列表设置 PV 和 CV 的数据类型为 Int。

PV 和 CV 可以使用的数据类型见图 3-26 的右图。各变量均可以使用 I（仅用于输入变量）、Q、M、D 和 L 存储区，PV 还可以使用常数。

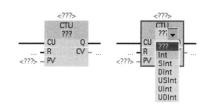

图 3-26 设置计数器的数据类型

2. 加计数器

当接在 R 输入端的复位输入 I1.1 为 FALSE（即 0 状态，见图 3-27），接在 CU 输入

端的加计数脉冲输入电路由断开变为接通时（即在 CU 信号的上升沿），当前计数器值 CV 加 1，直到 CV 达到指定的数据类型的上限值。此后 CU 输入的状态变化不再起作用，CV 的值不再增加。

CV 大于等于预设计数值 PV 时，输出 Q 为 1 状态，反之为 0 状态。第一次执行指令时，CV 被清零。各类计数器的复位输入 R 为 1 状态时，计数器被复位，输出 Q 变为 0 状态，CV 被清零。图 3-28 是加计数器的波形图。

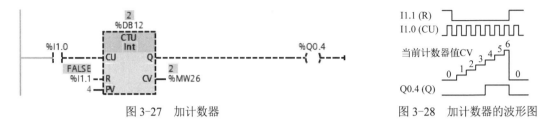

图 3-27　加计数器　　　　　　　　　图 3-28　加计数器的波形图

3．减计数器

图 3-29 中的减计数器的装载输入 LD 为 1 状态时，输出 Q 被复位为 0，并把预设计数值 PV 的值装入 CV。LD 为 1 状态时，减计数输入 CD 不起作用。

LD 为 0 状态时，在减计数输入 CD 的上升沿，当前计数器值 CV 减 1，直到 CV 达到指定的数据类型的下限值。此后 CD 输入信号的状态变化不再起作用，CV 的值不再减小。

当前计数器值 CV 小于等于 0 时，输出 Q 为 1 状态，反之 Q 为 0 状态。第一次执行指令时，CV 被清零。图 3-30 是减计数器的波形图。

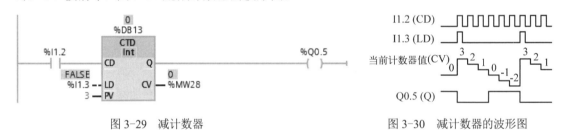

图 3-29　减计数器　　　　　　　　　图 3-30　减计数器的波形图

4．加减计数器

在加减计数器的加计数输入 CU 的上升沿（见图 3-31），当前计数器值 CV 加 1，CV 达到指定的数据类型的上限值时不再增加。在减计数输入 CD 的上升沿，CV 减 1，CV 达到指定的数据类型的下限值时不再减小。

如果同时出现计数脉冲 CU 和 CD 的上升沿，CV 保持不变。CV 大于等于预设计数值 PV 时，输出 QU 为 1，反之为 0。CV 小于等于 0 时，输出 QD 为 1，反之为 0。

装载输入 LD 为 1 状态时，预设值 PV 被装入当前计数器值 CV，输出 QU 变为 1 状态，QD 被复位为 0 状态。

复位输入 R 为 1 状态时，计数器被复位，CV 被清零，输出 QU 变为 0 状态，QD 变为 1 状态。R 为 1 状态时，CU、CD 和 LD 不再起作用。图 3-32 是加减计数器的波形图。

视频"计数器的基本功能"可通过扫描二维码 3-5 播放。

二维码 3-5

72

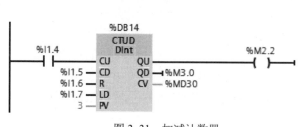

图 3-31　加减计数器

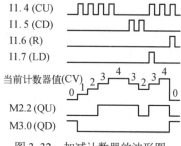

图 3-32　加减计数器的波形图

3.3　数据处理指令

本节的程序在配套资源的项目"数据处理指令应用"的 OB1 中。

3.3.1　比较操作指令

1. 比较指令

比较指令用来比较数据类型相同的两个数 IN1 与 IN2 的大小（见图 3-33），IN1 和 IN2 分别在触点的上面和下面。操作数可以是 I、Q、M、L、D 存储区中的变量或常数。比较两个字符串是否相等时，实际上比较的是它们各对应字符的 ASCII 码的大小，第一个不相同的字符决定了比较的结果。

可以将比较指令视为一个等效的触点，比较符号可以是"=="（等于）、"<>"（不等于）、">" ">=" "<" 和 "<="。满足比较关系式给出的条件时，等效触点接通。例如当 MW8 的值等于-24732 时，图 3-33 第一行左边的比较触点接通。

生成比较指令后，双击触点中间比较符号下面的问号，再单击出现的 ▼ 按钮，用下拉式列表设置要比较的数的数据类型。数据类型可以是位字符串、整数、浮点数、字符串、TIME、DATE、TOD 和 DLT。比较指令的比较符号也可以修改，双击比较符号，再单击出现的 ▼ 按钮，可以用下拉式列表修改比较符号。

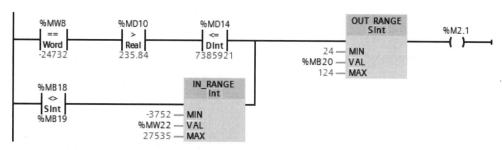

图 3-33　比较操作指令

2. 值在范围内与值超出范围指令

"值在范围内"指令 IN_RANGE 与"值超出范围"指令 OUT_RANGE 可以等效为一个触点。如果有能流流入指令方框，执行比较，反之不执行比较。图 3-33 中 IN_RANGE 指令的参数 VAL 满足 MIN≤VAL≤MAX（-3752≤MW22≤27535），或 OUT_RANGE 指令的参数 VAL 满足 VAL < MIN 或 VAL > MAX（MB20 < 24 或 MB20 > 124）时，等效触点闭合，指令框为绿色。不满足比较条件则等效触点断开，指令框为蓝色的虚线。

这两条指令的 MIN、MAX 和 VAL 的数据类型必须相同，可选整数和浮点数，可以是 I、Q、M、L、D 存储区中的变量或常数。

【例 3-3】 用接通延时定时器和比较指令组成占空比可调的脉冲发生器。

T1 是接通延时定时器 TON 的背景数据块 DB1 的符号地址。"T1".Q 是 TON 的位输出。PLC 进入 RUN 模式时，TON 的 IN 输入端为 1 状态，定时器的当前值从 0 开始不断增大。当前值等于预设值时，"T1".Q 变为 1 状态，其常闭触点断开，定时器被复位，"T1".Q 变为 0 状态。下一扫描周期其常闭触点接通，定时器又开始定时。

TON 和它的 Q 输出"T1".Q 的常闭触点组成了一个脉冲发生器，使 TON 的当前时间"T1".ET 按图 3-34 所示的锯齿波形变化。比较指令用来产生脉冲宽度可调的方波，"T1".ET 小于 1000ms 时，Q1.0 为 0 状态，反之为 1 状态。比较指令上面的操作数"T1".ET 的数据类型为 Time，输入该操作数后，指令中">="符号下面的数据类型自动变为"Time"。

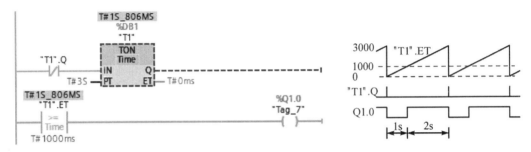

图 3-34　占空比可调的脉冲发生器

3.3.2　使能输入与使能输出

在梯形图中，用方框表示某些指令、函数（FC）和函数块（FB），输入信号和输入/输出（InOut）信号均在方框的左边，输出信号均在方框的右边。"转换值"指令 CONVERT 在指令方框中的标示符为 CONV。梯形图中有一条提供"能流"的左侧垂直母线，图 3-35 中 I0.0 的常开触点接通时，能流流到方框指令 CONV 的使能输入端 EN（Enable input），方框指令才能执行。"使能"有允许的意思。

如果方框指令的 EN 端有能流流入，而且执行时无错误，则使能输出 ENO（Enable Output）端将能流传递给下一个元件（见图 3-35 的左图）。如果执行过程中有错误，能流在出现错误的方框指令处终止（见图 3-35 的右图）。

图 3-35　EN 与 ENO

将指令列表中的 CONVERT 指令拖放到梯形图中时，CONV 下面的"to"两边分别有 3 个红色的问号，用来设置转换前后的数据的数据类型。单击"to"前面或后面的 3 个问号，再单击问号右边出现的 ▼ 按钮，用下拉式列表设置转换前的数据的数据类型为 16 位 BCD 码（Bcd16），用同样的方法设置转换后的数据的数据类型为 Int（有符号整数）。

在程序中用十六进制格式显示 BCD 码。在 RUN 模式用程序状态功能监视程序的运行情况。如果用监控表设置转换前 MW24 的值为 16#F234（见图 3-35 的左图），最高位的"F"对应于 2#1111，表示负数。转换以后的十进制数为-234，因为程序执行成功，有能流从 ENO 输出端流出。指令框和 ENO 输出线均为绿色的连续线。

也可以右击图 3-35 中的 MW24，执行出现的快捷菜单中的"修改"→"修改值"命令，在出现的"修改"对话框中设置变量的值。单击"确定"按钮确认。

设置转换前的数值为 16#23F（见图 3-35 的右图），BCD 码每一位的有效数字应为 0~9，16#F 是非法的数字，因此指令执行出错，没有能流从 ENO 流出，指令框和 ENO 输出线均为蓝色的虚线。可以在指令的在线帮助中找到使 ENO 为 0 状态的原因。

ENO 可以作为下一个方框的 EN 输入，即几个方框可以串联，只有前一个方框被正确执行，与它连接的后面的程序才能被执行。EN 和 ENO 的操作数均为能流，数据类型为 Bool。

下列指令使用 EN/ENO：数学运算指令、传送与转换指令、移位与循环指令、字逻辑运算指令等。

下列指令不使用 EN/ENO：绝大多数位逻辑指令、比较指令、计数器指令、定时器指令和部分程序控制指令。这些指令不会在执行时出现需要程序中止的错误，因此不需要使用 EN/ENO。

退出程序状态监控，右击带 ENO 的指令框，执行快捷菜单中相应的命令，可以生成 ENO 或不生成 ENO。执行"不生成 ENO"命令后，ENO 变为灰色（见图 3-36），表示它不起作用，不论指令执行是否成功，ENO 端均有能流输出。ENO 默认的状态是"不生成"。

视频"数据处理指令应用（A）"可通过扫描二维码 3-6 播放。

二维码 3-6

3.3.3 转换操作指令

1. 转换值指令

"转换值"指令 CONVERT（CONV）的参数 IN、OUT 可以设置为十多种数据类型，IN 还可以是常数。

EN 输入端有能流流入时，CONV 指令读取参数 IN 的内容，并根据指令框中选择的数据类型对其进行转换，转换值存储在输出 OUT 指定的地址中。转换前后的数据类型可以是位字符串、整数、浮点数、CHAR、WCHAR 和 BCD 码等。

图 3-36 中 I0.3 的常开触点接通时，执行 CONV 指令，将 MD42 中的 32 位 BCD 码转换为双整数后送至 MD46。如果执行时没有出错，有能流从 CONV 指令的 ENO 端流出。

图 3-36　数据转换指令

2. 浮点数转换为双整数的指令

浮点数转换为双整数有 4 条指令，"取整"指令 ROUND 用得最多（见图 3-36），它将浮点数转换为四舍五入的双整数。"截尾取整"指令 TRUNC 仅保留浮点数的整数部分，去掉其小数部分。

"浮点数向上取整"指令 CEIL 和"浮点数向下取整"指令 FLOOR 极少使用。

如果被转换的浮点数超出了 32 位整数的表示范围，得不到有效的结果，ENO 为 0 状态。

3. 标准化指令

图 3-37 中的"标准化"指令 NORM_X 的整数输入值 VALUE（MIN≤VALUE≤MAX）被线性转换（标准化，或称归一化）为 0.0～1.0 之间的浮点数，转换结果用 OUT 指定的地址保存。

NORM_X 的输出 OUT 的数据类型可选 Real 或 LReal，单击方框内指令名称下面的问号，用下拉式列表设置输入 VALUE 和输出 OUT 的数据类型。输入、输出之间的线性关系如下式所示（见图 3-38）：

$$OUT =（VALUE - MIN）/（MAX - MIN）$$

4. 缩放指令

图 3-37 中的"缩放"（或称"标定"）指令 SCALE_X 的浮点数输入值 VALUE（0.0≤VALUE≤1.0）被线性转换（映射）为参数 MIN（下限）和 MAX（上限）定义的范围之间的数值。转换结果用 OUT 指定的地址保存。

单击方框内指令名称下面的问号，用下拉式列表设置变量的数据类型。参数 MIN、MAX 和 OUT 的数据类型应相同，VALUE、MIN 和 MAX 可以是常数。输入、输出之间的线性关系如下式所示（见图 3-39）：

$$OUT = VALUE ×（MAX - MIN）+ MIN$$

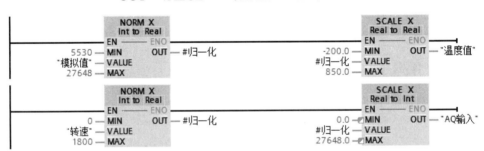

图 3-37　NORM_X 指令与 SCALE_X 指令

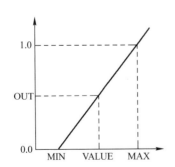

图 3-38　NORM_X 指令的线性关系

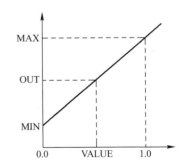

图 3-39　SCALE_X 指令的线性关系

【例 3-4】 某温度变送器的量程为 -200～850℃，输出信号为 4～20mA，符号地址为"模拟值"的 IW96 将 0～20mA 的电流信号转换为数字 0～27648，求以℃为单位的浮点数温度值。

4mA 对应的模拟值为 5530，IW96 将-200～850℃的温度转换为模拟值 5530～27648，用"标准化"指令 NORM_X 将 5530～27648 的模拟值归一化为 0.0～1.0 之间的浮点数（见图 3-37 中上半部分的图），然后用"缩放"指令 SCALE_X 将归一化后的数字转换为-200～850℃的浮点数温度值，用变量"温度值"（MD74）保存。

【例 3-5】 地址为 QW96 的整型变量"AQ 输入"转换后的 DC 0～10V 电压作为变频器的模拟量给定输入值，通过变频器内部参数的设置，0～10V 的电压对应的转速为 0～1800rpm。求以 rpm 为单位的整型变量"转速"（MW80）对应的 AQ 模块的输入值"AQ 输入"（QW96）。

程序见图 3-37 中下半部分的图，应去掉 OB1 属性中的"IEC 检查"复选框中的勾，否则不能将 SCALE_X 指令输出参数 OUT 的数据类型设置为 Int。

"标准化"指令 NORM_X 将 0～1800 的转速值归一化为 0.0～1.0 之间的浮点数，然后用"缩放"指令 SCALE_X 将归一化后的数字转换为 0～27648 的整数值，用变量"AQ 输入"保存。

3.3.4 移动操作指令

1. 移动值指令

"移动值"指令 MOVE（见图 3-40）用于将 IN 输入端的源数据传送给 OUT1 输出的目的地址，并且转换为 OUT1 允许的数据类型（与是否进行 IEC 检查有关），源数据保持不变。IN 和 OUT1 的数据类型可以是位字符串、整数、浮点数、定时器、日期时间、CHAR、WCHAR、STRUCT、ARRAY、IEC 定时器/计数器数据类型、PLC 数据类型，IN 还可以是常数。

可用于 S7-1200 CPU 的不同数据类型之间的数据传送见 MOVE 指令的在线帮助。如果输入 IN 数据类型的位长度超出输出 OUT1 数据类型的位长度，则源值的高位会丢失。如果输入 IN 数据类型的位长度小于输出 OUT1 数据类型的位长度，目标值的高位会被改写为 0。

图 3-40 MOVE 与 SWAP 指令

MOVE 指令允许有多个输出，单击"OUT1"前面的 ※，将会增加一个输出，增加的输出的名称为 OUT2，以后增加的输出的编号按顺序排列。右击某个输出的短线，执行快捷菜单中的"删除"命令，将会删除该输出参数。删除后自动调整剩下的输出的编号。

2. 交换指令

IN 和 OUT 为数据类型 Word 时，"交换"指令 SWAP 交换输入 IN 的高、低字节后，保存到 OUT 指定的地址。IN 和 OUT 为数据类型 Dword 时，交换 4 个字节中数据的顺序，交换后保存到 OUT 指定的地址（见图 3-40）。

3. 填充块指令

打开配套资源中例程"数据处理指令应用"，其中的"数据块_1"（DB3）中的数组 Source 和"数据块_2"（DB4）中的数组 Distin 分别有 40 个 Int 元素。

图 3-41 中的"Tag_13"（I0.4）的常开触点接通时，"填充块"指令 FILL_BLK 将常数 3527 填充到数据块_1 中的数组 Source 的前 20 个整数元素中。

"不可中断的存储区填充"指令 UFILL_BLK 与 FILL_BLK 指令的功能相同，其区别在于前者的填充操作不会被操作系统的其他任务打断。

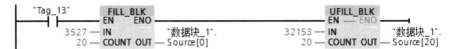

图 3-41 填充块指令与不可中断的存储区填充指令

4. 块移动指令

图 3-42 中 Tag_12（I0.3）的常开触点接通时，"块移动"指令 MOVE_BLK 将源区域数据块_1 的数组 Source 的 0 号元素开始的 20 个 Int 元素的值，复制给目标区域数据块_2 的数组 Distin 的 0 号元素开始的 20 个元素。COUNT 为要传送的数组元素的个数，复制操作按地址增大的方向进行。源区域和目标区域的数据类型应相同。

IN 和 OUT 是待复制的源区域和目标区域中的首个元素，并不要求是数组的第一个元素。

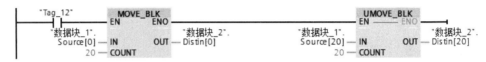

图 3-42 块移动指令与不可中断的存储区移动指令

"不可中断的存储区移动"指令 UMOVE_BLK（见图 3-42）与 MOVE_BLK 指令的功能基本上相同，其区别在于前者的复制操作不会被操作系统的其他任务打断。

3.3.5 移位指令与循环移位指令

1. 移位指令

"右移"指令 SHR 和"左移"指令 SHL 将输入参数 IN 中的操作数（位字符串或整数）的内容逐位右移或左移，移位的位数用输入参数 N 来定义，移位的结果保存到输出参数 OUT 指定的地址中。

无符号数移位和有符号数左移后空出来的位用 0 填充。有符号整数右移后空出来的位用符号位（原来的最高位）填充，正数的符号位为 0，负数的符号位为 1。

移位位数 N 为 0 时不会移位，但是 IN 指定的输入值被复制给 OUT 指定的地址。

如果参数 N 的值大于操作数的位数，则输入 IN 中所有原始位值将被移出，OUT 为 0。

将指令列表中的移位指令拖放到梯形图后，单击方框内指令名称下面的问号，用下拉式列表设置变量的数据类型。

如果移位后的数据要送回原地址，应将图 3-43 中 I0.5 的常开触点改为 I0.5 的扫描操作数的信号上升沿指令（P 触点），否则在 I0.5 为 1 状态的每个扫描周期都要移位一次。

右移 n 位相当于除以 2^n，例如将十进制数-200 对应的二进制数 2#1111 1111 0011 1000 右移 2 位（见图 3-43 和图 3-44），相当于除以 4，右移后的数为-50。

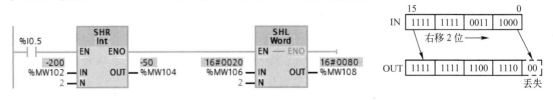

图 3-43 移位指令　　　　　　　　　　　　　　　　图 3-44 数据的右移

78

左移 n 位相当于乘以 2^n，例如将 16#20 左移 2 位，相当于乘以 4，左移后得到的十六进制数为 16#80（见图 3-43）。

2. 循环移位指令

"循环右移"指令 ROR 和"循环左移"指令 ROL 将输入参数 IN 指定的存储单元的整个内容逐位循环右移或循环左移若干位，即移出来的位又送回存储单元另一端空出来的位，原始的位不会丢失。N 为移位的位数，移位的结果保存在输出参数 OUT 指定的地址。N 为 0 时不会移位，但是 IN 指定的输入值复制给 OUT 指定的地址。当参数 N 的值大于操作数的位数，输入 IN 中的操作数值仍将循环移动指定的位数。

3. 使用循环移位指令的彩灯控制器

在图 3-45 的 8 位循环移位彩灯控制程序中，QB0 是否移位用 I0.6 来控制，移位的方向用 I0.7 来控制。为了获得移位用的时钟脉冲和首次扫描脉冲，在组态 CPU 的属性时，设置系统存储器字节和时钟存储器字节的地址分别为默认的 MB1 和 MB0（见图 1-17），时钟存储器位 M0.5 的频率为 1Hz。PLC 首次扫描时 M1.0 的常开触点接通，MOVE 指令给 QB0（Q0.0～Q0.7）置初始值 7，其低 3 位被置为 1。

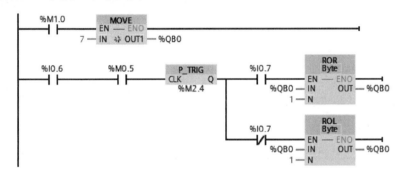

图 3-45　使用循环移位指令的彩灯控制器

输入、下载和运行彩灯控制程序，通过观察 CPU 模块上与 Q0.0～Q0.7 对应的 LED（发光二极管），观察彩灯的运行效果。

I0.6 为 1 状态时，在时钟存储器位 M0.5 的上升沿，指令 P_TRIG 输出一个扫描周期的脉冲。如果此时 I0.7 为 1 状态，执行一次 ROR 指令，QB0 的值循环右移 1 位。如果 I0.7 为 0 状态，执行一次 ROL 指令，QB0 的值循环左移 1 位。表 3-3 是 QB0 循环移位前后的数据。因为 QB0 循环移位后的值又送回 QB0，循环移位指令的前面必须使用 P_TRIG 指令，否则每个扫描循环周期都要执行一次循环移位指令，而不是每秒钟移位一次。

表 3-3　QB0 循环移位前后的数据

内　　容	循　环　左　移	循　环　右　移
移位前	0000 0111	0000 0111
第 1 次移位后	0000 1110	1000 0011
第 2 次移位后	0001 1100	1100 0001
第 3 次移位后	0011 1000	1110 0000

视频"数据处理指令应用（B）"可通过扫描二维码 3-7 播放。

二维码 3-7

3.4 数学运算指令

本节的程序在配套资源的项目"数学运算指令应用"的 OB1 中。

3.4.1 数学函数指令

1. 四则运算指令

数学函数指令中的 ADD、SUB、MUL 和 DIV 分别是加、减、乘、除指令，它们执行的操作数见表 3-4。操作数的数据类型可选整数（SInt、Int、DInt、USInt、UInt、UDInt）和浮点数 Real，IN1 和 IN2 可以是常数。IN1、IN2 和 OUT 的数据类型应相同。

表 3-4　数学函数指令

梯形图	描　　述	梯形图	描　　述	表　达　式
ADD	IN1 + IN2 = OUT	SQR	计算平方	$IN^2 = OUT$
SUB	IN1 − IN2 = OUT	SQRT	计算平方根	$\sqrt{IN} = OUT$
MUL	IN1 * IN2 = OUT	LN	计算自然对数	$LN(IN) = OUT$
DIV	IN1 / IN2 = OUT	EXP	计算指数值	$e^{IN} = OUT$
MOD	返回除法的余数	SIN	计算正弦值	$\sin(IN) = OUT$
NEG	将输入值的符号取反（求二进制的补码）	COS	计算余弦值	$\cos(IN) = OUT$
INC	将参数 IN/OUT 的值加 1	TAN	计算正切值	$\tan(IN) = OUT$
DEC	将参数 IN/OUT 的值减 1	ASIN	计算反正弦值	$\arcsin(IN) = OUT$
ABS	求有符号整数和实数的绝对值	ACOS	计算反余弦值	$\arccos(IN) = OUT$
MIN	获取最小值	ATAN	计算反正切值	$\arctan(IN) = OUT$
MAX	获取最大值	EXPT	取幂	$IN1^{IN2} = OUT$
LIMIT	将输入值限制在指定的范围内	FRAC	返回小数	—

整数除法指令将得到的商截尾取整后，作为整数格式的输出 OUT。

ADD 和 MUL 指令允许有多个输入，单击方框中参数 IN2 后面的 ，将会增加输入 IN3，以后增加的输入的编号依次递增。

【例 3-6】　压力变送器的量程为 0～10MPa，输出信号为 0～10V，被 CPU 集成的模拟量输入的通道 0 的地址 IW64 转换为 0～27648 的数字。假设转换后的数字为 N，试求以 kPa 为单位的压力值。

解：0～10MPa（0～10000kPa）对应于转换后的数字 0～27648，转换公式为：

$$P = (10000 \times N) / 27648 \quad (kPa) \tag{3-1}$$

值得注意的是，在运算时一定要先乘后除，否则将会损失原始数据的精度。

公式中乘法运算的结果可能会大于一个字能表示的最大值，因此应使用数据类型为双整数的乘法和除法（见图 3-46）。为此首先使用 CONV 指令，将 IW64 转换为双整数（DInt）。

将指令列表中的 MUL 和 DIV 指令拖放到梯形图中后，单击指令方框内指令名称下面的问号，再单击出现的 按钮，用下拉式列表框设置操作数的数据类型为双整数 DInt。在 OB1 的块接口区定义数据类型为 DInt 的临时局部变量 Temp1，用来保存运算的中间结果。

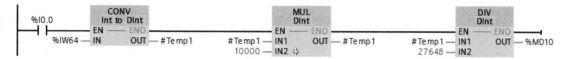

图 3-46　使用整数运算指令的压力计算程序

双整数除法指令 DIV 的运算结果为双整数，但是由式（3-1）可知运算结果实际上不会超过 16 位正整数的最大值 32767，所以双字 MD10 的高位字 MW10 为 0，运算结果的有效部分在 MD10 的低位字 MW12 中。

【例 3-7】使用浮点数运算计算上例以 kPa 为单位的压力值。将式（3-1）改写为式（3-2）：

$$P = （10000 \times N） / 27648 = 0.361690 \times N \qquad (kPa) \qquad (3-2)$$

在 OB1 的接口区定义数据类型为 Real 的局部变量 Temp2，用来保存运算的中间结果。

首先用 CONV 指令将 IW64 中的变量的数据类型转换为实数（Real），再用实数乘法指令完成式（3-2）的运算（见图 3-47）。最后使用四舍五入的 ROUND 指令，将运算结果转换为整数。

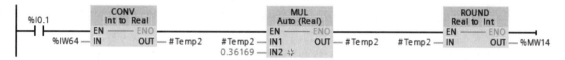

图 3-47　使用浮点数运算指令的压力计算程序

2. CALCULATE 指令

可以使用"计算"指令 CALCULATE 定义和执行数学表达式，根据所选的数据类型计算复杂的数学运算或逻辑运算。

单击图 3-48 指令框中 CALCULATE 下面的"???"，在出现的下拉式列表中选择该指令所有操作数的数据类型为 Real。根据所选的数据类型，可以用某些指令组合的函数来执行复杂的计算。单击指令框右上角的圖图标，或双击指令框中间的数学表达式方框，打开图 3-48 下半部分的对话框。对话框给出了所选数据类型可以使用的指令，在该对话框中输入待计算的表达式，表达式可以包含输入参数的名称（INn）和运算符，不能指定方框外的地址和常数。

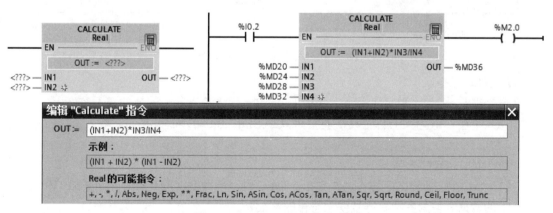

图 3-48　CALCULATE 指令实例

在初始状态下，指令框只有两个输入 IN1 和 IN2。单击指令框左下角的 ❖ 符号，可以增加输入参数的个数。指令框按升序对插入的输入编号,表达式可以不使用所有已定义的输入。

运行时使用方框外输入的值执行指定的表达式的运算,运算结果传送到MD36中。

3. 浮点数函数运算指令

浮点数(实数)数学运算指令(见表3-4)的操作数IN和OUT的数据类型为Real。

"计算指数值"指令EXP和"计算自然对数"指令LN中的指数和对数的底数e=2.718282。

"计算平方根"指令SQRT和LN指令的输入值如果小于0,输出OUT为无效的浮点数。

三角函数指令和反三角函数指令中的角度均为以弧度为单位的浮点数。如果输入值是以度为单位的浮点数,使用三角函数指令之前应先将角度值乘以π/180.0,转换为弧度值。

"计算反正弦值"指令ASIN和"计算反余弦值"指令ACOS的输入值的允许范围为-1.0～1.0,ASIN和"计算反正切值"指令ATAN的运算结果的取值范围为-π/2～+π/2弧度,ACOS的运算结果的取值范围为0～π弧度。

求以10为底的对数时,需要将自然对数值除以2.302585(10的自然对数值)。例如lg100 = ln100/2.302585 = 4.605170/2.302585 = 2。

【例3-8】 测量远处物体的高度时,已知被测物体到测量点的距离 L 和以度为单位的夹角 θ ,求被测物体的高度 H , $H = L\tan\theta$,角度的单位为度。假设以度为单位的实数角度值存储在MD40中,将它乘以π/180 = 0.0174533,得到角度的弧度值(见图3-49),运算的中间结果用实数临时局部变量Temp2保存。MD44中是 L 的实数值,运算结果在MD48中。

图3-49 浮点数函数运算指令的应用

4. 其他数学函数指令

(1)MOD指令

除法指令只能得到商,余数被丢掉。可以用"返回除法的余数"指令MOD来求各种整数除法的余数(见图3-50)。输出OUT中的运算结果为除法运算IN1 / IN2的余数。

图3-50 MOD指令和INC指令

(2)NEG指令

"求二进制补码"(取反)指令NEG(negation)将输入IN的值的符号取反后,保存在输出OUT中。IN和OUT的数据类型可以是SInt、Int、DInt和Real,输入IN还可以是常数。

(3)INC与DEC指令

执行"递增"指令INC与"递减"指令DEC时,参数IN/OUT的值分别被加1和减1。IN/OUT的数据类型为各种有符号或无符号的整数。

如果图3-50中的INC指令用来计I0.4动作的次数,应在INC指令之前添加用来检测能流上升沿的P_TRIG指令,或将I0.4的常开触点改为带P的触点指令。否则在I0.4为1状态的每个扫描周期，MW64都要加1。

（4）ABS指令

"计算绝对值"指令ABS用来求输入IN中的有符号整数（SInt、Int、DInt）或实数（Real）的绝对值，将结果保存在输出OUT中。IN和OUT的数据类型应相同。

（5）MIN与MAX指令

"获取最小值"指令MIN比较输入IN1和IN2的值（见图3-51），将其中较小的值送给输出OUT。"获取最大值"指令MAX比较输入IN1和IN2的值，将其中较大的值送给输出OUT。输入参数和OUT的数据类型为各种整数和浮点数，可以增加输入的个数。

图3-51　MIN指令和LIMIT指令

（6）LIMIT指令

"设置限值"指令LIMIT（见图3-51）将输入IN的值限制在输入MIN与MAX的值范围之间。如果IN的值没有超出该范围，将它直接保存在OUT指定的地址中。如果IN的值小于MIN的值或大于MAX的值，将MIN或MAX的值送给输出OUT。

（7）返回小数指令与取幂指令

"返回小数"指令FRAC将输入IN的小数部分传送到输出OUT。"取幂"指令EXPT计算以输入IN1的值为底，以输入IN2为指数的幂（OUT = IN1^{IN2}），计算结果在OUT中。

3.4.2　字逻辑运算指令

1. 字逻辑运算指令

字逻辑运算指令对两个输入IN1和IN2逐位进行逻辑运算，运算结果在输出OUT指定的地址中（见图3-52）。

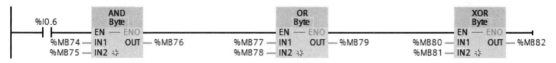

图3-52　字逻辑运算指令

"'与'运算"（AND）指令的两个操作数的同一位如果均为1，运算结果的对应位为1，否则为0（见表3-5）。"'或'运算"（OR）指令的两个操作数的同一位如果均为0，运算结果的对应位为0，否则为1。"'异或'运算"（XOR）指令的两个操作数的同一位如果不相同，运算结果的对应位为1，否则为0。以上指令的操作数IN1、IN2和OUT的数据类型为位字符串Byte、Word或DWord。

允许有多个输入，单击方框中的 ✳，将会增加输入的个数。

表3-5　字逻辑运算举例

参　数	数　值
IN1	0101 1001
IN2或INV指令的IN	1101 0100
AND指令的OUT	0101 0000
OR指令的OUT	1101 1101
XOR指令的OUT	1000 1101
INV指令的OUT	0010 1011

"求反码"指令 INVERT（见图 3-53 中的 INV 指令）将输入 IN 中的二进制整数逐位取反，即各位的二进制数由 0 变 1，由 1 变 0，运算结果存放在输出 OUT 指定的地址。

2．解码与编码指令

如果输入参数 IN 的值为 n，"解码"（即译码）指令 DECO（Decode）将输出参数 OUT 的第 n 位置位为 1，其余各位置 0，相当于数字电路中译码电路的功能。利用解码指令，可以用输入 IN 的值来控制 OUT 中指定位的状态。如果输入 IN 的值大于 31，将 IN 的值除以 32 以后，用余数来进行解码操作。

图 3-53 中 DECO 指令的参数 IN 的值为 5，OUT 为 2#0010 0000（16#20），仅第 5 位为 1。

"编码"指令 ENCO（Encode）与"解码"指令相反，将 IN 中为 1 的最低位的位数送给输出参数 OUT 指定的地址。如果 IN 为 2#00101000（即 16#28，见图 3-53），OUT 指定的 MW98 中的编码结果为 3。如果 IN 为 1 或 0，MW98 的值为 0。如果 IN 为 0，ENO 为 0 状态。

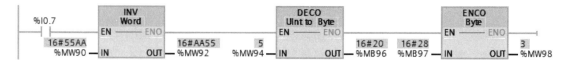

图 3-53　字逻辑运算指令

视频"数学运算指令应用"可通过扫描二维码 3-8 播放。

3．SEL 与 MUX、DEMUX 指令

"选择"指令 SEL（Select）的 Bool 输入参数 G 为 0 时选中 IN0（见图 3-54），G 为 1 时选中 IN1，选中的数值被保存到输出参数 OUT 指定的地址。

二维码 3-8

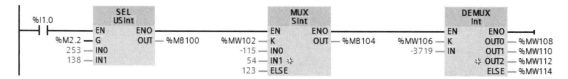

图 3-54　字逻辑运算指令

"多路复用"指令 MUX（Multiplex）根据输入参数 K 的值，选中某个输入数据，并将它传送到输出参数 OUT 指定的地址。K = m 时，将选中输入参数 INm。如果参数 K 的值大于可用的输入个数，则参数 ELSE 的值将复制到输出 OUT 中，并且 ENO 被指定为 0 状态。

单击方框内的 ✳ 符号，可以增加输入参数 INn 的个数。INn、ELSE 和 OUT 的数据类型应相同，它们可以取多种数据类型。参数 K 的数据类型为整数。

"多路分用"指令 DEMUX 根据输入参数 K 的值，将输入 IN 的内容复制到选定的输出，其他输出则保持不变。K = m 时，将复制到输出 OUTm。如果参数 K 的值大于可用的输出个数，参数 ELSE 输出 IN 的值，并且 ENO 为 0 状态。单击方框中的 ✳ 符号，可以增加输出参数 OUTn 的个数。参数 K 的数据类型为整数，IN、ELSE 和 OUTn 的数据类型应相同，它们可以取多种数据类型。

3.5 其他指令

3.5.1 程序控制操作指令

本节的程序在配套资源的项目"程序控制与日期时间指令应用"中。

1. 跳转指令与标签指令

没有执行跳转指令时，各个程序段按从上到下的先后顺序执行。跳转指令中止程序的顺序执行，跳转到指令中的跳转标签指定的目的地址。跳转时不执行跳转指令与跳转标签（LABEL）之间的程序，跳转到目的地址后，程序继续顺序执行。可以向前或向后跳转，可以在同一个代码块中从多个位置跳转到同一个标签。

只能在同一个代码块内跳转，不能从一个代码块跳转到另一个代码块。在一个块内，跳转标签的名称只能使用一次。一个程度段中只能设置一个跳转标签。

如果图 3-55 中 M2.0 的常开触点闭合，跳转条件满足。"若 RLO = '1' 则跳转"指令的 JMP（Jump）线圈通电（跳转线圈为绿色），跳转被执行，将跳转到指令给出的跳转标签 W1234 处，从跳转指令标签之后的第一条指令继续执行。被跳过的程序段的指令没有被执行，这些程序段的梯形图用浅色的细线表示。标签在程序段的开始处，标签的第一个字符必须是字母，其余的可以是字母、数字和下划线。如果跳转条件不满足，将继续执行跳转指令之后的程序。

"若 RLO = '0' 则跳转"指令 JMPN 的线圈断电时，将跳转到指令给出的跳转标签处，从跳转标签之后的第一条指令继续执行。反之则不跳转。

2. 跳转分支指令与定义跳转列表指令

"跳转分支"指令 SWITCH（见图 3-56）根据一个或多个比较指令的结果，定义要执行的多个程序跳转，可以为每个输入选择比较符号。M2.4 的常开触点接通时，如果 K 的值等于 235 或大于 74，将分别跳转到跳转标签 LOOP0 和 LOOP1 指定的程序段。如果不满足上述条件，将执行输出 ELSE 处的跳转。如果输出 ELSE 未指定跳转标签，从下一个程序段继续执行程序。

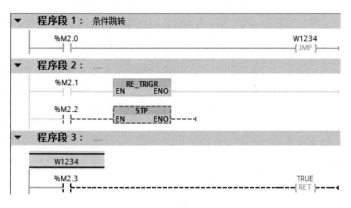

图 3-55 跳转指令

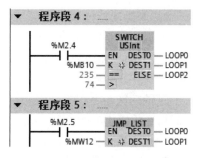

图 3-56 多分支跳转指令

单击 SWITCH 和 JMP_LIST 方框中的 ❄ 符号，可以增加输出 DESTn 的个数。SWITCH 指令每增加一个输出都会自动插入一个输入。

使用"定义跳转列表"指令 JMP_LIST，可以定义多个有条件跳转，并继续执行由参数 K 的值指定的程序段中的程序。用指令框的输出 DESTn 指定的跳转标签定义跳转，可以增加输出的个数。图 3-56 中 M2.5 的常开触点接通时，如果 K 的值为 1，将跳转到跳转标签 LOOP1 指定的程序段。如果 K 值大于可用的输出编号，则继续执行块中下一个程序段的程序。

3．RE_TRIGR 指令

监控定时器又称为看门狗（Watchdog），每次循环它都被自动复位一次，正常工作时最大循环时间小于监控定时器的时间设定值，它不会起作用。

如果循环时间大于监控定时器的设定时间，监控定时器将会起作用。可以在所有的块中调用"重置周期监视时间"指令 RE_TRIGR（见图 3-55），来重新启动循环时间监控。

4．STP 指令与返回指令 RET

有能流流入"退出程序"指令 STP（见图 3-55）的 EN 输入端时，PLC 进入 STOP 模式。

"返回"指令 RET（见图 3-55）用来有条件地结束块，它的线圈通电时，停止执行当前的块，不再执行该指令后面的指令，返回调用它的块。RET 线圈上面的参数是返回值，数据类型为 Bool。如果当前的块是 OB，返回值被忽略。如果当前的块是 FC 或 FB，返回值作为 FC 或 FB 的 ENO 的值传送给调用它的块。

此外程序控制指令还有"获取本地错误信息"指令 GET_ERROR、"获取本地错误 ID"指令 GET_ERR_ID、"限制和启用密码合法性"指令 ENDIS_PW 和"测量程序运行时间"指令 RUNTIME。

3.5.2　日期和时间指令

在 CPU 断电时，用超级电容保证实时时钟（Time-of-day Clock）的运行。保持时间通常为 20 天，40℃时最少为 12 天。打开在线与诊断视图，可以设置实时时钟的时间值（见图 6-26）。也可以用日期和时间指令来读、写实时时钟。

1．日期时间的数据类型

数据类型 Time 的长度为 4B，时间单位为 ms。数据类型 DTL 的 12B 依次为年（占 2B）、月、日、星期的代码、小时、分、秒（各占 1B）和纳秒（占 4B），均为 BCD 码。星期日、星期一～星期六的代码分别为 1～7。可以在全局数据块或块的接口区定义 DTL 变量。

2．时钟功能指令

系统时间是格林尼治标准时间，本地时间是根据当地时区设置的本地标准时间。我国的本地时间（北京时间）比系统时间多 8h。在组态 CPU 的属性时，设置时区为北京，不使用夏令时。

时钟功能指令在指令列表的"扩展指令"窗格的"日期和时间"文件夹中，读取和写入时间指令的输出参数 RET_VAL 返回的是指令的状态信息，数据类型为 Int。

生成全局数据块"数据块_1"，在其中生成数据类型为 DTL 的变量 DT1～DT3。用监控表将新的时间值写入"数据块_1".DT3。"写时间"（M3.2）为 1 状态时，"写入本地时间"指令 WR_LOC_T（见图 3-57）将输入参数 LOCTIME 输入的日期时间作为本地时间写入实时时钟。参数 DST 为 FALSE 表示不使用夏令时。

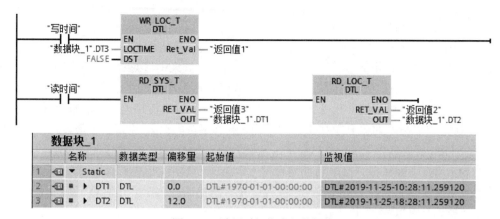

图 3-57 读写时间指令与数据块

"读时间"（M3.1）为 1 状态时，"读取时间"指令 RD_SYS_T 和"读取本地时间"指令 RD_LOC_T（见图 3-57）的输出 OUT 分别是数据类型为 DTL 的 PLC 中的系统时间和本地时间。在组态 CPU 的属性时，应设置实时时间的时区为北京，不使用夏令时。图 3-57 给出了同时读出的系统时间 DT1 和本地时间 DT2，本地时间要晚 8 个小时。

"设置时区"指令 SET_TIMEZONE 用于设置本地时区和夏令时/标准时间切换的参数。

"运行时间定时器"指令 RTM 用于对 CPU 的 32 位运行小时计数器的设置、启动、停止和读取操作。"转换时间并提取"指令 T_CONV 用于整数和时间数据类型之间的转换。

"时间相加"指令 T_ADD、"时间相减"指令 T_SUB 和"时间值相减"指令 T_DIFF 用于时间值的加减。"组合时间"指令 T_COMBINE 用于合并日期值和时间值。

二维码 3-9

视频"程序控制指令与时钟功能指令应用"可通过扫描二维码 3-9 播放。

3.5.3 字符串与字符指令

本节的程序在配套资源的项目"字符串指令应用"的 OB1 中。

1. 字符串的结构

String（字符串）数据类型有 2B 的头部，其后是最多 254B 的 ASCII 字符代码。字符串的首字节是字符串的最大长度，第 2 个字节是当前长度，即当前实际使用的字符数。字符串占用的字节数为最大长度加 2。宽字符串 Wstring 的定义见 2.3.4 节。

2. 定义字符串

执行字符串指令之前，首先应定义字符串。不能在变量表中定义字符串，只能在代码块的接口区或全局数据块中定义它。

生成符号名为 DB_1 的全局数据块 DB1，取消它的"优化的块访问"属性后，可以用绝对地址访问它。在 DB_1 中定义字符串变量 String1～String3（见图 3-58）。字符串的数据类型 String[18]中的"[18]"表示其最大长度为 18 个字符，加上两个头部字节，共 20B。如果字符串的数据类型为 String（没有方括

DB_1				
	名称	数据类型	偏移量	起始值
1	▼ Static			
2	String1	String[18]	0.0	''
3	String2	String[18]	20.0	'12345'
4	String3	String[18]	40.0	''

图 3-58 数据块中的字符串变量

号），每个字符串变量将占用256B。

3．字符串转换指令

在指令列表的"扩展指令"窗格的"字串 + 字符串"文件夹中，"转换字符串"指令S_CONV用于将输入的字符串转换为对应的数值，或者将数值转换为对应的字符串。

"将字符串转换为数字值"指令STRG_VAL将数值字符串转换为对应的整数或浮点数。从参数IN指定的字符串的第P个字符开始转换，直到字符串结束。"将数字值转换为字符串"指令VAL_STRG将输入参数IN中的数字，转换为输出参数OUT中对应的字符串。

指令Strg_TO_Chars将字符串转换为字符元素组成的数组，指令Chars_TO_Strg将字符元素组成的数组转换为字符串。指令ATH将ASCII字符串转换为十六进制数，指令HTA将十六进制数转换为ASCII字符串。

上述指令具体的使用方法见在线帮助或S7-1200的系统手册。

4．获取字符串长度指令与移动字符串指令

执行图3-59中的"获取字符串长度"指令LEN后，MW24中是输入的字符串的长度（7个字符）。"获取字符串最大长度"指令MAX_LEN用输出参数OUT（整数）提供输入参数IN指定的字符串的最大长度。"移动字符串"指令S_MOVE用于将参数IN中的字符串的内容写入参数OUT指定的数据区域。

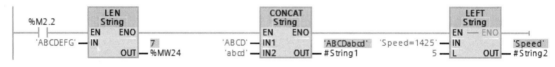

图3-59 字符串指令

5．合并字符串的指令

"合并字符串"指令CONCAT（见图3-59）将输入参数IN1和IN2指定的两个字符串连接在一起，然后用参数OUT输出合并后的字符串。

6．读取字符串中的字符的指令

"读取字符串左边的字符"指令LEFT提供由字符串参数IN的前L个字符组成的子字符串。执行图3-59中的LEFT指令后，输出参数OUT中的字符串包含了IN输入的字符串左边的5个字符'Speed'。"读取字符串右边的字符"指令RIGHT提供字符串的最后L个字符。执行图3-60中的RIGHT指令后，输出参数OUT中的字符串包含了IN输入的字符串右边的4个字符'1425'。

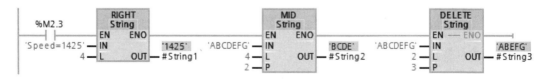

图3-60 字符串指令

执行图3-60中的"读取字符串中间的字符"指令MID后，输出参数OUT中的字符串包含了IN输入的字符串从第2个字符开始的中间4个字符'BCDE'。

7．删除字符指令

执行图3-60中的"删除字符串中的字符"指令DELETE后，IN输入的字符串被删除了从第 3 个字符开始的 2 个字符'CD'，然后将字符串'ABEFG' 输出到 OUT 指定的字符串。

8．插入字符指令

执行图 3-61 中的"在字符串中插入字符"指令 INSERT 后，IN2 指定的字符'ABC'被插入到 IN1 指定的字符串'abcde'第 3 个字符之后。输出的字符串为'abcABCde'。

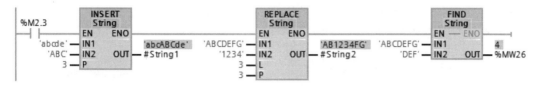

图 3-61　字符串指令

9．替换字符指令

执行图 3-61 中的"替换字符串中的字符"指令 REPLACE 以后，字符串 IN1 中从第 3 个字符开始的 3 个字符（'CDE'）被 IN2 指定的字符'1234'代替。替换后得到字符串'AB1234FG'。

10．查找字符指令

"在字符串中查找字符"指令 FIND 提供字符串 IN2 中的字符在字符串 IN1 中的位置。查找从字符串 IN1 的左侧开始，如果在字符串 IN1 中未找到字符串 IN2，则返回零。

执行图 3-61 中的 FIND 指令后，查找到 IN2 指定的字符'DEF'从 IN1 指定的字符串'ABCDEFG'的第 4 个字符开始。

3.6　高速计数器与高速脉冲输出

3.6.1　高速计数器

PLC 的普通计数器的计数过程与扫描工作方式有关，CPU 通过每一个扫描周期读取一次被测信号的方法来捕捉被测信号的上升沿，被测信号的频率较高时，会丢失计数脉冲，因此普通计数器的最高工作频率一般仅有几十赫兹。高速计数器（HSC）可以对发生速率快于程序循环 OB 执行速率的事件进行计数。

1．编码器

高速计数器一般与增量式编码器一起使用，后者每圈发出一定数量的计数脉冲和一个复位脉冲，作为高速计数器的输入。编码器有以下几种类型。

（1）增量式编码器

光电增量式编码器的码盘上有均匀刻制的光栅。码盘旋转时，输出与转角的增量成正比的脉冲，需要用计数器来计脉冲数。有两种增量式编码器：

1）单通道增量式编码器内部只有 1 对光耦合器，只能产生一个脉冲列。

2）双通道增量式编码器又称为 A/B 相或正交相位编码器，内部有两对光耦合器，输出相位差为 90°的两组独立脉冲列。正转和反转时两路脉冲的超前、滞后关系相反（见图 3-62），如果使用 A/B 相编码器，PLC 可以识别出转轴旋转的方向。

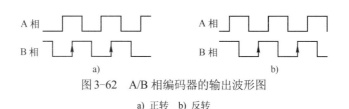

图 3-62　A/B 相编码器的输出波形图

a) 正转　b) 反转

A/B 相正交计数器可以选择 1 倍频模式（见图 3-63）和 4 倍频模式（见图 3-64），1 倍频模式在时钟脉冲的每一个周期计 1 次数，4 倍频模式在时钟脉冲的每一个周期计 4 次数。

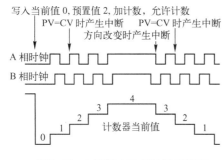

图 3-63　1 倍频 A/B 相计数器波形

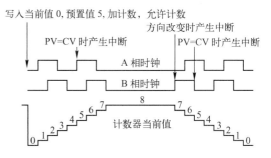

图 3-64　4 倍频 A/B 相计数器波形

（2）绝对式编码器

N 位绝对式编码器有 N 个码道，最外层的码道对应于编码的最低位。每个码道有一个光耦合器，用来读取该码道的 0、1 数据。绝对式编码器输出的 N 位二进制数反映了运动物体所处的绝对位置，根据位置的变化情况，可以判别出旋转的方向。

2．高速计数器使用的输入点

S7-1200 的系统手册给出了各种型号的 CPU 的 HSC1～HSC6 分别在单向、双向和 A/B 相输入时默认的数字量输入点，以及各输入点在不同的计数模式的最高计数频率。

HSC1～HSC6 的当前计数器值的数据类型为 DInt，默认的地址为 ID1000～ID1020，可以在组态时修改地址。

3．高速计数器的功能

（1）HSC 的工作模式

HSC 有 4 种高速计数工作模式：具有内部方向控制的单相计数器，具有外部方向控制的单相计数器，具有两路时钟脉冲输入的双相计数器和 A/B 相正交计数器。

每种 HSC 模式都可以使用或不使用复位输入。复位输入为 1 状态时，HSC 的当前计数器值被清除。直到复位输入变为 0 状态，才能启动计数功能。

（2）频率测量功能

某些 HSC 模式可以选用 3 种频率测量的周期（0.01s、0.1s 和 1.0s）来测量频率值。频率测量周期决定了多长时间计算和报告一次新的频率值。根据信号脉冲的计数值和测量周期计算出频率的平均值，频率的单位为 Hz（每秒的脉冲数）。

（3）周期测量功能

使用"扩展高速计数器"指令 CTRL_HSC_EXT，可以按指定的时间周期，用硬件中断的方式测量出被测信号的周期数和精确到微秒的时间间隔，从而计算出被测信号的周期。

4．硬件接线

生成项目"频率测量例程"，CPU 为继电器输出的 CPU 1214C。为了输出高频脉冲，使用了一块 2 DI/2 DQ 信号板。

图 3-65 是硬件接线图，用信号板的输出点 Q4.0 发出 PWM 脉冲，送给高速计数器 HSC1 的高速脉冲输入点 I0.0 计数。使用 PLC 内部的脉冲发生器的优点是简单方便，做频率测量实验时易于验证测量的结果。

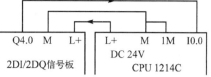

图 3-65　硬件接线图

CPU 的 L+和 M 端子之间是内置的 DC 24V 电源。将它的参考点 M 与数字量输入的内部电路的公共点 1M 相连，用内置的电源作输入回路的电源。内置的电源同时又作为 2 DI/2 DQ 信号板的电源。电流从 DC 24V 电源的正极 L+流出，流入信号板的 L+端子，经过信号板内部的 MOSFET（场效应管）开关，从 Q4.0 输出端子流出，流入 I0.0 的输入端，经内部的输入电路，从 1M 端子流出，最后回到 DC 24V 电源的负极 M 点。

也可以用外部的脉冲信号发生器或增量式编码器为高速计数器提供外部脉冲信号。

5．高速计数器组态

打开 PLC 的设备视图，选中其中的 CPU。选中巡视窗口的"属性"选项卡左边的高速计数器 HSC1 的"常规"，勾选复选框"启用该高速计数器"。

选中左边窗口的"功能"（见图 3-66），在右边窗口设置 HSC1 的功能，"计数类型"为"频率"（频率测量），"工作模式"为单相，内部方向控制，初始计数方向为加计数，频率测量周期为 1.0s。

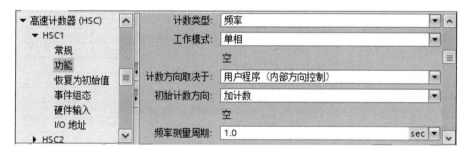

图 3-66　组态高速计数器的功能

选中左边窗口的"硬件输入"，设置"时钟发生器输入"地址为 I4.0。选中左边窗口的"I/O 地址"，可以看到 HSC1 默认的地址为 1000，在运行时可以用 ID1000 监视 HSC 的频率测量值。

6．设置数字量输入的输入滤波器的滤波时间

CPU 和信号板的数字量输入通道的输入滤波器的滤波时间默认值为 6.4ms，如果滤波时间过大，输入脉冲将被过滤掉。对于高速计数器的数字量输入，可以用期望的最小脉冲宽度来设置对应的数字量输入滤波器。本例的输入脉冲宽度为 1ms，因此设置用于高速脉冲输入的 I0.0 的输入滤波时间为 0.8ms。如果改变了输入脉冲宽度，应同时改变输入滤波器的滤波时间。

3.6.2　高速脉冲输出

1．高速脉冲输出

每个 CPU 有 4 个 PTO/PWM 发生器，分别通过 DC 输出的 CPU 集成的 Q0.0～Q0.7 或信

号板上的 Q4.0~Q4.3 输出 PTO 或 PWM 脉冲（见表 3-6）。CPU 1211C 没有 Q0.4~Q0.7，CPU 1212C 没有 Q0.6 和 Q0.7。

脉冲宽度与脉冲周期之比称为占空比，脉冲列输出（PTO）功能提供占空比为 50% 的方波脉冲列输出。脉冲宽度调制（PWM）功能提供脉冲宽度可以用程序控制的脉冲列输出。

表 3-6　PTO/PWM 的输出点

PTO1 或 PWM1 脉冲	PTO1 方向	PTO2 或 PWM2 脉冲	PTO2 方向	PTO3 或 PWM3 脉冲	PTO3 方向	PTO4 或 PWM4 脉冲	PTO4 方向
Q0.0 或 Q4.0	Q0.1 或 Q4.1	Q0.2 或 Q4.2	Q0.3 或 Q4.3	Q0.4 或 Q4.0	Q0.5 或 Q4.1	Q0.6 或 Q4.2	Q0.7 或 Q4.3

2. PWM 的组态

PWM 功能提供可变占空比的脉冲输出，脉冲宽度为 0 时占空比为 0，没有脉冲输出，输出一直为 FALSE（0 状态）。脉冲宽度等于脉冲周期时，占空比为 100%，没有脉冲输出，输出一直为 TRUE（1 状态）。

打开配套资源的项目"频率测量例程"的设备视图，选中 CPU。选中巡视窗口的"属性 > 常规"选项卡（见图 3-67），再选中左边的"PTO1/PWM1"文件夹中的"常规"，用右边窗口的复选框启用该脉冲发生器。

选中图 3-67 左边窗口的"参数分配"，用右边窗口的下拉式列表设置"信号类型"为 PWM，"时基"（时间基准）为毫秒，"脉宽格式"为百分之一。

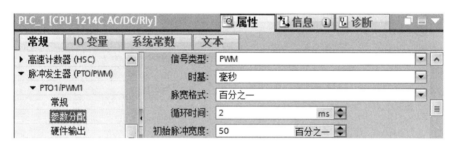

图 3-67　设置脉冲发生器的参数

用"循环时间"输入域设置脉冲的周期值为 2ms，用"初始脉冲宽度"输入域设置脉冲的占空比为 50%，即脉冲周期为 2ms，脉冲宽度为 1ms。

选中左边窗口的"硬件输出"，设置用信号板上的 Q4.0 输出脉冲。

选中左边窗口的"I/O 地址"（见图 3-68），在右边窗口可以看到 PWM1 的起始地址和结束地址，可以修改其起始地址。在运行时可以用 QW1000 来修改脉冲宽度（单位为图 3-67 中组态的百分之一）。

图 3-68　设置脉冲发生器的 I/O 地址

3．PWM 的编程

打开 OB1，将右边指令列表的"扩展指令"窗格的文件夹"脉冲"中的"脉宽调制"指令 CTRL_PWM 拖放到程序区（见图 3-69），单击出现的"调用选项"对话框中的"确定"按钮，生成该指令的背景数据块 DB1。

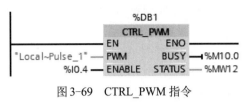

图 3-69　CTRL_PWM 指令

单击参数 PWM 左边的问号，再单击出现的 ▦ 按钮，用下拉式列表选中"Local～Pulse_1"，它是 PWM1 的系统常量，其值为 267，它是 PWM1 的硬件标识符的值。

EN 输入信号为 1 状态时，用输入参数 ENABLE（I0.4）来启动或停止脉冲发生器，用 PWM 的输出地址（见图 3-68）来修改脉冲宽度。因为在执行 CTRL_PWM 指令时 S7-1200 激活了脉冲发生器，输出 BUSY 总是 0 状态。参数 STATUS 是状态代码。

4．实验情况

将组态数据和用户程序下载到 CPU 后运行程序。用外接的小开关使 I0.4 为 1 状态，信号板的 Q4.0 开始输出 PWM 脉冲，送给 I0.0 测频。PWM 脉冲使 Q4.0 和 I0.0 的 LED 点亮，如果脉冲的频率较低，Q4.0 和 I0.0 的 LED 将会闪动。

在监控表中输入 HSC1 的地址 ID1000（见图 3-70），单击工具栏上的 ▣ 按钮，"监视值"列显示测量得到的频率值为 500Hz，与理论计算值相同。

i	名称	地址	显示格式	监视值	修改值	✎
1		%ID1000	带符号十进制	500		☐

图 3-70　监控表

用图 3-67 中的巡视窗口修改 PWM 脉冲的循环时间（即周期），用图 3-66 中的巡视窗口修改频率测量的周期，修改后下载到 CPU。脉冲周期在 10μs～100ms 之间变化时，都能得到准确的频率测量值。信号频率较低时，应选用较大的测量周期。信号频率较高时，频率测量周期为 0.01s 时也能得到准确的测量值。

3.7　习题

1．填空

1）RLO 是_____的简称。

2）接通延时定时器的 IN 输入电路_____时开始定时，定时时间大于等于预设时间时，输出 Q 变为_____。IN 输入电路断开时，当前时间值 ET_____，输出 Q 变为_____。

3）在加计数器的复位输入 R 为_____，加计数脉冲输入信号 CU 的_____，如果计数器值 CV 小于_____，CV 加 1。CV 大于等于预设计数值 PV 时，输出 Q 为_____。复位输入 R 为 1 状态时，CV 被_____，输出 Q 变为_____。

4）每一位 BCD 码用_____位二进制数来表示，其取值范围为二进制数 2#_____～2#_____。BCD 码 2#0000 0001 1000 0101 对应的十进制数是_____。

5）如果方框指令中的"ENO"为黑色，EN 输入端有能流流入且指令执行时出错，则 ENO 端_____能流流出。

6）MB2 的值为 2#1011 0110，循环左移 2 位后为 2#_____，再左移 2 位后为 2#_____。

7）整数 MW4 的值为 2#1011 0110 1100 0010，右移 4 位后为 2#_____。

2．4 种边沿检测指令各有什么特点？

3．用 TON 线圈指令实现图 3-22 振荡电路的功能。

4．在全局数据块中生成数据类型为 IEC_TIMER 的变量 T1，用它提供定时器的背景数据，实现接通延时定时器的功能。

5．在全局数据块中生成数据类型为 IEC_CONTER 的变量 C1，用它提供计数器的背景数据，实现加计数器的功能。

6．在 MW2 等于 3592 或 MW4 大于 27369 时将 M6.6 置位，反之将 M6.6 复位。用比较指令设计出满足要求的程序。

7．监控表用什么数据格式显示 BCD 码？

8．AIW64 中 A-D 转换得到的数值 0～27648 正比于温度值 0～800℃。用整数运算指令编写程序，在 I0.2 的上升沿，将 IW64 输出的模拟值转换为对应的温度值（单位为 0.1℃），存放在 MW30 中。

9．频率变送器的量程为 45～55Hz，被 IW96 转换为 0～27648 的整数。用"标准化"指令和"缩放"指令编写程序，在 I0.2 的上升沿，将 AIW96 输出的模拟值转换为对应的浮点数频率值，单位为 Hz，存放在 MD34 中。

10．编写程序，在 I0.5 的下降沿将 MW50～MW68 清零。

11．用 I1.0 控制接在 QB1 上的 8 个彩灯是否移位，每 2s 循环左移 1 位。用 IB0 设置彩灯的初始值，在 I1.1 的上升沿将 IB0 的值传送到 QB1，设计出梯形图程序。

12．字节交换指令 SWAP 为什么必须采用脉冲执行方式？

13．编写程序，将 MW10 中的电梯轿厢所在的楼层数转换为 2 位 BCD 码后送给 QB2，通过两片译码驱动芯片和七段显示器显示楼层数（见图 2-9）。

14．半径（小于 1000 的整数）在 DB4.DBW2 中，取圆周率为 3.1416，用浮点数运算指令编写计算圆周长的程序，将运算结果转换为整数，存放在 DB4.DBW4 中。

15．以 0.1° 为单位的整数格式的角度值在 MW8 中，在 I0.5 的上升沿，求出该角度的正弦值，运算结果转换为以 10^{-5} 为单位的双整数，存放在 MD12 中，设计出程序。

16．编写程序，在 I0.3 的上升沿，用"与"运算指令将 MW16 的最高 3 位清零，其余各位保持不变。

17．编写程序，在 I0.4 的上升沿，用"或"运算指令将 Q3.2～Q3.4 变为 1，QB3 其余各位保持不变。

18．按下起动按钮 I0.0，Q0.5 控制的电机运行 30s，然后自动断电，同时 Q0.6 控制的制动电磁铁开始通电，10s 后自动断电。设计出梯形图程序。

19．编写程序，I0.2 为 1 状态时求出 MW50～MW56 中最小的整数，存放在 MW58 中。

20．系统时间和本地时间分别是什么时间？怎样设置本地时间的时区？

第4章 S7-1200的用户程序结构

4.1 函数与函数块

4.1.1 生成与调用函数

1. 函数的特点

2.2.2 节简单介绍了用户程序的结构。S7-1200 的用户程序由代码块和数据块组成。代码块包括组织块、函数和函数块，数据块包括全局数据块和背景数据块。

函数（Function，FC）和函数块（Function Block，FB）是用户编写的子程序，它们包含完成特定任务的程序。FC 和 FB 有与调用它的块共享的输入、输出参数，执行完 FC 和 FB 后，将执行结果返回给调用它的代码块。

S7-300/400 的编程软件 STEP 7 V5.x 中 Function 和 Function Block 被翻译为功能和功能块。

设压力变送器的量程下限为 0 MPa，上限为 *High* MPa，经 A-D 转换后得到 0～27648 的整数。下式是转换后得到的数字 N 和压力 P 之间的计算公式：

$$P = (High \times N) / 27648 \qquad (\text{MPa}) \tag{4-1}$$

用函数 FC1 实现上述运算，在 OB1 中调用 FC1。

2. 生成函数

打开 STEP 7 的项目视图，生成一个名为"函数与函数块"的新项目（见配套资源的同名例程）。双击项目树中的"添加新设备"，添加一块 CPU 1214C。

打开项目视图中的文件夹"\PLC_1\程序块"，双击其中的"添加新块"（见图 4-1），打开"添加新块"对话框（见图 2-13），单击选中其中的"函数"按钮，FC 默认的编号为 1，默认的语言为 LAD（梯形图）。设置函数的名称为"计算压力"。单击"确定"按钮，在项目树的文件夹"\PLC_1\程序块"中可以看到新生成的 FC1。

3. 定义函数的局部变量

将鼠标的光标放在 FC1 的程序区最上面标有"块接口"的水平分隔条上，按住鼠标左键，往下拉动分隔条，分隔条上面是函数的接口（Interface）区（见图 4-1），下面是程序区。将分隔条拉至程序编辑器视窗的顶部，不再显示接口区，但是它仍然存在。

在接口区中生成局部变量，后者只能在它所在的块中使用。在 Input（输入）下面的"名称"列生成输入参数"输入数据"，单击"数据类型"列的 ▾ 按钮，用下拉式列表设置其数据类型为 Int（16 位整数）。用同样的方法生成输入参数"量程上限"、输出参数（Output）"压力值"和临时数据（Temp）"中间变量"，它们的数据类型均为 Real。

右击项目树中的 FC1，单击快捷菜单中的"属性"，选中打开的对话框左边的"属性"，用鼠标去掉复选框"块的优化访问"中的勾。单击工具栏上的"编译"按钮 ，成功编译后 FC1 的接口区出现"偏移量"列，只有临时数据才有偏移量。在编译时，程序编辑器自动地为临时局部变量指定偏移量。

图 4-1 项目树与 FC1 接口区的局部变量

函数各种类型的局部变量的作用如下。

1）Input（输入参数）：用于接收调用它的块提供的输入数据。

2）Output（输出参数）：用于将块的程序执行结果返回给调用它的块。

3）InOut（输入/输出参数）：初值由调用它的块提供，块执行完后用同一个参数将它的值返回给调用它的块。

4）文件夹 Return 中自动生成的返回值"计算压力"与函数的名称相同，属于输出参数，其值返回给调用它的块。返回值默认的数据类型为 Void，表示函数没有返回值。在调用 FC1 时，看不到它。如果将它设置为 Void 之外的数据类型，在 FC1 内部编程时可以使用该输出变量，调用 FC1 时它在方框的右边出现，说明它属于输出参数。返回值的设置与 IEC 6113-3 标准有关，该标准的函数没有输出参数，只有一个与函数同名的返回值。

函数还有两种局部数据。

1）Temp（临时局部数据）：用于存储临时中间结果的变量。同一优先级的 OB 及其调用的块的临时数据保存在局部数据堆栈中的同一片物理存储区，它类似于公用的布告栏，大家都可以往上面贴布告，后贴的布告将原来的布告覆盖掉。只是在执行块时使用临时数据，每次调用块之后，不再保存它的临时数据的值，它可能被同一优先级中后面调用的块的临时数据覆盖。调用 FC 和 FB 时，首先应初始化它的临时数据（写入数值），然后再使用它，简称为"先赋值后使用"。

2）Constant（常量）：在块中使用并且带有声明的符号名的常数。

4. FC1 的程序设计

首先用 CONV 指令将参数"输入数据"接收的 A-D 转换后的整数值（0～27648）转换为实数（Real），再用实数乘法指令和实数除法指令完成式（4-1）的运算（见图 4-2）。运算的中间结果用临时局部变量"中间变量"保存。STEP 7 自动地在局部变量的前面添加#，例如"#输入数据"。

图 4-2 FC1 的压力计算程序

5. 在 OB1 中调用 FC1

在变量表中生成调用 FC1 时需要的 3 个变量（见图 4-3），IW64 是 CPU 集成的模拟量输入的通道 0 的地址。将项目树中的 FC1 拖放到 OB1 的程序区的水平"导线"上（见图 4-4）。FC1 的方框中左边的"输入数据"等是在 FC1 的接口区中定义的输入参数和输入/输出（InOut）参数，右边的"压力值"是输出参数。它们被称为 FC 的形式参数，简称为形参，形参在 FC 内部的程序中使用。别的代码块调用 FC 时，需要为每个形参指定实际的参数，简称为实参。实参在方框的外面，实参（例如"压力转换值"）与它对应的形参（"输入数据"）应具有相同的数据类型。STEP 7 自动地在程序中的全局变量的符号地址两边添加双引号。

9		压力转换值	Int	%IW64
10		压力计算值	Real	%MD18
11		压力计算	Bool	%I0.6

图 4-3 PLC 默认变量表

图 4-4 OB1 调用 FC1 的程序

实参既可以是变量表和全局数据块中定义的符号地址或绝对地址，也可以是调用 FC1 的块（例如本例的 OB1）的局部变量。

块的 Output（输出）和 InOut（输入/输出）参数不能用常数来作实参。它们用来保存变量值，例如计算结果，因此其实参应为地址。只有 Input（输入参数）的实参能设置为常数。

6. 函数应用的实验

选中项目树中的 PLC_1，将组态数据和用户程序下载到 CPU，将 CPU 切换到 RUN 模式。

在 CPU 集成的模拟量输入的通道 0 的输入端输入一个 DC 0～10V 的电压，用程序状态功能监视 FC1 或 OB1 中的程序。调节该通道的输入电压，观察 MD18 中的压力计算值是否与理论计算值相同。

也可以通过仿真来调试程序。选中项目树中的 PLC_1，单击工具栏上的"启动仿真"按钮■，出现 S7-PLCSIM 的精简视图。将程序下载到仿真 PLC，后者进入 RUN 模式。单击精简视图右上角的■按钮，切换到项目视图。生成一个新的项目，双击打开项目树中的"SIM 表格_1"。在表中生成图 4-3 中的条目（见图 4-5）。

	名称	地址	显示格式	监视/修改值	位	一致修改	
▶	----	%IB0	十六进制	16#40	☐☑☐☐☐☐☐☐	16#00	☐
	"压力转换值"	%IW64	DEC+/-	13824		13824	☑ !
	"压力计算值"	%MD18	浮点数	5		0	☐

图 4-5 S7-PLCSIM 的 SIM 表格_1

勾选 IB0 所在的第一行中 I0.6 对应的小方框，I0.6 的常开触点接通，调用 FC1。在第二行的"一致修改"列中输入 13824（27648 的一半），单击工具栏上的"修改所有选定值"按

钮 $\boxed{\nearrow}$ ，13824 被送给 IW64 后，被传送给 FC1 的形参 "输入数据"。执行 FC1 中的程序后，输出参数 "压力值" 的值 5.0 MPa 被传送给它的实参 "压力计算值" MD18。

7. 为块提供密码保护

右击项目树中的 FC1，执行快捷菜单命令 "专有技术保护"，单击打开的对话框中的 "定义"，在 "定义密码" 对话框中输入密码和密码的确认值。两次单击 "确定" 按钮后，项目树中 FC1 的图标变为有一把锁的符号 $\boxed{\blacksquare}$，表示 FC1 受到保护。双击打开 FC1，需要在出现的对话框中输入密码，才能看到程序区的程序。

右击项目树中已加密的 FC1，执行快捷菜单命令 "专有技术保护"，在打开的对话框中输入旧密码，单击 "删除" 按钮，FC1 的密码保护被解除。项目树中 FC1 的图标上一把锁的符号消失。也可以用该对话框修改密码。

视频 "生成与调用函数" 可通过扫描二维码 4-1 播放。

4.1.2 生成与调用函数块

二维码 4-1

1. 函数块

函数块（FB）是用户编写的有自己的存储区（背景数据块）的代码块，FB 的典型应用是执行不能在一个扫描周期结束的操作。每次调用函数块时，都需要指定一个背景数据块。后者随函数块的调用而打开，在调用结束时自动关闭。函数块的输入、输出参数和静态局部数据（Static）用指定的背景数据块保存。函数块执行完后，背景数据块中的数值不会丢失。

2. 生成函数块

打开项目 "函数与函数块" 的项目树中的文件夹 "\PLC_1\程序块"，双击其中的 "添加新块"，单击打开的对话框中的 "函数块" 按钮 $\boxed{\blacksquare}$，默认的编号为 1，默认的语言为 LAD（梯形图）。设置函数块的名称为 "电动机控制"，单击 "确定" 按钮，生成 FB1。去掉 FB1 "优化的块访问" 属性。可以在项目树的文件夹 "\PLC_1\程序块" 中看到新生成的 FB1（见图 4-1）。

3. 定义函数块的局部变量

双击打开 FB1，用鼠标往下拉动程序编辑器的分隔条，分隔条上面是函数块的接口区，生成的局部变量见图 4-6，FB1 的背景数据块见图 4-7。

电动机控制		名称	数据类型	偏移量	默认值
1		▼ Input			
2		起动按钮	Bool	0.0	false
3		停止按钮	Bool	0.1	false
4		定时时间	Time	2.0	T#0ms
5		▼ Output			
6		制动器	Bool	6.0	false
7		▼ InOut			
8		电动机	Bool	8.0	false
9		▼ Static			
10		▶ 定时器DB	IEC_TIMER	10.0	
11		▶ Temp			
12		▶ Constant			

图 4-6 FB1 的接口区

电动机数据1		名称	数据类型	偏移量	起始值	保持
		保持实际值 快照				
1		▼ Input				
2		起动按钮	Bool	0.0	false	
3		停止按钮	Bool	0.1	false	
4		定时时间	Time	2.0	T#0ms	
5		▼ Output				
6		制动器	Bool	6.0	false	
7		▼ InOut				
8		电动机	Bool	8.0	false	
9		▼ Static				
10		▶ 定时器DB	IEC_TIMER	10.0		

图 4-7 FB1 的背景数据块

IEC 定时器、计数器实际上是函数块，方框上面是它的背景数据块。在 FB1 中，IEC 定时器、计数器的背景数据如果由一个固定的背景数据块提供，在同时多次调用 FB1 时，该数据块将会被同时用于两处或多处，这犯了程序设计的大忌，程序运行时将会出错。为了解决这一问题，在块接口中生成数据类型为 IEC_TIMER 的静态变量"定时器 DB"（见图 4-6），用它提供定时器 TOF 的背景数据。其内部结构见图 4-8，与图 3-13 中 IEC 定时器的背景数据块中的变量相同。每次调用 FB1 时，在 FB1 不同的背景数据块中，不同的被控对象都有用来保存 TOF 的背景数据的静态变量"定时器 DB"。

4. FB1 的控制要求与程序

FB1 的控制要求如下：用输入参数"起动按钮"和"停止按钮"控制 InOut 参数"电动机"（见图 4-9）。按下停止按钮，断开延时定时器（TOF）开始定时，输出参数"制动器"为 1 状态，经过输入参数"定时时间"设置的时间预设值后，停止制动。

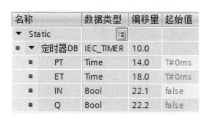

图 4-8　定时器 DB 的内部变量

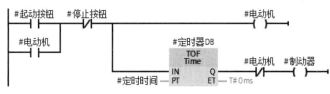

图 4-9　FB1 的程序

在 TOF 定时期间，每个扫描周期执行完 FB1 之后，都需要保存"定时器 DB"中的数据。函数块执行完后，下一次重新调用它时，其 Static（静态）变量的值保持不变。所以"定时器 DB"必须是静态变量，不能在函数块的临时数据区（Temp 区）生成数据类型为 IEC_TIMER 的变量。

函数块的背景数据块中的变量就是它对应的 FB 接口区中的 Input、Output、InOut 参数和 Static 变量（见图 4-6 和图 4-7）。函数块上述的数据因为用背景数据块保存，在函数块执行完后也不会丢失，以供下次执行时使用。其他代码块也可以访问背景数据块中的变量。不能直接删除和修改背景数据块中的变量，只能在它对应的函数块的接口区中删除和修改这些变量。

生成函数块的输入参数、输出参数和静态变量时，它们被自动指定一个默认值（见图 4-6），可以修改这些默认值。局部变量的默认值被传送给 FB 的背景数据块，作为同一个变量的起始值，可以在背景数据块中修改上述变量的起始值。调用 FB 时没有指定实参的形参使用背景数据块中的起始值。

5. 用于定时器和计数器的多重背景

IEC 定时器指令和 IEC 计数器指令实际上是函数块，每次调用它们时，都需要指定一个背景数据块（见图 3-22）。为了解决前述的 FB 中定时器、计数器固定的背景数据块带来的问题，在函数块的接口区定义数据类型为 IEC_Timer（IEC 定时器）或 IEC_Counter（IEC 计数器）的静态变量（例如图 4-6 中的"定时器 DB"），用它们来提供定时器和计数器的背景数据。这种程序结构被称为多重背景或多重实例。

将定时器 TON 方框拖放到 FB1 的程序区，出现"调用选项"对话框（见图 4-10）。单击选中"多重实例 DB（即多重背景 DB）"，用选择框选中列表中的"定时器 DB"，用 FB1 的静态变量"定时器 DB"提供 TON 的背景数据。

这样处理后，多个定时器或计数器的背景数据被包含在它们所在的函数块的背景数据块（即多重背景数据块）中，而不需要为每个定时器或计数器设置一个单独的背景数据块。因此减少了背景数据块的个数，能更合理地利用存储空间。更重要的是解决了多次调用使用固定的背景数据块的定时器、计数器的函数块 FB1 带来的问题。

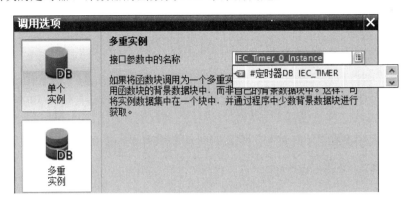

图 4-10 "调用选项"对话框

6. 在 OB1 中调用 FB1

在 PLC 默认变量表中生成两次调用 FB1 使用的符号地址（见图 4-11）。将项目树中的 FB1 拖放到程序区的水平"导线"上（见图 4-12）。在出现的"调用选项"对话框中，输入背景数据块的名称。单击"确定"按钮，自动生成 FB1 的背景数据块。为各形参指定实参时，既可以使用变量表或全局数据块中定义的符号地址，也可以使用尚未定义的绝对地址，然后在变量表中修改自动生成的符号的名称。

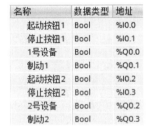

图 4-11 PLC 默认变量表

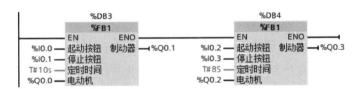

图 4-12 OB1 调用 FB1 的程序

7. 调用函数块的仿真实验

选中项目树中的 PLC_1，单击工具栏上的"启动仿真"按钮 ，打开 S7-PLCSIM。将程序下载到仿真 PLC，使后者进入 RUN 模式。在 S7-PLCSIM 的项目视图中生成一个新的项目，打开项目树中的"SIM 表格_1"，在表中生成 IB0 和 QB0 的 SIM 表条目（见图 4-13）。

图 4-13 S7-PLCSIM 的 SIM 表格_1

两次单击 I0.0（起动按钮 1）对应的小方框，Q0.0（1 号设备）变为 1 状态。两次单击 I0.1（停止按钮 1）对应的小方框，Q0.0 变为 0 状态，Q0.1（制动 1）变为 1 状态。经过参数"定时时间"设置的时间后 Q0.1 变为 0 状态。可以令两台设备几乎同时起动、同时停车和制动延时，图 4-13 是两台设备均处于制动状态的 SIM 表。

视频"生成与调用函数块"可通过扫描二维码4-2播放。

二维码4-2

8．处理调用错误

作者最初编写的FB1没有生成参数"定时时间"。在OB1中调用符号名为"电动机控制"的FB1之后，在FB1的接口区增加了输入参数"定时时间"，OB1中被调用的FB1的字符变为红色（见图4-14中的左图）。右击出错的FB1，执行快捷菜单中的"更新块调用"命令，出现"接口同步"对话框，显示出原有的块接口和增加了输入参数后的块接口。单击"确定"按钮，关闭"接口同步"对话框。OB1中调用的FB1被修改为新的接口（见图4-14中的右图），程序中FB1的红色字符变为黑色。需要用同样的方法处理图4-12右边的FB1的调用错误。

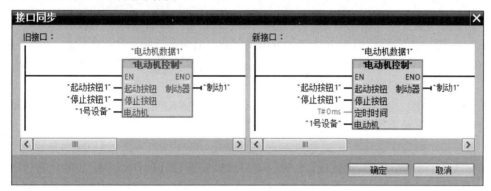

图4-14 "接口同步"对话框

9．函数与函数块的区别

FB和FC均为用户编写的子程序，接口区中均有Input、Output、InOut参数和Temp数据。FC的返回值实际上属于输出参数。下面是FC和FB的区别：

1）函数没有背景数据块，函数块有背景数据块。

2）只能在函数内部访问它的局部变量。其他代码块或HMI（人机界面）可以访问函数块的背景数据块中的变量。

3）函数没有静态变量（Static），函数块有保存在背景数据块中的静态变量。

函数如果有执行完后需要保存的数据，只能用全局数据区（例如全局数据块和M区）来保存。如果块的内部使用了全局变量，在移植时需要重新统一分配所有的块内部使用的全局变量的地址，以保证不会出现地址冲突。当程序很复杂，代码块很多时，这种重新分配全局变量地址的工作量非常大，也很容易出错。

如果函数或函数块的内部不使用全局变量，只使用局部变量，不需要做任何修改，就可以将块移植到其他项目。这样的块具有很好的可移植性。

如果代码块有执行完后需要保存的数据，显然应使用函数块，而不是函数。

4）函数块的局部变量（不包括Temp）有默认值（起始值），函数的局部变量没有默认值。在调用函数块时可以不设置某些有默认值的输入、输出参数的实参，这种情况下将使用这些参数在背景数据块中的起始值，或使用上一次执行后的参数值。这样可以简化调用函数块的操作。调用函数时应给所有的形参指定实参。

5）函数块的输出参数值不仅与来自外部的输入参数有关，还与用静态数据保存的内部状态数据有关。函数因为没有静态数据，相同的输入参数产生相同的执行结果。

10．组织块与 FB 和 FC 的区别

出现事件或故障时，由操作系统调用对应的组织块，FB 和 FC 是用户程序在代码块中调用的。组织块没有输出参数、InOut 参数和静态数据，它的输入参数是操作系统提供的启动信息。用户可以在组织块的接口区生成临时变量和常量。组织块中的程序是用户编写的。

4.1.3 多重背景

上一节介绍了用于定时器和计数器的多重背景，本节介绍用于用户生成的函数块的多重背景。

在项目"多重背景"中生成与 4.1.2 节相同的名为"电动机控制"的函数块 FB1，其接口区和程序分别如图 4-6 和图 4-9 所示，去掉 FB1"优化的块访问"属性。

为了实现多重背景，生成一个名为"多台电动机控制"的函数块 FB3，去掉 FB3"优化的块访问"属性。在它的接口区生成两个数据类型为"电动机控制"的静态变量"1 号电动机"和"2 号电动机"（见图 4-15）。每个静态变量内部的输入参数、输出参数等局部变量是自动生成的，与 FB1"电动机控制"的相同。

双击打开 FB3，调用 FB1"电动机控制"（见图 4-16），出现"调用选项"对话框（见图 4-15 的右图）。单击选中"多重实例 DB"（即多重背景 DB），对话框中有对多重背景的解释。单击"接口参数中的名称"选择框右边的▣按钮，选中列表中的"1 号电动机"，用 FB3 的静态变量"1 号电动机"（见图 4-15 的左图）提供数据类型为"电动机控制"的 FB1 的背景数据。用同样的方法在 FB3 中再次调用 FB1，用 FB3 的静态变量"2 号电动机"提供 FB1 的背景数据。

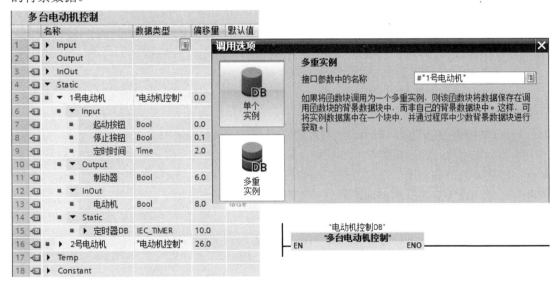

图 4-15　FB3 的接口区与 OB1 调用 FB3 的程序

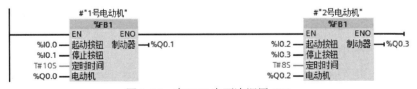

图 4-16　在 FB3 中两次调用 FB1

在 OB1 中调用 FB3 "多台电动机控制"（见图 4-15 中右下角的小图），其背景数据块为 "电动机控制 DB"（DB3）。FB3 的背景数据块与图 4-15 中 FB3 的接口区均只有静态变量 "1 号电动机" 和 "2 号电动机"。在这个例子中实际上有 3 重背景数据。FB3 的背景数据块 DB3 包含了两次调用 FB1 的背景数据，后者又包含了定时器 TOF 的背景数据。

选中项目树中的 PLC_1，单击工具栏上的 "启动仿真" 按钮，打开 S7-PLCSIM。将程序下载到仿真 PLC，后者进入 RUN 模式。在 S7-PLCSIM 的项目视图中生成一个新的项目，打开项目树中的 "SIM 表格_1"，在表中生成 IB0 和 QB0 的 SIM 表条目（见图 4-17）。

图 4-17　S7-PLCSIM 的 SIM 表格_1

两次单击 I0.0（起动按钮 1），Q0.0（1 号设备）变为 1 状态。两次单击 I0.1（停止按钮 1），Q0.0 变为 0 状态，Q0.1（制动 1）变为 1 状态。经过参数 "定时时间" 设置的时间后 Q0.1 变为 0 状态。可以令两台设备几乎同时起动、同时停车和制动延时。

视频 "多重背景应用" 可通过扫描二维码 4-3 播放。

二维码 4-3

4.2　数据类型转换与间接寻址

4.2.1　数据类型转换

1. 数据类型的分类

2.3.3 节介绍了基本数据类型，2.3.4 节介绍了复杂数据类型。此外还有参数类型、系统数据类型和硬件数据类型。

（1）参数类型

参数类型是传递给被调用块的形参的数据类型。参数类型 Void 不保存数值，它用于函数不需要返回值的情况（见图 4-1 中自动生成的返回值 "计算变量" 的数据类型）。

（2）系统数据类型

系统数据类型（SDT）由系统提供，可供用户使用，具有不能更改的预定义的结构。TIA 博途的帮助给出了系统数据类型和硬件数据类型详细的说明。

下面是部分系统数据类型：IEC 定时器指令的定时器结构 IEC_TIMER；数据类型为 SInt、USInt、UInt、Int、DInt 和 UDInt 的计数器指令的计数器结构；用于 GET_ERROR 指令的错误信息结构 ErrorStruct；RCV_GFG 指令用于定义数据接收的开始条件和结束条件的 CONDITIONS，TADDR_Param、TCON_Param 是用于存储 PROFINET 开放式用户通信的连接描述数据块的结构。HSC_Perirod 用于高速计数器的 CTRL_HSC_EXT 指令。

（3）硬件数据类型

硬件数据类型由 CPU 提供，与硬件组态时模块的设置有关。它用于识别硬件元件、事件和中断 OB 等与硬件有关的对象。用户程序使用与模块有关的指令时，用硬件数据类型的常数来作指令的参数。

PLC 变量表的 "系统常量" 选项卡列出了项目中的硬件数据类型变量的值，即硬件组件和中断事件的标识符。其中的变量与项目中组态的硬件结构和组件的型号有关。例如高速计数器的硬件数据类型为 Hw_Hsc。

2. 数据类型的转换

用户程序中的操作与特定长度的数据对象有关,例如位逻辑指令使用位(bit)数据,MOVE指令使用字节、字和双字数据。

一个指令中有关的操作数的数据类型应是协调一致的,这一要求也适用于块调用时的参数设置。如果操作数具有不同的数据类型,应对它们进行转换,有两种不同的转换方式。

1) 隐式转换:在执行指令时自动地进行转换。

2) 显式转换:在执行指令之前使用转换指令进行转换。

(1) 隐式转换

如果操作数的数据类型兼容,将自动执行隐式转换。不能将 Bool 隐式转换为其他数据类型,源数据类型的位长度不能超过目标数据类型的位长度。兼容性测试可以使用两种标准:

1) 进行 IEC 检查(默认),采用严格的兼容性规则,允许转换的数据类型较少。

2) 不进行 IEC 检查,兼容性测试采用不太严格的标准,允许转换的数据类型较多。

可以在博途的帮助中搜索"数据类型转换概述",以获取有关的详细信息。

(2) 显式转换

操作数不兼容时,不能执行隐式转换,可以使用显式转换指令。转换指令在指令列表的"数学函数""转换操作"和"字符串 + 字符"文件夹中。

显式转换的优点是可以检查出所有不符合标准的问题,并用 ENO 的状态指示出来。图 3-36 给出了两个数据类型转换的例子。

3. 设置 IEC 检查功能

如果激活了"IEC 检查",在执行指令时,将会采用严格的数据类型兼容性标准。

(1) 设置对项目中所有新的块进行 IEC 检查

执行"选项"菜单中的"设置"命令,选中出现的"设置"编辑器左边窗口的"PLC 编程"中的"常规"组(见图2-25),用复选框选中右边窗口"新块的默认设置"区中的"代码块的 IEC 检查",新生成的块默认的设置将使用 IEC 检查。

(2) 设置单独的块进行 IEC 检查

如果没有设置对项目中所有的新块进行IEC 检查,可以设置对单独的块进行 IEC 检查。右击项目树中的某个代码块,执行快捷菜单中的"属性"命令,选中打开的对话框左边窗口的"属性"组(见图4-18),用右边窗口中的"IEC 检查"复选框激活或取消这个块的 IEC 检查功能。

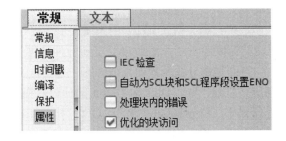

图 4-18　设置块的属性

4.2.2　间接寻址

1. 使用 FieldRead 与 FieldWrite 指令的间接寻址

生成名为"间接寻址"的项目,CPU 为 CPU 1214C。生成名为"数据块 1"的全局数据块 DB1,在 DB1 中生成名为"数组 1"的数组,其数据类型为 Array[1..5] of Int(见图 4-19)。

使用指令 FieldRead（读取域）和 FieldWrite（写入域），可以实现间接寻址。这两条指令在指令列表的文件夹"\移动操作\原有"中。

单击生成的指令框中的"???"，用下拉式列表设置要写入或读取的数据类型为 Int（见图 4-19）。两条指令的参数 MEMBER 的实参必须是上述数组的第一个元素"数据块 1".数组 1[1]。

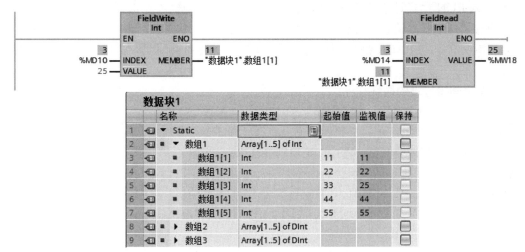

图 4-19　间接寻址的程序与数据块

指令的输入参数索引值"INDEX"是要读/写的数组元素的下标，数据类型为 DInt（双整数）。参数"VALUE"是要写入数组元素的操作数或保存读取的数组元素的值的地址。

选中项目树中的 PLC_1，单击工具栏上的"启动仿真"按钮 🖳，打开 S7-PLCSIM。将程序下载到仿真 PLC，后者进入 RUN 模式。打开 OB1，单击工具栏上的 🔧 按钮，启动程序状态监视功能。

右击指令 FieldWrite 的输入参数 INDEX 的实参 MD10，执行出现的快捷菜单中的命令"修改"→"修改值"，用出现的"修改"对话框将 MD10 的值修改为 3。启用数据块 1 的监视功能（见图 4-19），可以看到输入参数 VALUE 的值 25 被写入下标为 3 的数组元素"数据块 1".数组 1[3]。再次修改 INDEX 的值，VALUE 的值将被写入 INDEX 对应的数组元素。

用上述方法设置指令 FieldRead 的输入参数 INDEX 的值为 3，输出参数 VALUE 的实参 MW18 中是读取的下标为 3 的数组元素"数据块 1".数组 1[3]的值。

2. 使用 MOVE 指令的间接寻址

要寻址数组的元素，既可以用常量作下标，也可以用 DInt 数据类型的变量作下标。可以用多个变量作多维数组的下标，实现多维数组的间接寻址。

图 4-20 左边的 MOVE 指令的功能类似于图 4-19 中的 FieldWrite 指令。修改参数 OUT1 的实参"数据块 1".数组 2["下标 3"]中的"下标 3"（MD30）的值，就可以改写"数据块 1".数组 2 中不同下标的元素的值。

图 4-20 右边的 MOVE 指令的功能类似于图 4-19 中的 FieldRead 指令。修改参数 IN 的实参"数据块 1".数组 2["下标 4"]中的"下标 4"（MD34）的值，就可以读取"数据块 1".数组 2 中不同下标的元素的值。

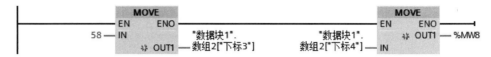

图 4-20 使用 MOVE 指令的间接寻址程序

图 4-19 和图 4-20 中的程序的仿真调试方法相同。

刚进入 RUN 模式时变量"下标 3"和"下标 4"的值为默认值 0，超出了数组 2 定义的范围，出现了区域长度错误，CPU 的 ERROR LED 闪烁。令"下标 3"和"下标 4"的值为 1～5 之后，错误消失，ERROR LED 熄灭。为了避免出现上述错误，可将数组 2 下标的下限值设置为 1。

3. 使用间接寻址的循环程序

循环程序用来完成多次重复的操作。S7-1200 的 SCL 语言有用于循环程序的指令，但是梯形图语言没有循环程序专用的指令。为了用梯形图编写循环程序，可以用 FieldRead 指令或 MOVE 指令实现间接寻址，用普通指令来编写循环程序。

在项目"间接寻址"的 DB1 中生成有 5 个 DInt 元素的数组"数组 3"，数据类型为 Array[1..5] of DInt（见图 4-23），设置各数组元素的初始值。

生成一个名为"累加双字"的函数 FC1，图 4-21 是其接口区中的局部变量。参数"数组 IN"的数据类型为 Array[1..5] of DInt，其实参（数据块 1 中的数组 3）应与它的结构完全相同。

		名称	数据类型
1	◀□	▼ Input	
2	◀□	▶ 数组 IN	Array[1..5] of DInt
3	◀□	▼ Output	
4	◀□	■ 累加结果	DInt
5	◀□	▼ InOut	
6	◀□	■ 累加个数	Int
7	◀□	▼ Temp	
8	◀□	■ 下标	DInt
9	◀□	■ 元素值	DInt
10	◀□	▶ Constant	
11	◀□	▶ Return	

图 4-21 FC1 的接口区

FC1 的程序首先将变量"累加结果"清零（见图 4-22），设置数组下标的初始值为 1，程序段 2 的跳转标签 Back 表示循环的开始。指令 FieldRead 用来实现间接寻址，其参数 INDEX 是要读/写的数组元素的下标。参数 MEMBER 的实参"数组 IN[1]"是数据类型为数组的输入参数"数组 IN"的第一个元素，参数 VALUE 中是读取的数组元素的值。

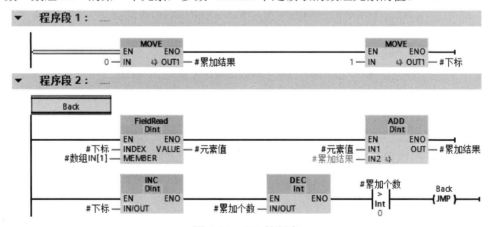

图 4-22 FC1 的程序

读取数组元素值后，将它与输出参数"累加结果"的值相加，将数组的下标（即临时变量"下标"）加 1，它指向下一个数组元素，为下一次循环做好准备。将作为循环次数计数器的"累加个数"减 1。减 1 后如果非 0，则返回标签 Back 处，开始下一次循环的操作。减 1

后如果为 0，则结束循环。

在 OB1 中调用 FC1"累加双字"（见图 4-23 中的上图），求数据块 1 中的数组 3 从第一个元素开始，若干个数组元素之和，运算结果用 MD20（"累加值"）保存。

将程序下载到仿真 PLC，CPU 切换到 RUN 模式。用 MW24 设置求和的数组元素的个数为 5，FC1 中设置的数组元素的下标的起始值为 1。单击监控表工具栏上的 按钮（见图 4-23 下图的左半部分），启动监视功能。首先令"累加启动"信号 M2.0 的修改值为 0（FALSE），单击 按钮，将修改值写入 CPU。再令 M2.0 的修改值为 1（TRUE），将修改值写入 CPU 以后，在 M2.0 的上升沿调用 FC1"累加双字"（见图 4-23 的上图），通过循环程序计算出数组 3 的 5 个元素（见图 4-23）的累加和为 15。

视频"间接寻址与循环程序"可通过扫描二维码 4-4 播放。　　　　二维码 4-4

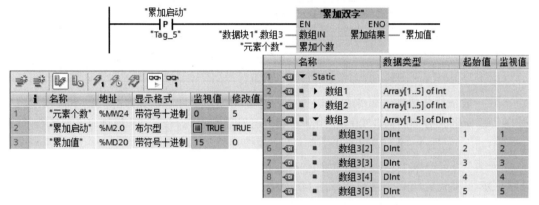

图 4-23　OB1 调用 FC1 的程序、监控表与数据块 1

4.3　中断事件与中断指令

4.3.1　事件与组织块

1. 启动组织块的事件

组织块（OB）是操作系统与用户程序的接口，出现启动组织块的事件时，由操作系统调用对应的组织块。如果当前不能调用该 OB，则按照事件的优先级将其保存到队列。如果没有为该事件分配 OB，则会触发默认的系统响应。启动组织块的事件的属性见表 4-1，为 1 的优先级最低。

如果插入/拔出中央模块，或超出最大循环时间两倍，CPU 将切换到 STOP 模式。系统忽略过程映像更新期间出现的 I/O 访问错误。块中有编程错误或 I/O 访问错误时，保持 RUN 模式不变。

启动事件与程序循环事件不会同时发生，在启动期间，只有诊断错误事件能中断启动事件，其他事件将进入中断队列，在启动事件结束后处理它们。OB 用局部变量提供启动信息。

2. 事件执行的优先级与中断队列

优先级、优先级组和队列用来决定事件服务程序的处理顺序。每个 CPU 事件都有它的优先级，表 4-1 给出了各类事件的优先级。优先级的编号越大，表示优先级越高。时间错误中断具有最高的优先级。

表 4-1　启动 OB 的事件

事件类型	OB 编号	OB 个数	启 动 事 件	OB 优先级
程序循环	1 或≥123	≥1	启动或结束前一个程序循环 OB	1
启动	100 或≥123	≥0	从 STOP 切换到 RUN 模式	1
时间中断	≥10	最多 2 个	已达到启动时间	2
延时中断	≥20	最多 4 个	延时时间结束	3
循环中断	≥30		固定的循环时间结束	8
硬件中断	40~47 或 ≥123	≤50	上升沿（≤16 个）、下降沿（≤16 个）	18
			HSC 计数值 = 设定值，计数方向变化，外部复位，最多各 6 次	18
状态中断	55	0 或 1	CPU 接收到状态中断，例如从站中的模块更改了操作模式	4
更新中断	56	0 或 1	CPU 接收到更新中断，例如更改了从站或设备的插槽参数	4
制造商中断	57	0 或 1	CPU 接收到制造或配置文件特定的中断	4
诊断错误中断	82	0 或 1	模块检测到错误	5
拔出/插入中断	83	0 或 1	拔出/插入分布式 I/O 模块	6
机架错误	86	0 或 1	分布式 I/O 的 I/O 系统错误	6
时间错误	80	0 或 1	超过最大循环时间，调用的 OB 仍在执行，错过时间中断，STOP 期间错过时间中断，中断队列溢出，因为中断负荷过大丢失中断	22

　　事件一般按优先级的高低来处理，先处理高优先级的事件。优先级相同的事件按"先来先服务"的原则来处理。S7-1200 从 V4.0 开始，可以用 CPU 的"启动"属性中的复选框"OB 应该可中断"（见图 1-18）设置 OB 是否可以被中断。

　　优先级大于等于 2 的 OB 将中断循环程序的执行。如果设置为"OB 应该被中断"，正在运行的 OB 可被优先级高于当前运行的 OB 的任何事件中断，改为处理与该事件相关的 OB。如果未设置"OB 应该被中断"，优先级大于等于 2 的 OB 不能被任何事件中断。

　　如果执行可中断 OB 时发生多个事件，CPU 将按照优先级顺序处理这些事件。

　　3．延时执行较高优先级中断和异步错误事件

　　使用指令 DIS_AIRT，将延时执行优先级高于当前组织块的中断 OB。输出参数 RET_VAL 返回调用 DIS_AIRT 的次数。

　　发生中断时，调用指令 EN_AIRT，可以启用以前被 DIS_AIRT 指令延时执行的组织块。要取消所有的延时，EN_AIRT 的执行次数必须与 DIS_AIRT 的调用次数相同。

4.3.2　初始化组织块与循环中断组织块

　　1．程序循环组织块

　　主程序 OB1 属于程序循环 OB，CPU 在 RUN 模式时循环执行 OB1，可以在 OB1 中调用 FC 和 FB。其他程序循环 OB 的编号应大于等于 123，CPU 按程序循环 OB 编号的顺序执行它们。一般只需要一个程序循环 OB（即 OB1）。程序循环 OB 的优先级最低，其他事件都可以中断它们。

　　打开 STEP 7 的项目视图，生成一个名为"启动组织块与循环中断组织块"的新项目（见配套资源的同名例程），CPU 的型号为 CPU 1214C。

　　打开项目视图中的文件夹"\PLC_1\程序块"，双击其中的"添加新块"，单击打开的对话框中的"组织块"按钮（见图 4-24），选中列表中的"Program cycle"，生成一个程序循环组织块。OB 默认的编号为 123，语言为 LAD（梯形图），默认的名称为 Main_1。单击"确定"

按钮，生成 OB123，可以在项目树的文件夹"\PLC_1\程序块"中看到新生成的 OB123。

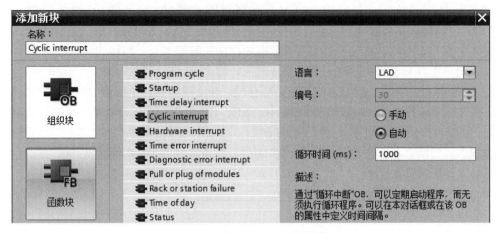

图 4-24　生成循环中断组织块

分别在 OB1 和 OB123 中生成简单的程序（见图 4-25 和图 4-26），将它们下载到 CPU，CPU 切换到 RUN 模式后，可以用 I0.4 和 I0.5 分别控制 Q1.0 和 Q1.1，说明 OB1 和 OB123 均被循环执行。

图 4-25　OB1 的程序　　　　　　　　　　　图 4-26　OB123 的程序

2. 启动组织块

启动组织块用于系统初始化，CPU 从 STOP 切换到 RUN 时，执行一次启动 OB。执行完后，将外设输入状态复制到过程映像输入区，将过程映像输出区的值写到外设输出，然后开始执行 OB1。允许生成多个启动 OB，默认的是 OB100，其他启动 OB 的编号应大于等于 123。一般只需要一个启动组织块。

用前述方法生成启动（Startup）组织块 OB100。OB100 中的初始化程序见图 4-27。将它下载到 CPU，将 CPU 切换到 RUN 模式后，可以看到 QB0 的值被 OB100 初始化为 7，其最低 3 位为 1。

该项目的 M 区没有设置保持功能，暖启动时 M 区的存储单元的值均为 0。在监控时看到 MB14 的值为 1，说明只执行了一次 OB100，是 OB100 中的 INC 指令使 MB14 的值加 1。

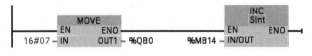

图 4-27　OB100 的程序

3. 循环中断组织块

循环中断组织块以设定的循环时间（1～60000ms）周期性地执行，而与程序循环 OB 的执行无关。循环中断和延时中断组织块的个数之和最多允许 4 个，循环中断 OB 的编号应为 OB30～OB38，或大于等于 123。

双击项目树中的"添加新块"，选中出现的对话框中的"Cyclic interrupt"，默认的编号为

OB30。将循环中断的时间间隔（循环时间）由默认值 100ms 修改为 1000ms（见图 4-24）。

双击打开项目树中的 OB30，选中巡视窗口的"属性 > 常规 > 循环中断"（见图 4-28），可以设置循环时间和相移。相移是相位偏移的简称，用于防止循环时间有公倍数的几个循环中断 OB 同时启动，导致连续执行中断程序的时间太长，相移的默认值为 0。

如果循环中断 OB 的执行时间大于循环时间，将会启动时间错误 OB。

图 4-28 中的程序用于控制 8 位彩灯循环移位，I0.2 控制彩灯是否移位，I0.3 控制移位的方向。在 CPU 运行期间，可以使用 OB1 中的 SET_CINT 指令重新设置循环中断的循环时间 CYCLE 和相移 PHASE（见图 4-29），时间的单位为 μs；使用 QRY_CINT 指令可以查询循环中断的状态。这两条指令在指令列表的"扩展指令"窗格的"中断"文件夹中。

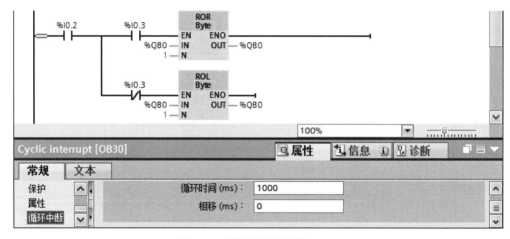

图 4-28 循环中断组织块 OB30

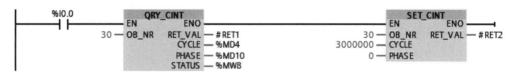

图 4-29 查询与设置循环中断

单击工具栏上的"启动仿真"按钮，打开 S7-PLCSIM。将程序下载到仿真 PLC，后者进入 RUN 模式。在 S7-PLCSIM 的项目视图中生成一个新的项目，在 SIM 表格_1 中生成 IB0 和 QB0 的 SIM 表条目（见图 4-30），由于 OB100 的作用，QB0 的初始值为 7，其低 3 位为 1。单击 I0.2 对应的小方框，使它变为 1 状态，彩灯循环左移。令 I0.3 为 1 状态，彩灯循环右移。

令 I0.0 为 1 状态，执行 QRY_CINT 指令和 SET_CINT 指令，将循环时间由 1s 修改为 3s。图 4-30 中的 MD4 是 QRY_CINT 指令读取的循环时间（单位为 μs），MB9 是读取的状态字 MW8 的低位字节，M9.4 为 1 表示已下载 OB30，M9.2 为 1 表示已启用循环中断。

名称	地址	显示格式	监视/修改值	位	一致修改	
▶ -...	%IB0	十六进制	16#04	☐☐☐☐☐☑☐	16#00	☐
▶ "...	%QB0	十六进制	16#07	☐☐☐☐☐☑☑☑	16#00	☐
"...	%MD4	DEC	3000000		0	☐
▶ -...	%MB9	十六进制	16#14	☐☐☐☑☐☑☐☐	16#00	☐

图 4-30 S7-PLCSIM 的 SIM 表格_1

视频"启动组织块与循环中断组织块"可通过扫描二维码4-5播放。

4.3.3 时间中断组织块

1. 时间中断的功能

二维码4-5

时间中断又称为"日时钟中断",它用于在设置的日期和时间产生一次中断,或者从设置的日期时间开始,周期性地重复产生中断,例如每分钟、每小时、每天、每周、每月、月末、每年产生一次时间中断。可以用专用的指令来设置、激活和取消时间中断。时间中断OB的编号应为10~17,或大于等于123。

在项目视图中生成一个名为"时间中断例程"的新项目(见配套资源中的同名例程),CPU为CPU 1214C。

打开项目视图中的文件夹"\PLC_1\程序块",添加一个名为"Time of day"(日时钟)的组织块,它又称为时间中断组织块,默认的编号为10,默认的语言为LAD(梯形图)。

2. 程序设计

时间中断有关的指令在指令列表的"扩展指令"窗格的"中断"文件夹中。在OB1中调用指令QRY_TINT来查询时间中断的状态(见图4-31),读取的状态字用MW8保存。

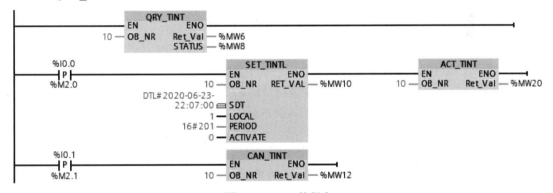

图4-31 OB1的程序

在I0.0的上升沿,调用指令SET_TINTL和ACT_TINT来分别设置和激活时间中断OB10。在I0.1的上升沿,调用指令CAN_TINT来取消时间中断。

上述指令的参数OB_NR是组织块的编号,SET_TINT用来设置时间中断,它的参数SDT是开始产生中断的日期和时间。参数LOCAL为TRUE(1)和FALSE(0)分别表示使用本地时间和系统时间。参数PERIOD用来设置执行的方式,16#0201表示每分钟产生一次时间中断。参数ACTIVATE为1时,该指令设置并激活时间中断;为0时仅设置时间中断,需要调用指令ACT_TINT来激活时间中断。RET_VAL是执行时可能出现的错误代码,为0时无错误。图4-31中的程序用ACT_TINT来激活时间中断。

图4-32是OB10中的程序,每调用一次OB10,将MB4加1。

3. 仿真实验

打开仿真软件S7-PLCSIM,生成一个新的仿真项目。打开SIM表格_1,生成IB0、MB4和MB9的SIM表条目(见图4-33),MB9是QRY_TINT读取的状态字MW8的低位字节。下载所有的块后,仿真PLC切换到RUN模式,M9.4为1状态,表示已经下载了OB10。两次单击 I0.0，设置和激活时间中断。M9.2 为 1 状态，表示时间中断已被激活。如果设置的是已经过去的日期和时间，CPU 将会在 0 秒时每分钟调用一次 OB10，将 MB4 加 1。两次单击 I0.1 对应的小方框，在 I0.1 的上升沿，时间中断被禁止，M9.2 变为 0 状态，MB4 停止加 1。两次单击 I0.0 对应的小方框，在 I0.0 的上升沿，时间中断被重新激活，M9.2 变为 1 状态，MB4 每分钟又被加 1。

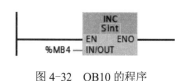

图 4-32　OB10 的程序

图 4-33　S7-PLCSIM 的 SIM 表格_1

视频"时间中断组织块应用"可通过扫描二维码 4-6 播放。

4.3.4　硬件中断组织块

1. 硬件中断事件与硬件中断组织块

硬件中断组织块用于处理需要快速响应的过程事件。出现硬件中断事件时，立即中止当前正在执行的程序，改为执行对应的硬件中断 OB。

二维码 4-6

最多可以生成 50 个硬件中断 OB，在硬件组态时定义中断事件，硬件中断 OB 的编号应为 40～47，或大于等于 123。S7-1200 支持下列硬件中断事件：

1）CPU 某些内置的数字量输入和信号板的数字量输入的上升沿事件和下降沿事件。

2）高速计数器（HSC）的当前计数器值等于设定值。

3）HSC 的方向改变，即计数器值由增大变为减小，或由减小变为增大。

4）HSC 的数字量外部复位输入的上升沿，计数值被复位为 0。

如果在执行硬件中断 OB 期间，同一个中断事件再次发生，则新发生的中断事件丢失。

如果一个中断事件发生，在执行该中断 OB 期间，又发生多个不同的中断事件，则新发生的中断事件进入排队，等待第一个中断 OB 执行完毕后依次执行。

2. 硬件中断事件的处理方法

1）给一个事件指定一个硬件中断 OB，这种方法最为简单方便，应优先采用。

2）多个硬件中断 OB 分时处理一个硬件中断事件（见 4.3.5 节），需要用 DETACH 指令取消原有的 OB 与事件的连接，用 ATTACH 指令将一个新的硬件中断 OB 分配给中断事件。

3. 生成硬件中断组织块

打开项目视图，生成一个名为"硬件中断例程 1"的新项目（见配套资源中的同名例程）。CPU 的型号为 CPU 1214C。

打开项目视图中的文件夹"\PLC_1\程序块"，双击其中的"添加新块"，单击打开的对话框中的"组织块"按钮（见图 4-24），选中"Hardware interrupt"（硬件中断），生成一个硬件中断组织块，OB 的编号为 40，语言为 LAD（梯形图）。将块的名称修改为"硬件中断 1"。单击"确定"按钮，OB 块被自动生成和打开，用同样的方法生成名为"硬件中断 2"的 OB41。

4. 组态硬件中断事件

双击项目树的文件夹"PLC_1"中的"设备组态"，打开设备视图，首先选中 CPU，再选中巡视窗口的"属性 > 常规"选项卡左边的"数字量输入"的通道 0（即 I0.0，见图 4-34），勾选

复选框启用上升沿检测功能。单击选择框"硬件中断"右边的 ... 按钮，用下拉式列表将 OB40
（硬件中断 1）指定给 I0.0 的上升沿中断事件，出现该中断事件时将调用 OB40。

用同样的方法，勾选复选框启用通道 1 的下降沿中断，并将 OB41 指定给该中断事件。
如果选中"硬件中断"下拉式列表中的"—"，则表示没有 OB 连接到中断事件。

选中巡视窗口的"属性 > 常规 > 系统和时钟存储器"，启用系统存储器字节 MB1。

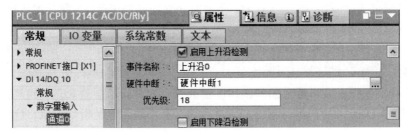

图 4-34　组态硬件中断事件

5. 编写 OB 的程序

在 OB40 和 OB41 中，分别用 M1.2 一直闭合的常开触点将 Q0.0:P 立即置位和立即复位
（见图 4-35 和图 4-36）。

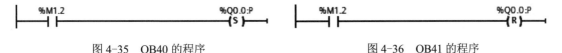

图 4-35　OB40 的程序　　　　　　　　　　　　图 4-36　OB41 的程序

6. 仿真实验

打开仿真软件 S7-PLCSIM，下载所有的块，仿真 PLC 切换到 RUN 模式。生成一个新的
仿真项目，打开 SIM 表格_1，生成 IB0 和 QB0 的 SIM 表条目（见图 4-37）。

两次单击 I0.0 对应的小方框，方框中出现勾以后消失。在 I0.0 的上升沿，CPU 调用 OB40，
将 Q0.0 置位为 1。两次单击 I0.1 对应的小方框，在方框中的勾消失时（I0.1 的下降沿），CPU
调用 OB41，将 Q0.0 复位为 0。

名称	地址	显示格式	监视/修改值	位	一致修改	⚡
▶ -...	%IB0	十六进制	16#01	☐☐☐☐☐☐☐☑	16#00	☐
▶ -...	%QB0	十六进制	16#01	☐☐☐☐☐☐☐☑	16#00	☐

图 4-37　S7-PLCSIM 的 SIM 表格_1

视频"硬件中断组织块应用（A）"可通过扫描二维码 4-7 播放。

4.3.5　中断连接指令与中断分离指令

1. ATTACH 指令与 DETACH 指令

"将 OB 附加到中断事件"指令 ATTACH 和"将 OB 与中断事件分离"指
令 DETACH 分别用于在 PLC 运行时建立和断开硬件中断事件与中断 OB 的连接。

二维码 4-7

2. 组态硬件中断事件

打开项目视图，生成一个名为"硬件中断例程 2"的新项目（见配套资源中的同名例程）。
CPU 的型号为 CPU 1214C。打开项目视图中的文件夹"\PLC_1\程序块"，双击其中的"添加
新块"，生成名为"硬件中断 1"和"硬件中断 2"的硬件中断组织块 OB40 和 OB41。

选中设备视图中的 CPU,再选中巡视窗口的"属性 > 常规"选项卡左边的"数字量输入"文件夹中的通道 0(即 I0.0,见图 4-34),勾选复选框启用上升沿中断功能。单击选择框"硬件中断"右边的...按钮,将 OB40(硬件中断 1)指定给 I0.0 的上升沿中断事件。出现该中断事件时调用 OB40。

3. 程序的基本结构

要求使用指令 ATTACH 和 DETACH,在出现 I0.0 上升沿事件时,交替调用硬件中断组织块 OB40 和 OB41,分别将不同的数值写入 QB0。

在 OB40 中,用 DETACH 指令断开 I0.0 上升沿事件与 OB40 的连接,用 ATTACH 指令建立 I0.0 上升沿事件与 OB41 的连接(见图 4-38)。用 MOVE 指令给 QB0 赋值为 16#F。

打开 OB40,在程序编辑器上面的接口区生成两个临时局部变量 RET1 和 RET2,用来作指令 ATTACH 和 DETACH 的返回值 RET_VAL 的实参。返回值是指令的状态代码。

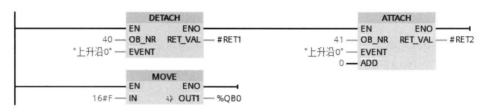

图 4-38　OB40 的程序

打开指令列表中的"扩展指令"窗格的"中断"文件夹,将其中的指令 DETACH 拖放到程序编辑器,设置参数 OB_NR(组织块的编号)为 40。

双击中断事件 EVENT 左边的红色问号,然后单击出现的圖按钮,选中出现的下拉式列表中的中断事件"上升沿 0"(I0.0 的上升沿事件),其代码值为 16#C0000108。在 PLC 默认的变量表的"系统常量"选项卡中,也能找到"上升沿 0"的代码值。DETACH 指令用来开 I0.0 的上升沿中断事件与 OB40 的连接。

图 4-38 中的 ATTACH 指令将参数 OB_NR 指定的 OB41 连接到 EVENT 指定的事件"上升沿 0"。在该事件发生时,将调用 OB41。参数 ADD 为默认值 0 时,指定的事件取代连接到原来分配给这个 OB 的所有事件。

下一次出现 I0.0 上升沿事件时,调用 OB41(见图 4-39)。在 OB41 的接口区生成两个临时局部变量 RET1 和 RET2,用 DETACH 指令断开 I0.0 上升沿事件与 OB41 的连接,用 ATTACH 指令建立 I0.0 上升沿事件与 OB40 的连接。用 MOVE 指令给 QB0 赋值为 16#F0。

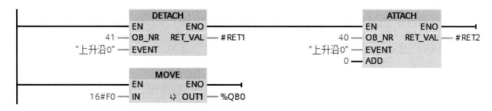

图 4-39　OB41 的程序

4. 仿真实验

打开仿真软件 S7-PLCSIM,下载所有的组织块,仿真 PLC 切换到 RUN 模式。生成一个新的仿真项目，打开 SIM 表格_1，生成 I0.0 和 QB0 的 SIM 表条目（见图 4-40）。

名称	地址	显示格式	监视/修改值	位	一致修改	
-...	%I0.0	布尔型	TRUE		☑ FALSE	☐
▶ "...	%QB0	十六进制	16#F0	☑☑☑☑☐☐☐☐	16#00	☐

图 4-40 S7-PLCSIM 的 SIM 表格_1

两次单击 I0.0 对应的小方框，在 I0.0 的上升沿，CPU 调用 OB40，断开 I0.0 的上升沿事件与 OB40 的连接，将该事件与 OB41 连接。将 16#0F 写入 QB0，后者的低 4 位为 1。

两次单击 I0.0 对应的小方框，在 I0.0 的上升沿，CPU 调用 OB41，断开 I0.0 的上升沿事件与 OB41 的连接，将该事件与 OB40 连接。将 16#F0 写入 QB0，后者的高 4 位为 1。

连续多次单击 I0.0 对应的小方框，由于 OB40 和 OB41 中的 ATTACH 和 DETACH 指令的作用，在 I0.0 奇数次的上升沿调用 OB40，QB0 被写入 16#0F（低 4 位为 1）；在 I0.0 偶数次的上升沿调用 OB41，QB0 被写入 16#F0（高 4 位为 1）。

视频"硬件中断组织块应用（B）"可通过扫描二维码 4-8 播放。

二维码 4-8

4.3.6 延时中断组织块

PLC 的普通定时器的工作过程与扫描工作方式有关，其定时精度较差。如果需要高精度的延时，应使用延时中断。在指令 SRT_DINT 的 EN 使能输入的上升沿，启动延时过程（见图 4-41）。该指令的延时时间为 1～60000ms，精度为 1ms。延时时间到时触发延时中断，调用指定的延时中断组织块。循环中断和延时中断组织块的个数之和最多允许 4 个，延时中断 OB 的编号应为 20～23，或大于等于 123。

1. 硬件组态

生成一个名为"延时中断例程"的新项目（见配套资源中的同名例程）。CPU 的型号为 CPU 1214C。打开项目视图中的文件夹"\PLC_1\程序块"，双击其中的"添加新块"，生成名为"硬件中断"的组织块 OB40、名为"延时中断"的组织块 OB20 以及全局数据块 DB1。

选中设备视图中的 CPU，再选中巡视窗口的"属性 > 常规"选项卡左边的"数字量输入"的通道 0（即 I0.0，见图 4-34），勾选复选框启用上升沿中断功能。单击"硬件中断"右边的 ... 按钮，用下拉式列表将 OB40 指定给 I0.0 的上升沿中断事件。出现该中断事件时调用 OB40。

2. 硬件中断组织块程序设计

在 I0.0 的上升沿触发硬件中断，CPU 调用 OB40，在 OB40 中调用指令 SRT_DINT 启动延时中断的延时（见图 4-41），延时时间为 10s。延时时间到时调用参数 OB_RN 指定的延时中断组织块 OB20。参数 SIGN 是调用延时中断 OB 时 OB 的启动事件信息中的标识符。RET_VAL 是指令执行的状态代码。RET1 和 RET2 是数据类型为 Int 的 OB40 的临时局部变量。

图 4-41 OB40 的程序

为了保存读取的定时开始和定时结束时的日期时间值，在 DB1 中生成数据类型为 DTL 的变量 DT1 和 DT2。在 OB40 中调用"读取本地时间"指令 RD_LOC_T，读取启动 10s 延时的实时时间，用 DB1 中的变量 DT1 保存。

3. 时间延迟中断组织块程序设计

在 I0.0 上升沿调用的 OB40 中启动时间延迟，延时时间到时调用时间延迟中断组织块 OB20。在 OB20 中调用 RD_LOC_T 指令（见图 4-42），读取 10s 延时结束的实时时间，用 DB1 中的变量 DT2 保存。同时将 Q0.4:P 立即置位。

4. OB1 的程序设计

在 OB1 中调用指令 QRY_DINT 来查询延时中断的状态字 STATUS（见图 4-43），查询的结果用 MW8 保存，其低字节为 MB9。OB_NR 的实参是 OB20 的编号。

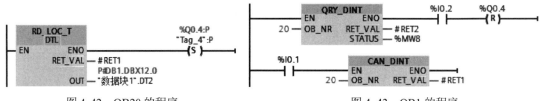

图 4-42　OB20 的程序　　　　　　　　　　图 4-43　OB1 的程序

在延时过程中，在 I0.1 为 1 状态时调用指令 CAN_DINT 来取消延时中断过程。在 I0.2 为 1 状态时复位 Q0.4。

5. 仿真实验

打开仿真软件 S7-PLCSIM，下载所有的块。生成一个新的仿真项目，打开 SIM 表格_1，生成 IB0、QB0 和 MB9 的 SIM 表条目（见图 4-44）。仿真 PLC 切换到 RUN 模式时，M9.4 马上变为 1 状态，表示 OB20 已经下载到 CPU。

名称	地址	显示格式	监视/修改值	位		一致修改	
▶	%IB0	十... ▼	16#01	☐☐☐☐☐☐☐☑		16#00	☐
▶	%QB0	十六进制	16#00	☐☐☐☐☐☐☐☐		16#00	☐
▶	%MB9	十六进制	16#14	☐☐☐☑☐☑☐☐		16#00	☐

图 4-44　S7-PLCSIM 的 SIM 表格_1

打开 DB1，单击工具栏上的 [∞] 按钮，启动监视功能（见图 4-45）。单击 SIM 表中 I0.0 对应的小方框，在 I0.0 的上升沿，CPU 调用 OB40，M9.2 变为 1 状态，表示正在执行 SRT_DINT 启动的时间延时。DB1 中的 DT1 显示出在 OB40 中读取的 DTL 格式的时间值。

	名称	数据类型	偏移量	监视值
1	▼ Static			
2	■ ▶ DT1	DTL	0.0	DTL#2020-06-29-12:34:51.443150
3	■ ▶ DT2	DTL	12.0	DTL#2020-06-29-12:35:01.443340

图 4-45　数据块中的日期时间值

定时时间到时，M9.2 变为 0 状态，表示定时结束。CPU 调用 OB20，DB1 中的 DT2 是在 OB20 中读取的 DTL 格式的时间值，Q0.4 被置位。DT1 和 DT2 分别为启动延时和延时结束的实时时间。多次试验发现，DT2 和 DT1 之差与设定值 10s 的定时误差小于 0.2ms，说明定时精度是相当高的。

令 I0.2 为 1，可以将 Q0.4 复位（见图 4-43）。令 I0.0 变为 1 状态，CPU 调用硬件中断组织块 OB40，再次启动时间延迟中断的定时。在定时期间令 I0.1 为 1 状态，执行指令 CAN_DINT（见图 4-43），时间延迟被取消，M9.2 变为 0 状态。10s 的延迟时间到的时候，不会调用 OB20。

Q0.4 不会变为 1 状态，DB1 中的 DT2 也不会显示出新读取的时间值。

视频"延时中断组织块应用"可通过扫描二维码 4-9 播放。

二维码 4-9

4.4 交叉引用表与程序信息

4.4.1 交叉引用表

1. 交叉引用表

交叉引用表提供用户程序中操作数和变量使用情况的概览。可以从交叉引用表直接跳转到使用指定的操作数和变量的地方。

在程序测试和查错时，可以从交叉引用表获取下列消息：某个操作数在哪些块的哪个程序段使用；某个变量被用于 HMI 哪个画面中的哪个元件；某个块被哪些块调用等等。

2. 生成和显示交叉引用表

在项目视图中，可以生成下列对象的交叉引用：PLC 文件夹、程序块文件夹、单独的块和 PLC 变量表。生成和显示交叉引用表最简单的方法是右击项目树中的上述对象，执行快捷菜单中的命令"交叉引用"。

3. PLC 默认变量表的交叉引用表

选中项目"PLC_HMI"的项目树的"默认变量表"，单击工具栏上的交叉引用按钮 ✖，生成该变量表的交叉引用表。从图 4-46 可以看出，默认变量表中的变量"电动机"在主程序 Main 的程序段 1（NW1）中被两次使用，在 HMI 的根画面的"圆_1"（指示灯）的动画外观中也被使用。

对象	引用位置	引用类型	作为	访问	地址	类型	设备	路径
▶ ⟪ 当前值					%MD4	Time	PLC_1	PLC_1\PLC 变量\默认变量表
▼ ⟪ 电动机					%Q0.0	Bool	PLC_1	PLC_1\PLC 变量\默认变量表
▼ Main					%OB1	LAD-组织块	PLC_1	PLC_1\程序块
	@Main ▶ NW1	使用者		只读				
	@Main ▶ NW1	使用者		写入				
▼ 根画面						画面	HMI_1	HMI_1\画面
● 圆_1	@根画面\圆_1 ▶ 动画.外观	使用者	⟪ 电动机			圆		
▼ ⟪ 电动机					PLC_1\电动机 [%Q0.0]	HMI_Tag	HMI_1	HMI_1\HMI 变量\默认变量表
	@电动机 ▶ 属性.PLC 变量	使用者						
▼ HMI_连接_1						Connection	HMI_1	HMI_1\连接
	@电动机 ▶ 属性.连接	使用	⟪ 电动机					
▼ ⟪ 100 ms						Cycle	HMI_1	HMI_1\周期
	@电动机 ▶ 属性.采集周期	使用	⟪ 电动机					

图 4-46 PLC 默认变量表的交叉引用表

"引用类型"列的"使用者"表示源对象"电动机"被对象 Main 和"圆_1"使用。该列中的"使用"表示源对象"电动机"使用其连接属性中的对象"HMI_连接_1"。

"作为"列是被引用对象更多的信息，"访问"列是访问的读、写类型，"地址"列是操作数的绝对地址，"类型"列是创建对象时使用的类型和语言，"路径"列是项目树中该对象的路径以及文件夹和组的说明。

"引用位置"列中的字符为蓝色，表示有链接。单击图 4-46 中访问方式为"写入"的"@Main ▶ NW1"，将会打开主程序 Main 的程序段 1，光标在变量"电动机"Q0.0 的线圈处。单击"引用位置"列的"@根画面\圆 1 ▶ 动画.外观"，将会打开 HMI 的根画面，连接了变量"电动机"的圆（即指示灯）被选中。

工具栏上的按钮 ![refresh] 用来刷新交叉引用表，按钮 ![collapse] 用来关闭下一层的对象，按钮 ![expand] 用来展开下一层的对象。

4．在巡视窗口显示单个变量的交叉引用信息

选中 OB1 中的变量"电动机"（Q0.0），在下面的巡视窗口的"信息 > 交叉引用"选项卡中，可以看到选中的变量"电动机"的交叉引用信息，与图 4-46 中的基本上相同。

5．程序块的交叉引用表

选中项目树中的主程序 Main，单击工具栏上的交叉引用按钮 ![xref]，生成 Main 的交叉引用表（见图 4-47）。由交叉引用表可以看到各对象在程序中的引用位置。单击"引用位置"列有链接的"@Main ▶ NW1"，将会打开 OB1 的程序段 1，光标在对应的对象处。

对象	引用位置	引用类型	作为	访问	地址	类型	设备	路径
▼ Main					%OB1	LAD 组织块	PLC_1	PLC_1\程序块
▼ T1					%DB1	源自 IEC_TIMER 的数据块	PLC_1	PLC_1\程序块\系统块\程序资源
T1	@Main ▶ NW1	使用	单实例		%DB1	源自 IEC_TIMER 的数据块		
"T1".Q	@Main ▶ NW1	使用		只读		Bool		
▼ TON [V1.0]						指令	PLC_1	
	@Main ▶ NW1	使用		调用				
▼ FirstScan					%M1.0	Bool	PLC_1	PLC_1\PLC 变量\默认变量表
	@Main ▶ NW1	使用		只读				
▼ 当前值					%MD4	Time	PLC_1	PLC_1\PLC 变量\默认变量表
	@Main ▶ NW1	使用		写入				

图 4-47　主程序 Main 的交叉引用表

4.4.2　分配列表

用户程序的程序信息包括分配列表、调用结构、从属性结构和资源。

1．显示分配列表

分配列表提供 I、Q、M 存储区的字节中各个位的使用情况，显示地址是否分配给用户程序（被程序访问），或者地址是否被分配给 S7 模块。它是检查和修改用户程序的重要工具。

选中项目"数据处理指令应用"的项目树中的"程序块"文件夹，或选中其中的某个块，执行菜单命令"工具"→"分配列表"，将显示选中的设备的分配列表（见图 4-48）。

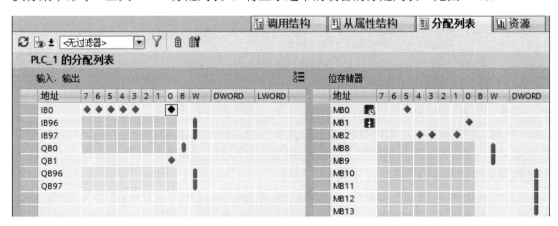

图 4-48　分配列表

2. 分配列表中的图形符号

分配列表的每一行对应于一个字节，每个字节由第 0～7 位组成。单击表格上面的按钮，将显示分配列表中的图形符号列表（见图 4-49）。

分配列表中 B、W、DWORD 和 LWORD 列的竖条用来表示程序使用了对应的字节、字、双字和 64 位位字符串来访问地址，组成它们的位用浅色的小正方形表示。例如 MB10～MB13 的 DWORD 列的竖条表示程序使用了这 4 个字节组成的双字 MD10。

位访问
BYTE、WORD、DWORD、LWORD 访问
指针访问
相同位的位和指针访问
未组态硬件
BYTE、WORD、DWORD、LWORD 访问中的位
数据保持区

图 4-49　分配列表中的图形符号

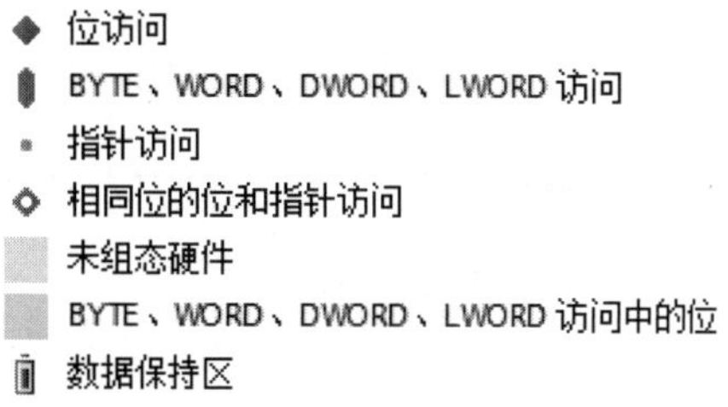

图 4-48 中“地址”列中的表示 MB0 被设置为时钟存储器字节，用户使用了其中的 M0.5。表示 MB1 被设置为系统存储器字节，用户使用了其中的 M1.0。

3. 显示和设置 M 区的保持功能

单击分配列表工具栏上的按钮，可以用打开的对话框（见图 2-27）设置 M 区从 MB0 开始的具有断电保持功能的字节数。单击工具栏上的按钮，可以隐藏或显示 M 区地址的保持功能符号。有保持功能的 M 区的地址用“地址”列中的符号表示。

4. 分配列表的附加功能

1）选中分配列表中的某个地址（图 4-48 选中了 I0.0），在下面的巡视窗口的“信息 > 交叉引用”选项卡中会显示出选中的地址的交叉引用信息。

2）右击分配列表中的某个地址（包括位地址），执行快捷菜单中的“打开编辑器”命令，将会打开 PLC 默认变量表，可以编辑指定的变量的属性。

3）单击工具栏上的按钮，出现的下拉式列表中有两个复选框。“已使用的地址”复选框用于激活或禁止显示已使用的地址；“空闲的硬件地址”复选框用于激活或禁止显示未使用的硬件地址，图 4-48 中禁止了此选项。

5. 过滤器

可以使用预定义的过滤器（Filter）或生成自己的过滤器来“过滤”分配列表显示的内容。

单击工具栏上的按钮，打开“过滤分配表”对话框（见图 4-50），用它来生成自己的过滤器。可以生成和编辑几个不同用途的过滤器，单击该对话框中工具栏上的按钮，可生成一个新的过滤器。单击按钮，将删除当前的过滤器。

过滤分配表
<无过滤器>
地址
过滤区域
输入
*
输出
*
存储器
*

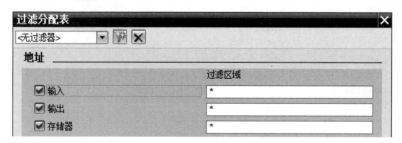

图 4-50　分配列表的过滤器

单击图 4-50 的工具栏上选择框右边的按钮，选中出现的下拉式列表中的某个过滤器，分配列表按选中的过滤器的要求显示过滤后的地址。

如果未选中图中的某个复选框，分配列表不显示对应的地址区。

可以在"过滤区域"文本框中输入要显示的唯一的地址或部分地址，例如在"存储器"（M）区的文本框中输入 12 表示只显示 MB12；输入"0;12;18"表示只显示 MB0、MB12 和 MB18；输入"10-19"表示只显示 MB10～MB19 范围内已分配的地址；输入"*"表示显示该地址区所有已分配的地址。注意上述表达式应使用英语的标点符号。最后单击"确定"按钮，确认对过滤器的编辑。

4.4.3 调用结构、从属性结构与资源

1．显示调用结构

调用结构描述了用户程序中块与块之间调用与被调用关系的体系结构。定时器、计数器指令实际上是函数块，但是在调用结构中不会显示它们。

调用结构提供使用的块、块与块之间的关系、块需要的局部数据和块的状态的概览，可以通过链接跳转到程序中调用块或访问块的地方。

打开项目"1200_1200ISO_C"，选中项目树中的"PLC_1"文件夹，执行菜单命令"工具"→"调用结构"，将显示 PLC_1 的程序块之间的调用结构。也可以用图 4-48 中的"调用结构"选项卡打开它。

2．调用结构的显示内容

在图 4-51 的调用结构表中，"调用结构"列显示被调用块的总览，"地址"列显示块的绝对地址（即块的编号），函数块还显示它的背景数据块的绝对地址。单击调用结构表第 2 行的"详细信息"列中蓝色的有链接的"@Main ▶ NW2"，打开主程序 Main，光标在网络 2 中的功能块 TSEND_C 的实参 DB5（PLC_1_Send_DB）上。单击第 7 行的"详细信息"列，打开主程序 Main，光标在网络 2 中的功能块 TRCV_C 的背景数据块 DB4（TRCV_C_DB）上。

被优化访问的块的符号寻址的信息和块存储在一起，因此需要较多的局部数据。"局部数据（在路径中）"列显示完整的路径需要的局部数据。"局部数据（用于块）"列显示块需要的局部数据。只有在完成块的编译之后，才能显示或更新当前所有的局部数据。

调用结构的第一层是组织块，它们不会被程序中的其他块调用。在"调用结构"列中，下一层的块是被调用的块，它比上一层的块（调用它的块）后退若干个字符。程序中可能有多级调用。从图 4-51 可以看到，主程序 Main 调用了函数块 TRCV_C 和 TSEND_C。

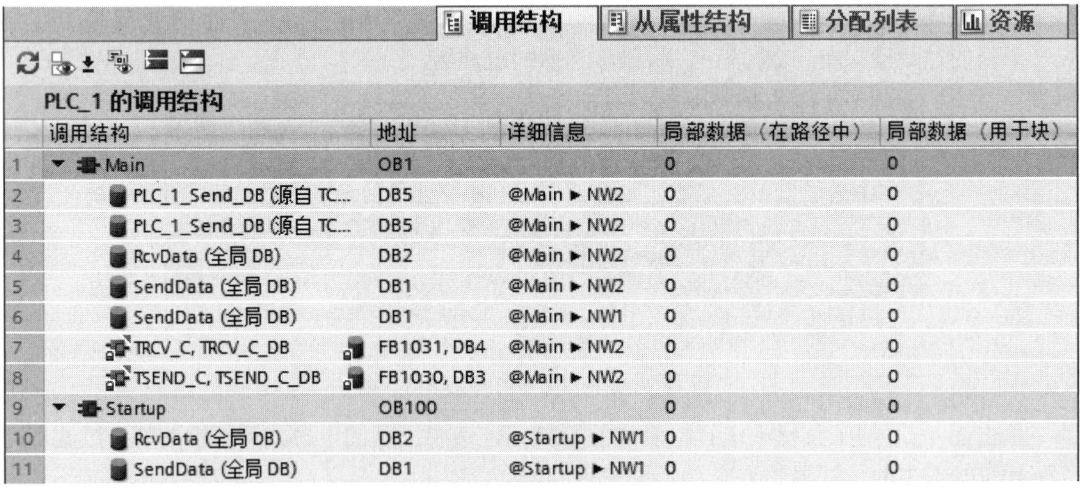

	调用结构	地址	详细信息	局部数据（在路径中）	局部数据（用于块）
	PLC_1 的调用结构				
1	▼ Main	OB1		0	0
2	PLC_1_Send_DB (源自 TC...	DB5	@Main ▶ NW2	0	0
3	PLC_1_Send_DB (源自 TC...	DB5	@Main ▶ NW2	0	0
4	RcvData (全局 DB)	DB2	@Main ▶ NW2	0	0
5	SendData (全局 DB)	DB1	@Main ▶ NW2	0	0
6	SendData (全局 DB)	DB1	@Main ▶ NW1	0	0
7	TRCV_C, TRCV_C_DB	FB1031, DB4	@Main ▶ NW2	0	0
8	TSEND_C, TSEND_C_DB	FB1030, DB3	@Main ▶ NW2	0	0
9	▼ Startup	OB100		0	0
10	RcvData (全局 DB)	DB2	@Startup ▶ NW1	0	0
11	SendData (全局 DB)	DB1	@Startup ▶ NW1	0	0

图 4-51　调用结构

选中调用结构中的某个块，在下面的巡视窗口的"信息 > 交叉引用"选项卡中，可以看到它的交叉引用信息。右击调用结构中的某个块，执行快捷菜单中的"打开编辑器"命令，可用对应的编辑器打开选中的块。

3. 工具栏上按钮的功能

单击工具栏上的👁️±按钮，出现的下拉式列表中有两个复选框：

1）如果勾选了"仅显示冲突"复选框，仅显示被调用的有冲突的块，例如有时间标记冲突的块、使用修改了地址或数据类型的变量的块、调用了接口已更改的块、没有被 OB 调用的块。

2）如果勾选了"组合多次调用"复选框，对同一个块的多次调用或对同一个数据块的多次访问被组合到一行显示。块被调用的次数在"调用频率"列显示。如果没有选中该复选框，将用多行来分别显示每次调用或访问同一个块时的"详细信息"。

工具栏上的🔧按钮用于检查块的一致性。

4. 显示从属性结构

从属性结构显示用户程序中每个块与其他块的从属关系，图 4-52 是例程"函数与函数块"的从属性结构。块在第一级显示，调用或使用它的块在它的下面向右后退若干个字符。与调用结构相比，背景数据块被单独列出。

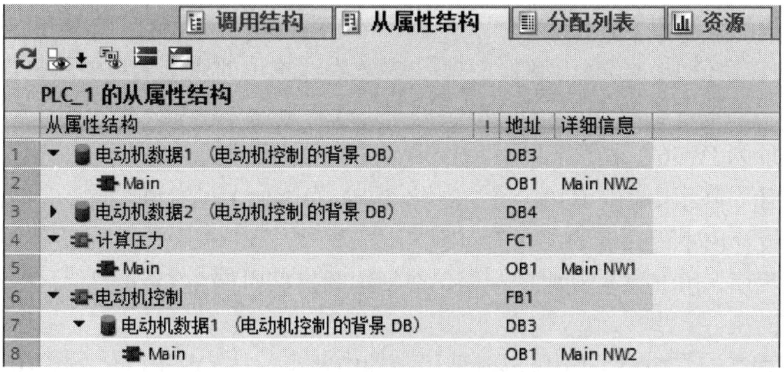

	从属性结构	!	地址	详细信息	
1	▼ 🟫 电动机数据1 （电动机控制 的背景 DB）		DB3		
2	🟦 Main		OB1	Main NW2	
3	▶ 🟫 电动机数据2 （电动机控制 的背景 DB）		DB4		
4	▼ 🟦 计算压力		FC1		
5	🟦 Main		OB1	Main NW1	
6	▼ 🟦 电动机控制		FB1		
7	▼ 🟫 电动机数据1 （电动机控制 的背景 DB）		DB3		
8	🟦 Main		OB1	Main NW2	

图 4-52　从属性结构

选中程序块文件夹或选中其中的某个块，执行菜单命令"工具"→"从属性结构"，将显示选中的 PLC 的从属性结构。也可以用图 4-48 中的选项卡打开从属性结构。在项目"函数与函数块"中，FC1 和 FB1 被主程序 Main 调用，FB1 的背景数据块为 DB3 和 DB4。

单击图 4-52 第 2 行的"详细信息"列，将会打开 Main 中的网络 2，光标在 FB1 的背景数据块 DB3 上。单击第 5 行的"详细信息"列，将会打开 Main 中的网络 1，光标在 FC1 上。

5. 资源

选中指令树中的"PLC_1"文件夹，执行"工具"菜单中的"资源"命令，将显示 CPU 的资源。

"资源"选项卡显示已组态的 CPU 的硬件资源，例如 CPU 的装载存储器、工作存储器和保持性存储器的最大存储空间和已使用的字节数；CPU 的编程对象（例如 OB、FC、FB、DB、运动工艺对象、数据类型和 PLC 变量）占用的存储器的详细情况；以及已组态和已使用的 DI、DO、AI、AO 的点数。

4.5 习题

1. 填空

1）背景数据块中的数据是函数块的_____中的参数和数据（不包括临时数据和常数）。

2）在梯形图中调用函数和函数块时，方框内是块的_____，方框外是对应的_____。方框的左边是块的_____参数和_____参数，右边是块的_____参数。

3）S7-1200 在起动时调用 OB_____。

2. 函数和函数块有什么区别？

3. 什么情况应使用函数块？

4. 组织块与 FB 和 FC 有什么区别？

5. 怎样实现多重背景？

6. 怎样在程序中输入硬件数据类型常量的值？

7. 设计循环程序，求 DB1 中 10 个浮点数数组元素的平均值。

8. 设计求圆周长的函数 FC1，其输入参数为直径 Diameter（整数），圆周率为 3.1416，用整数运算指令计算圆的周长，存放在双整数输出参数 Circle 中。TMP1 是 FC1 中的双整数临时局部变量。在 OB1 中调用 FC1，直径的输入值用 MW6 提供，存放圆周长的地址为 MD8。

9. AI 模块的输出值 0～27648 正比于温度值 0～1200℃。设计函数 FC2，其输入参数为 AI 模块输出的转换值 In_Value（整数），输出参数为计算出的以℃为单位的整数 Out_Value，TMP1 是 FC1 中的实数临时变量。在 OB1 中调用 FC2 来计算以℃为单位的温度测量值，模拟量输入点的地址为 IW96，运算结果用 MW30 保存。设计出梯形图程序。

10. 用循环中断组织块 OB30，每 2.8s 将 QW1 的值加 1。在 I0.2 的上升沿，将循环时间修改为 1.5s。设计出主程序和 OB30 的程序。

11. 编写程序，用 I0.2 启动时间中断，在指定的日期时间将 Q0.0 置位。在 I0.3 的上升沿取消时间中断。

12. 编写程序，在 I0.3 的下降沿时调用硬件中断组织块 OB40，将 MW10 加 1。在 I0.2 的上升沿时调用硬件中断组织块 OB41，将 MW10 减 1。

第5章 数字量控制系统梯形图程序设计方法

5.1 梯形图的经验设计法

开关量控制系统（例如继电器控制系统）又称为数字量控制系统。下面首先介绍数字量控制系统的经验设计法常用的一些基本电路。

1. 起保停电路与置位/复位电路

第2章和第3章已经介绍过起动-保持-停止电路（简称为起保停电路），由于该电路在梯形图中的应用很广，现在将它重画在图5-1中。左图中的起动信号 I0.0 和停止信号 I0.1（例如按钮提供的信号）持续为1状态的时间一般都很短。起保停电路最主要的特点是具有"记忆"功能，按下起动按钮，I0.0 的常开触点接通，Q0.0 的线圈"通电"，它的常开触点同时接通。放开起动按钮，I0.0 的常开触点断开，"能流"经 Q0.0 的常开触点和 I0.1 的常闭触点流过 Q0.0 的线圈，Q0.0 仍然为1状态，这就是所谓的"自锁"或"自保持"功能。按下停止按钮，I0.1 的常闭触点断开，使 Q0.0 的线圈"断电"，其常开触点断开。以后即使放开停止按钮，I0.1 的常闭触点恢复接通状态，Q0.0 的线圈仍然"断电"。

这种记忆功能也可以用图5-1中的S指令和R指令来实现。置位/复位电路是后面要重点介绍的顺序控制设计法的基本电路。

在实际电路中，起动信号和停止信号可能由多个触点组成的串、并联电路提供。

图 5-1 起保停电路与置位复位电路

2. 三相异步电动机的正反转控制电路

图5-2是三相异步电动机正反转控制的主电路和继电器控制电路图，KM1 和 KM2 分别是控制正转运行和反转运行的交流接触器。用 KM1 和 KM2 的主触点改变进入电动机的三相电源的相序，就可以改变电动机的旋转方向。图中的 FR 是热继电器，在电动机过载时，经过一定的时间之后，它的常闭触点断开，使 KM1 或 KM2 的线圈断电，电动机停转。

图5-2中的控制电路由两个起保停电路组成，为了节省触点，FR 和 SB1 的常闭触点供两个起保停电路公用。

按下正转起动按钮 SB2，KM1 的线圈通电并自保持，电动机正转运行。按下反转起动按钮 SB3，KM2 的线圈通电并自保持，电动机反转运行。按下停止按钮 SB1，KM1 或 KM2 的线圈断电，电动机停止运行。

为了方便操作和保证 KM1 和 KM2 不会同时动作，在图5-2中设置了"按钮联锁"，将正转起动按钮 SB2 的常闭触点与控制反转的 KM2 的线圈串联，将反转起动按钮 SB3 的常闭触点与控制正转的 KM1 的线圈串联。设 KM1 的线圈通电，电动机正转，这时如果想改为反转，可以不按停止按钮 SB1，直接按反转起动按钮 SB3，它的常闭触点断开，使 KM1 的线圈断电，同时 SB3 的常开触点接通，使 KM2 的线圈得电，电动机由正转变为反转。

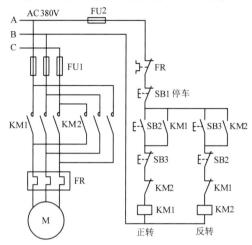

图 5-2　三相异步电动机正反转控制的主电路和继电器控制电路

由主电路可知，如果 KM1 和 KM2 的主触点同时闭合，将会造成三相电源相间短路的故障。在控制电路中，KM1 的线圈串联了 KM2 的辅助常闭触点，KM2 的线圈串联了 KM1 的辅助常闭触点，它们组成了硬件互锁电路。

假设 KM1 的线圈通电，其主触点闭合，电动机正转。因为 KM1 的辅助常闭触点与主触点是联动的，此时与 KM2 的线圈串联的 KM1 的常闭触点断开，因此按反转起动按钮 SB3 之后，要等到 KM1 的线圈断电，它在主电路的常开触点断开，辅助常闭触点闭合，KM2 的线圈才会通电，因此这种互锁电路可以有效地防止电源短路故障。

图 5-3 和图 5-4 是实现上述功能的 PLC 的外部接线图和梯形图。将继电器电路图转换为梯形图时，首先应确定 PLC 的输入信号和输出信号。3 个按钮提供操作人员发出的指令信号，按钮信号必须输入到 PLC 中去，热继电器的常开触点提供了 PLC 的另一个输入信号。两个交流接触器的线圈是 PLC 输出端的负载。

画出 PLC 的外部接线图后，同时也确定了外部输入/输出信号与 PLC 内的过程映像输入/输出位的地址之间的关系。可以将继电器电路图"翻译"为梯形图，即采用与图 5-2 中的继电器电路完全相同的结构来画梯形图。各触点的常开、常闭性质不变，根据 PLC 外部接线图给出的关系，来确定梯形图中各触点的地址。图 5-2 中 SB1 和 FR 的常闭触点串联电路对应于图 5-4 中 I0.2 的常闭触点。

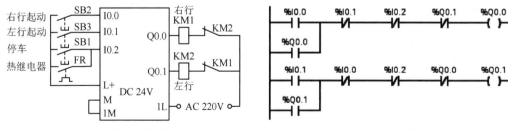

图 5-3　PLC 的外部接线图　　　　　　　　　　　　图 5-4　梯形图

图 5-4 中的梯形图将控制 Q0.0 和 Q0.1 的两个起保停电路分离开来，电路的逻辑关系比较清晰。虽然多用了一个 I0.2 的常闭触点，但是并不会增加硬件成本。

图 5-4 使用了 Q0.0 和 Q0.1 的常闭触点组成的软件互锁电路。如果没有图 5-3 输出回路的硬件互锁电路，从正转马上切换到反转时，由于切换过程中电感的延时作用，可能会出现原来接通的接触器的主触点还未断弧，另一个接触器的主触点已经合上的现象，从而造成交流电源瞬间短路的故障。

此外，如果没有图 5-3 的硬件互锁电路，并且因为主电路电流过大或接触器质量不好，某一接触器的主触点被断电时产生的电弧熔焊而被黏结，其线圈断电后主触点仍然是接通的。这时如果另一个接触器的线圈通电，也会造成三相电源短路事故。为了防止出现这种情况，应在 PLC 外部设置由 KM1 和 KM2 的辅助常闭触点组成的硬件互锁电路（见图 5-3）。这种互锁与图 5-2 的继电器电路的互锁原理相同，假设 KM1 的主触点被电弧熔焊，这时它与 KM2 线圈串联的辅助常闭触点处于断开状态，因此 KM2 的线圈不可能得电。

3. 小车自动往返控制程序的设计

可以用设计继电器电路图的方法来设计比较简单的数字量控制系统的梯形图，即在一些典型电路的基础上，根据被控对象对控制系统的具体要求，不断地修改和完善梯形图。有时需要多次反复地调试和修改梯形图，增加一些中间编程元件和触点，最后才能得到一个较为满意的结果。

这种方法没有普遍的规律可以遵循，具有很大的试探性和随意性，最后的结果不是唯一的，设计所用的时间、设计的质量与设计者的经验有很大的关系，所以有人把这种设计方法叫作经验设计法，它可以用于较简单的梯形图（例如手动程序）的设计。

异步电动机的主回路与图 5-2 中的相同。在图 5-3 的基础上，增加了接在 I0.3 和 I0.4 输入端子的左限位开关 SQ1 和右限位开关 SQ2 的常开触点（见图 5-5）。

按下右行起动按钮 SB2 或左行起动按钮 SB3 后，要求小车在两个限位开关之间不停地循环往返，按下停止按钮 SB1 后，电动机断电，小车停止运动。可以在三相异步电动机正反转继电器控制电路的基础上，设计出满足要求的梯形图（见图 5-6）。

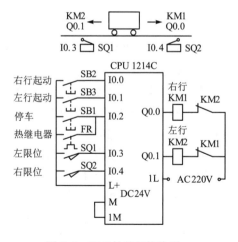

图 5-5　PLC 的外部接线图

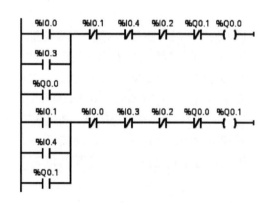

图 5-6　小车自动往返的梯形图

为了使小车的运动在极限位置自动停止，将右限位开关 I0.4 的常闭触点与控制右行的

Q0.0 的线圈串联,将左限位开关 I0.3 的常闭触点与控制左行的 Q0.1 的线圈串联。为了使小车自动改变运动方向,将左限位开关 I0.3 的常开触点与手动起动右行的 I0.0 的常开触点并联,将右限位开关 I0.4 的常开触点与手动起动左行的 I0.1 的常开触点并联。

假设按下左行起动按钮 I0.1,Q0.1 变为 1 状态,小车开始左行,碰到左限位开关时,I0.3 的常闭触点断开,使 Q0.1 的线圈"断电",小车停止左行。I0.3 的常开触点接通,使 Q0.0 的线圈"通电",开始右行。碰到右限位开关时,I0.4 的常闭触点断开,使 Q0.0 的线圈"断电",小车停止右行。I0.4 的常开触点接通,使 Q0.1 的线圈"通电",又开始左行。以后将这样不断地往返运动下去,直到按下停车按钮,I0.2 的常闭触点使 Q0.0 或 Q0.1 的线圈断电。

这种控制方式适用于小容量的异步电动机,往返不能太频繁,否则电动机将会过热。

4. 较复杂的小车自动运行控制程序的设计

打开配套资源中的项目"经验设计法小车控制",PLC 的外部接线图与图 5-5 相同。小车开始时停在左边,左限位开关 SQ1 的常开触点闭合。要求按下列顺序控制小车:

1)按下右行起动按钮,小车开始右行。

2)走到右限位开关处,小车停止运动,延时 8s 后开始左行。

3)回到左限位开关处,小车停止运动。

在异步电动机正反转控制电路的基础上设计的满足上述要求的梯形图如图 5-7 所示。

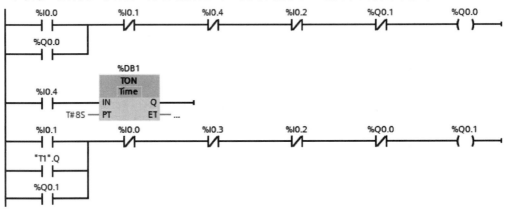

图 5-7 小车自动运行的梯形图

在控制右行的 Q0.0 的线圈回路中串联了 I0.4 的常闭触点,小车走到右限位开关 SQ2 处时,I0.4 的常闭触点断开,使 Q0.0 的线圈断电,小车停止右行。同时 I0.4 的常开触点闭合,定时器 TON 的 IN 输入为 1 状态,开始定时。8s 后定时时间到,定时器的 Q 输出信号"T1".Q 的常开触点闭合,使 Q0.1 的线圈通电并自保持,小车开始左行。离开限位开关 SQ2 后,I0.4 的常开触点断开,定时器因为其 IN 输入变为 0 状态而被复位。小车运行到左边的起始点时,左限位开关 SQ1 的常开触点闭合,I0.3 的常闭触点断开,使 Q0.1 的线圈断电,小车停止运动。

在梯形图中,保留了左行起动按钮 I0.1 和停止按钮 I0.2 的触点,使系统有手动操作的功能。串联在起保停电路中的限位开关 I0.3 和 I0.4 的常闭触点可以防止小车的运动超限。

5.2 顺序控制设计法与顺序功能图

用经验设计法设计梯形图时,没有一套固定的方法和步骤可以遵循,具有很大的试探性和随意性，对于不同的控制系统，没有一种通用的容易掌握的设计方法。在设计复杂系统的梯形图时，用大量的中间单元来完成记忆、联锁和互锁等功能，由于需要考虑的因素很多，它们往往又交织在一起，分析起来非常困难，并且很容易遗漏一些应该考虑的问题。修改某一局部电路时，很可能会"牵一发而动全身"，对系统的其他部分产生意想不到的影响，因此梯形图的修改也很麻烦，往往花了很长的时间还得不到一个满意的结果。用经验法设计出的复杂的梯形图很难阅读，给系统的维修和改进带来了很大的困难。

所谓顺序控制，就是按照生产工艺预先规定的顺序，在各个输入信号的作用下，根据内部状态和时间的顺序，在生产过程中各个执行机构自动地有秩序地进行操作。

使用顺序控制设计法时，首先根据系统的工艺过程，画出顺序功能图（Sequential function chart，SFC），然后根据顺序功能图画出梯形图。

顺序功能图是描述控制系统的控制过程、功能和特性的一种图形，也是设计 PLC 的顺序控制程序的有力工具。顺序功能图并不涉及所描述的控制功能的具体技术，它是一种通用的技术语言，可以供进一步设计和不同专业的人员之间进行技术交流时使用。

顺序控制设计法是一种先进的设计方法，很容易被初学者接受，对于有经验的工程师，也会提高设计的效率，程序的调试、修改和阅读也很方便。

顺序功能图是 PLC 的国际标准 IEC 61131-3 中位居首位的编程语言，有的 PLC 为用户提供了顺序功能图语言，例如 S7-300/400/1500 的 S7-Graph 语言，在编程软件中生成顺序功能图后便完成了编程工作。

现在还有相当多的 PLC（包括 S7-1200）没有配备顺序功能图语言，但是可以用顺序功能图来描述系统的功能，根据它来设计梯形图程序。

5.2.1 顺序功能图的基本元件

1. 步的基本概念

顺序控制设计法最基本的思想是将系统的一个工作周期划分为若干个顺序相连的阶段，这些阶段称为步（Step），并用编程元件（例如位存储器 M）来代表各步。步是根据输出量的状态变化来划分的，在任何一步之内，各输出量的 1、0 状态不变，但是相邻两步输出量总的状态是不同的，步的这种划分方法使代表各步的编程元件的状态与各输出量的状态之间有着极为简单的逻辑关系。

顺序控制设计法用转换条件控制代表各步的编程元件，让它们的状态按一定的顺序变化，然后用代表各步的编程元件去控制 PLC 的各输出位。

下面用一个简单的例子来介绍顺序功能图的画法。图 5-8 中的小车开始时停在最左边，限位开关 I0.2 为 1 状态。按下起动按钮 I0.0，Q0.0 变为 1 状态，小车右行。碰到右限位开关 I0.1 时，Q0.0 变为 0 状态，Q0.1 变为 1 状态，小车改为左行。返回起始位置时，Q0.1 变为 0 状态，小车停止运行，同时 Q0.2 变为 1 状态，使制动电磁铁线圈通电，接通延时定时器 T1 开始定时。定时时间到，制动电磁铁线圈断电，系统返回初始状态。

根据 Q0.0～Q0.2 的 0、1 状态的变化，显然可以将上述工作过程划分为 3 步，分别用 M4.1～M4.3 来代表这 3 步，另外还设置了一个等待起动的初始步。图 5-9 是描述该系统的顺序功能图，图中用矩形方框表示步。为了便于将顺序功能图转换为梯形图，用代表各步的编程元件的地址作为步的代号，并用编程元件的地址来标注转换条件和各步的动作或命令。

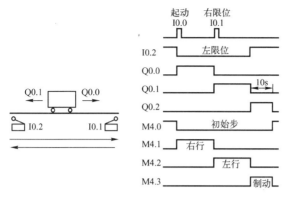

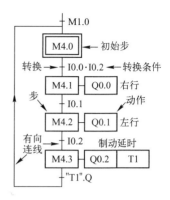

图 5-8　系统示意图与波形图

图 5-9　顺序功能图

2．初始步与活动步

与系统的初始状态相对应的步称为初始步，初始状态一般是系统等待起动命令的相对静止的状态。初始步用双线方框表示，每一个顺序功能图至少应该有一个初始步。

当系统正处于某一步所在的阶段时，该步处于活动状态，称该步为"活动步"。步处于活动状态时，执行该步的非存储型动作；处于不活动状态时，停止执行该步的非存储型动作。

3．与步对应的动作或命令

可以将一个控制系统划分为被控系统和施控系统，例如在数控车床系统中，数控装置是施控系统，而车床是被控系统。对于被控系统，在某一步中要完成某些"动作"（Action），对于施控系统，在某一步中则要向被控系统发出某些"命令"（Command）。为了叙述方便，下面将命令或动作统称为动作，并用矩形框中的文字或变量表示动作，该矩形框应与它所在的步对应的方框相连。

如果某一步有几个动作，可以用图 5-10 中的两种画法来表示，但是并不隐含这些动作之间的任何顺序。应清楚地表明动作是存储型的还是非存储型的。图 5-9 中的 Q0.0～Q0.2 均为非存储型动作，例如在步 M4.1 为活动步时，动作 Q0.0 为 1 状态，步 M4.1 为不活动步时，动作 Q0.0 为 0 状态。步与它的非存储性动作的波形完全相同。

图 5-10　动作的两种画法

某些动作在连续的若干步都应为 1 状态，可以在顺序功能图中，用动作的修饰词"S"（见表 5-1）将它在应为 1 状态的第一步置位，用动作的修饰词"R"将它在应为 1 状态的最后一步的下一步复位为 0 状态（见图 5-26）。这种动作是存储性动作，在程序中用置位、复位指令来实现。在图 5-9 中，定时器线圈 T1 在步 M4.3 为活动步时通电，步 M4.3 为不活动步时断电，从这个意义上来说，定时器 T1 相当于步 M4.3 的一个非存储型动作，所以将 T1 放在步 M4.3 的动作框内。

使用动作的修饰词（见表 5-1），可以在一步中完成不同的动作。修饰词允许在不增加逻辑的情况下控制动作。例如，可以使用修饰词 L 来限制配料阀打开的时间。

表 5-1　动作的修饰词

修饰词	类　型	对应的动作
N	非存储型	当步变为不活动步时动作终止
S	置位（存储）	当步变为不活动步时动作继续，直到动作被复位
R	复位	被修饰词 S、SD、SL 或 DS 起动的动作被终止
L	时间限制	步变为活动步时动作被起动，直到步变为不活动步或设定时间到
D	时间延迟	步变为活动步时延迟定时器被起动，如果延迟之后步仍然是活动的，动作被起动和继续，直到步变为不活动步
P	脉冲	当步变为活动步，动作被起动并且只执行一次
SD	存储与时间延迟	在时间延迟之后动作被起动，一直到动作被复位
DS	延迟与存储	在延迟之后如果步仍然是活动的，动作被起动直到被复位
SL	存储与时间限制	步变为活动步时动作被起动，一直到设定的时间到或动作被复位

4．有向连线

在顺序功能图中，随着时间的推移和转换条件的实现，将会发生步的活动状态的进展，这种进展按有向连线规定的路线和方向进行。在画顺序功能图时，将代表各步的方框按它们成为活动步的先后次序顺序排列，并用有向连线将它们连接起来。步的活动状态习惯的进展方向是从上到下或从左至右，在这两个方向有向连线上的箭头可以省略。如果不是上述的方向，则应在有向连线上用箭头注明进展方向。为了更易于理解，在可以省略箭头的有向连线上也可以加箭头。

如果在画图时有向连线必须中断（例如在复杂的图中，或者用几个图来表示一个顺序功能图时），应在有向连线中断之处标明下一步的标号。

5．转换与转换条件

转换用有向连线上与有向连线垂直的短划线来表示，转换将相邻两步分隔开。步的活动状态的进展是由转换的实现来完成的，并与控制过程的发展相对应。

使系统由当前步进入下一步的信号称为转换条件，转换条件可以是外部的输入信号，例如按钮、指令开关、限位开关的接通或断开等；也可以是 PLC 内部产生的信号，例如定时器、计数器输出位的常开触点的接通等，转换条件还可以是若干个信号的与、或、非逻辑组合。

转换条件可以用文字语言、布尔代数表达式或图形符号标注在表示转换的短线的旁边，使用得最多的是布尔代数表达式（见图 5-11）。

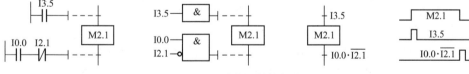

图 5-11　转换与转换条件

转换条件 I0.0 和 $\overline{I0.0}$ 分别表示当输入信号 I0.0 为 1 状态和 0 状态时转换实现。转换条件"↑I0.0"和"↓I0.0"分别表示当 I0.0 从 0 状态到 1 状态（上升沿）和从 1 状态到 0 状态（下降沿）时转换实现。实际上即使不加符号"↑"，转换一般也是在信号的上升沿实现的，因此一般不加"↑"。

图 5-11 中的波形图用高电平表示步 M2.1 为活动步，反之则用低电平表示。转换条件

$I0.0 \cdot \overline{I2.1}$ 表示 $I0.0$ 的常开触点与 $I2.1$ 的常闭触点同时闭合，在梯形图中则用两个触点的串联来表示这样一个"与"逻辑关系。

图 5-9 中步 M4.3 下面的转换条件"T1".Q 是定时器 T1 的 Q 输出信号，T1 的定时时间到时，该转换条件满足。

在顺序功能图中，只有当某一步的前级步是活动步，该步才有可能变成活动步。如果用没有断电保持功能的编程元件来代表各步，进入 RUN 工作模式时，它们均处于 0 状态。

在对 CPU 组态时设置默认的 MB1 为系统存储器字节（见图 1-17），用开机时接通一个扫描周期的 M1.0（FirstScan）的常开触点作为转换条件，将初始步预置为活动步（见图 5-9），否则因为顺序功能图中没有活动步，系统将无法工作。如果系统有自动、手动两种工作方式，顺序功能图是用来描述自动工作过程的，这时还应在系统由手动工作方式进入自动工作方式时，用一个适当的信号将初始步置为活动步。

5.2.2 顺序功能图的基本结构

1. 单序列

单序列由一系列相继激活的步组成，每一步的后面仅有一个转换，每一个转换的后面只有一个步（见图 5-12a），单序列的特点是没有下述的分支与合并。

2. 选择序列

选择序列的开始称为分支（见图 5-12b），转换符号只能标在水平连线之下。如果步 4 是活动步，并且转换条件 h 为 1 状态，则发生由步4→步5的进展。如果步4是活动步，并且 k 为 1 状态，则发生由步4→步7的进展。如果将选择条件 k 改为 $k \cdot \overline{h}$，则当 k 和 h 同时为 1 状态时，将优先选择 h 对应的序列，只允许同时选择一个序列。

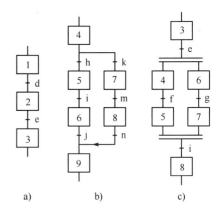

图 5-12 单序列、选择序列与并行序列

选择序列的结束称为合并（见图 5-12b），几个选择序列合并到一个公共序列时，用需要重新组合的序列数量相同的转换符号和水平连线来表示，转换符号只允许标在水平连线之上。

如果步 6 是活动步，并且转换条件 j 为 1 状态，则发生由步6→步9的进展。如果步 8 是活动步，并且 n 为 1 状态，则发生由步8→步9的进展。

3. 并行序列

并行序列用来表示系统的几个独立部分同时工作的情况。并行序列的开始称为分支（见图 5-12c），当转换的实现导致几个序列同时激活时，这些序列称为并行序列。当步 3 是活动步，并且转换条件 e 为 1 状态，步 4 和步 6 同时变为活动步，同时步 3 变为不活动步。为了强调转换的同步实现，水平连线用双线表示。步 4 和步 6 被同时激活后，每个序列中活动步的进展将是独立的。在表示同步的水平双线之上，只允许有一个转换符号。

并行序列的结束称为合并（见图 5-12c），在表示同步的水平双线之下，只允许有一个转换符号。当直接连在双线上的所有前级步（步 5 和步 7）都处于活动状态，并且转换条件 i 为

1 状态时，才会发生步 5 和步 7 到步 8 的进展，即步 5 和步 7 同时变为不活动步，而步 8 变为活动步。

4. 复杂的顺序功能图举例

某专用钻床用来加工圆盘状零件上均匀分布的 6 个孔（见图 5-13 中的左图），上半部分是侧视图，下半部分是工件的俯视图。在进入自动运行之前，两个钻头应在最上面，上限位开关 I0.3 和 I0.5 为 1 状态，系统处于初始步，加计数器 C1 被复位，当前计数值 CV 被清零。

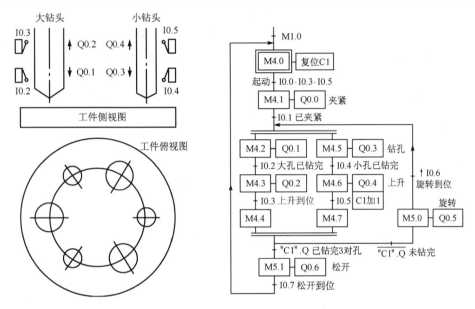

图 5-13 专用钻床控制系统的示意图与顺序功能图

用位存储器 M 来代表各步，因为要求两个钻头向下钻孔和钻头提升的过程同时进行，故采用并行序列来描述上述的过程。顺序功能图中还包含了选择序列。

操作人员放好工件后，按下起动按钮 I0.0，转换条件 I0.0·I0.3·I0.5 满足，由初始步 M4.0 转换到步 M4.1，Q0.0 变为 1 状态，工件被夹紧。夹紧后压力继电器 I0.1 为 1 状态，由步 M4.1 转换到步 M4.2 和 M4.5，Q0.1 和 Q0.3 使两只钻头同时开始向下钻孔。大钻头钻到由限位开关 I0.2 设定的深度时，进入步 M4.3，Q0.2 使大钻头上升，升到由限位开关 I0.3 设定的起始位置时停止上升，进入等待步 M4.4。小钻头钻到由限位开关 I0.4 设定的深度时，进入步 M4.6，Q0.4 使小钻头上升，设定值为 3 的加计数器 C1 的当前计数器值加 1。升到由限位开关 I0.5 设定的起始位置时停止上升，进入等待步 M4.7。

C1 加 1 后的当前计数器值为 1，小于预设值 3。C1 的 Q 输出"C1".Q 的常闭触点闭合，转换条件 "C1".Q 满足。两个钻头都上升到位后，将转换到步 M5.0。Q0.5 使工件旋转 120°，旋转后"旋转到位"限位开关 I0.6 变为 0 状态。旋转到位时 I0.6 为 1 状态，返回步 M4.2 和 M4.5，开始钻第二对孔。转换条件 "↑I0.6" 中的 "↑" 表示转换条件仅在 I0.6 的上升沿时有效。如果将转换条件改为 I0.6，因为在转换到步 M5.0 之前 I0.6 就为 1 状态，进入步 M5.0 之后将会马上离开步 M5.0，不能使工件旋转。转换条件改为 "↑I0.6" 后，解决了这个问题。3 对孔都钻完后，当前计数器值为 3，转换条件"C1".Q 变为 1 状态，转换到步 M5.1，Q0.6

使工件松开。松开到位时，限位开关 I0.7 为 1 状态，系统返回初始步 M4.0。

由 M4.2～M4.4 和 M4.5～M4.7 组成的两个单序列分别用来描述大钻头和小钻头的工作过程。在步 M4.1 之后，有一个并行序列的分支。当 M4.1 为活动步，并且转换条件 I0.1 得到满足（I0.1 为 1 状态），并行序列的两个单序列中的第 1 步（步 M4.2 和步 M4.5）同时变为活动步。此后两个单序列内部各步的活动状态的转换是相互独立的，例如大孔或小孔钻完时的转换一般不是同步的。

两个单序列的最后 1 步（步 M4.4 和 M4.7）应同时变为不活动步。但是两个钻头一般不会同时上升到位，不可能同时结束运动，所以设置了等待步 M4.4 和 M4.7，它们用来同时结束两个并行序列。当两个钻头均上升到位，限位开关 I0.3 和 I0.5 分别为 1 状态，大、小钻头两个子系统分别进入两个等待步，并行序列将会立即结束。

在步 M4.4 和 M4.7 之后，有一个选择序列的分支。没有钻完 3 对孔时，"C1".Q 的常闭触点闭合，转换条件 $\overline{\text{"C1".Q}}$ 满足，如果两个钻头都上升到位，将从步 M4.4 和 M4.7 转换到步 M5.0。如果已经钻完了 3 对孔，"C1".Q 的常开触点闭合，转换条件"C1".Q 满足，将从步 M4.4 和 M4.7 转换到步 M5.1。

在步 M4.1 之后，有一个选择序列的合并。当步 M4.1 为活动步，并且转换条件 I0.1 得到满足（I0.1 为 1 状态），将转换到步 M4.2 和 M4.5。当步 M5.0 为活动步，并且转换条件↑I0.6 得到满足，也会转换到步 M4.2 和 M4.5。

5.2.3 顺序功能图中转换实现的基本规则

1. 转换实现的条件

在顺序功能图中，步的活动状态的进展是由转换的实现来完成的。转换实现必须同时满足两个条件：

1）该转换所有的前级步都是活动步。

2）相应的转换条件得到满足。

这两个条件是缺一不可的，如果取消了第一个条件，假设因为误操作按了起动按钮，在任何情况下都将使以起动按钮作为转换条件的后续步变为活动步，造成设备的误动作，甚至会出现重大的事故。

2. 转换实现应完成的操作

转换实现时应完成以下两个操作：

1）使所有由有向连线与相应转换符号相连的后续步都变为活动步。

2）使所有由有向连线与相应转换符号相连的前级步都变为不活动步。

以上规则可以用于任意结构中的转换，其区别如下：在单序列和选择序列中，一个转换仅有一个前级步和一个后续步。在并行序列的分支处，转换有几个后续步（见图 5-12c），在转换实现时应同时将它们对应的编程元件置位。在并行序列的合并处，转换有几个前级步，它们均为活动步时才有可能实现转换，在转换实现时应将它们对应的编程元件全部复位。

转换实现的基本规则是根据顺序功能图设计梯形图的基础，它适用于顺序功能图中的各种基本结构，和下一节将要介绍的顺序控制梯形图的编程方法。

3. 绘制顺序功能图的注意事项

下面是针对绘制顺序功能图时常见的错误提出的注意事项：

1）两个步绝对不能直接相连，必须用一个转换将它们分隔开。

2）两个转换也不能直接相连，必须用一个步将它们分隔开。这两条可以作为检查顺序功能图是否正确的判据。

3）顺序功能图中的初始步一般对应于系统等待起动的初始状态，这一步可能没有什么输出为1状态，因此有的初学者在画顺序功能图时很容易遗漏这一步。初始步是必不可少的，一方面因为该步与它的相邻步相比，从总体上来说输出变量的状态各不相同；另一方面如果没有该步，无法表示初始状态，系统也无法返回等待起动的停止状态。

4）自动控制系统应能多次重复执行同一工艺过程，因此在顺序功能图中一般应有由步和有向连线组成的闭环，即在完成一次工艺过程的全部操作之后，应从最后一步返回初始步，系统停留在初始状态（单周期操作，见图5-9），在连续循环工作方式时，应从最后一步返回下一工作周期开始运行的第一步（见图5-13）。

4. 顺序控制设计法的本质

经验设计法实际上是试图用输入信号 I 直接控制输出信号 Q（见图5-14a），如果无法直接控制，或者为了实现记忆和互锁等功能，只好被动地增加一些辅助元件和辅助触点。由于不同的系统的输出量 Q 与输入量 I 之间的关系各不相同，以及它们对联锁、互锁的要求千变万化，不可能找出一种简单通用的设计方法。

顺序控制设计法则是用输入量 I 控制代表各步的编程元件（例如位存储器 M），再用它们控制输出量 Q（见图5-14b）。步是根据输出量 Q 的状态划分的，M 与 Q 之间具有很简单的"或"或者相等的逻辑关系，输出电路的设计极为简单。任何复杂系统的代表步的位存储器 M 的控制电路，其设计方法都是通用的，并且很容易掌握，所以顺序控制设计法

图5-14 信号关系图

具有简单、规范、通用的优点。由于代表步的 M 是依次变为1、0状态的，实际上已经基本上解决了经验设计法中的记忆和联锁等问题。

5.3 使用置位/复位指令的顺序控制梯形图设计方法

5.3.1 单序列的编程方法

1. 设计顺序控制梯形图的基本问题

本节介绍根据顺序功能图设计梯形图的方法，这种编程方法很容易掌握，用它们可以迅速地、得心应手地设计出复杂的数字量控制系统的梯形图。

控制程序一般采用图5-15所示的典型结构。系统有自动和手动两种工作方式，每次扫描都会执行公用程序，自动方式和手动方式都需要执行的操作放在公用程序中，公用程序还用于自动程序和手动程序相互切换的处理。Bool 变量"自动开关"为1状态时调用自动程序，为0状态时调用手动程序。

开始执行自动程序时，要求系统处于与自动程序的顺序功能图的初始步对应的初始状态。如果开机时系统没有处于初始状态，则应进入手动工作方式，用手动操作使系统进入

初始状态后，再切换到自动工作方式，也可以设置使系统自动进入要求的初始状态的工作方式。在本节中，假设刚开始执行用户程序时，系统的机械部分已经处于要求的初始状态。在 OB1 中用仅在首次扫描循环时为 1 状态的 M1.0（FirsScan）将各步对应的编程元件（例如图中的 MW4）均复位为 0 状态，然后将初始步对应的编程元件（例如图 5-16 中的 M4.0）置位为 1 状态，为转换的实现做好准备。如果 MW4 没有断电保持功能，起动时它被自动清零，可以删除图 5-16 中的 MOVE 指令。也可以用复位位域指令来复位非初始步（见图 5-24）。

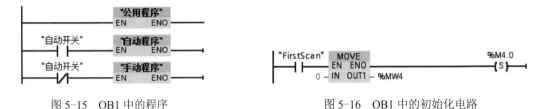

图 5-15　OB1 中的程序　　　　　　　　　　图 5-16　OB1 中的初始化电路

2．编程的基本方法

图 5-17 中转换的上面是并行序列的合并，转换的下面是并行序列的分支。如果转换的前级步或后续步不止一个，转换的实现称为同步实现。为了强调同步实现，有向连线的水平部分用双线表示。

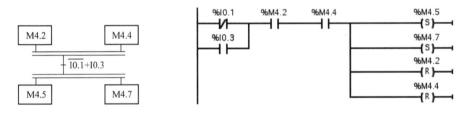

图 5-17　转换的同步实现

在梯形图中，用编程元件（例如 M）代表步，当某一步为活动步时，该步对应的编程元件为 1 状态。当该步之后的转换条件满足时，转换条件对应的触点或电路接通。因此可以将该触点或电路与代表所有前级步的编程元件的常开触点串联，作为与转换实现的两个条件同时满足对应的电路。

以图 5-17 为例，转换条件的布尔代数表达式为 $\overline{I0.1}+I0.3$，它的两个前级步对应于 M4.2 和 M4.4，应将 M4.2、M4.4 的常开触点组成的串联电路与 I0.3 和 I0.1 的触点组成的并联电路串联，作为转换实现的两个条件同时满足对应的电路。在梯形图中，该电路接通时，应使所有的后续步变为活动步，使所有的前级步变为不活动步。

因此将 M4.2、M4.4、I0.3 的常开触点与 I0.1 的常闭触点组成的串并联电路，作为使代表后续步的 M4.5 和 M4.7 置位和使代表前级步的 M4.2 和 M4.4 复位的条件。

在任何情况下，代表步的位存储器的控制电路都可以用这一原则来设计，每一个转换对应一个这样的控制置位和复位的电路块，有多少个转换就有多少个这样的电路块。这种设计方法特别有规律，梯形图与转换实现的基本规则之间有着严格的对应关系，在设计复杂的顺序功能图的梯形图时既容易掌握，又不容易出错。

3．编程方法应用举例

生成一个名为"小车顺序控制"的项目（见配套资源中的同名例程），CPU 的型号为 CPU 1214C。

将图 5-9 的小车控制系统的顺序功能图重新画在图 5-18 中。图 5-19 是根据顺序功能图编写的 OB1 中的梯形图程序。第一行的功能与图 5-16 中的初始化程序相同。

实现图 5-18 中 I0.1 对应的转换需要同时满足两个条件，即该转换的前级步是活动步（M4.1 为 1 状态）和转换条件满足（I0.1 为 1 状态）。在梯形图中，用 M4.1 和 I0.1 的常开触点组成的串联电路来表示上述条件。该电路接通时，两个条件同时满足。此时应将该转换的后续步变为活动步，即用置位指令（S 指令）将 M4.2 置位。还应将该转换的前级步变为不活动步，即用复位指令（R 指令）将 M4.1 复位。

用上述的方法编写控制代表步的 M4.0～M4.3 的电路，每一个转换对应一个这样的电路（见图 5-19）。初始步下面的转换条件为 I0.0·I0.2，对应于 I0.0 和 I0.2 的常开触点组成的串联电路。该转换的前级步为 M4.0，所以用这 3 个 Bool 变量的常开触点的串联电路，作为使代表后续步的 M4.1 置位和使代表前级步的 M4.0 复位的条件。

视频"顺序控制程序的编程与调试（A）"可通过扫描二维码 5-1 播放。

二维码 5-1

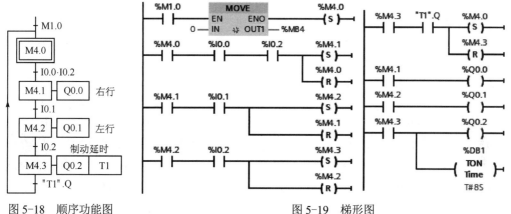

图 5-18　顺序功能图　　　　　　　　　　　图 5-19　梯形图

4．输出电路的处理

在顺序功能图中，Q0.0～Q0.2 都只是在某一步中为 1 状态，在输出电路中，用它们所在步的位存储器的常开触点分别控制它们的线圈。例如用 M4.1 的常开触点控制 Q0.0 的线圈。如果某个输出位在几步中都为 1 状态，应使用这些步对应的位存储器的常开触点的并联电路，来控制该输出位的线圈。

在制动延时步，M4.3 为 1 状态，它的常开触点接通，使 TON 定时器线圈开始定时。定时时间到时，定时器 T1 的 Q 输出"T1".Q 变为 1 状态，转换条件满足，将从步 M4.3 转换到初始步 M4.0。

使用这种编程方法时，不能将输出位的线圈与置位指令和复位指令并联，这是因为图 5-19 中控制置位、复位的串联电路接通的时间是相当短的，只有一个扫描周期。转换条件 I0.1 满足后，前级步 M4.1 被复位，下一个扫描循环周期 M4.1 和 I0.1 的常开触点组成的串联电路断开。而输出位 Q 的线圈至少应该在某一步对应的全部时间内被接通。所以应根据顺序功能图，用代表步的位存储器的常开触点或它们的并联电路来驱动输出位的线圈。

5. 程序的调试

顺序功能图是用来描述控制系统的外部性能的，因此应根据顺序功能图而不是梯形图来调试顺序控制程序。

可以通过仿真来调试程序。选中项目树中的 PLC_1，单击工具栏上的"启动仿真"按钮 。程序被下载到仿真 PLC，将后者切换到 RUN 模式。单击 PLCSIM 精简视图右上角的 按钮，切换到项目视图。生成一个新的项目，双击打开项目树中的"SIM 表格_1"，在表格中生成图 5-20 中的条目。

名称	地址	显示...	监视/修改值	位
▶ ---- 📄	%IB0	十... ▼	16#04	☐☐☐☐☐☑☐☐
▶ ----	%QB0	十六...	16#04	☐☐☐☐☐☑☐☐
▶ ----	%MB4	十六...	16#08	☐☐☐☐☑☐☐☐
"T1".ET	时间		T#1S_39MS	

图 5-20　仿真软件的 SIM 表格_1

进入 RUN 模式后，初始步 M4.0 为活动步（小方框中有勾）。勾选 I0.2 对应的小方框，模拟左限位开关动作。两次单击 I0.0 对应的小方框，模拟按下起动按钮接通后马上松开。M4.0 对应的小方框中的勾消失，控制右行的 Q0.0 和步 M4.1 对应的小方框出现勾，转换到了步 M4.1。小车离开左限位开关后，应及时将 I0.2 复位为 0 状态，否则在后面的调试中将会出错。

两次单击 I0.1 对应的小方框，模拟右限位开关接通后又断开。Q0.0 变为 0 状态，Q0.1 变为 1 状态，转换到了步 M4.2，小车左行。

最后勾选 I0.2 对应的小方框，模拟左限位开关动作。Q0.1 变为 0 状态，停止左行。Q0.2 变为 1 状态，开始制动，T1 的当前时间值"T1".ET 不断增大。到达 8s 时，从步 M4.3 返回初始步，M4.3 变为 0 状态，M4.0 变为 1 状态。Q0.2 变为 0 状态，停止制动。

也可以用硬件 PLC 和数字量输入端外接的小开关来调试程序，用监控表监视图 5-20 中的 IB0、QB0、MB4 和"T1".ET。

视频"顺序控制程序的编程与调试（B）"可通过扫描二维码 5-2 播放。

二维码 5-2

5.3.2　选择序列与并行序列的编程方法

生成一个名为"复杂的顺序功能图的顺控程序"的项目（见配套资源中的同名例程），CPU 的型号为 CPU 1214C。

1. 选择序列的编程方法

如果某一转换与并行序列的分支、合并无关，则它的前级步和后续步都只有一个，需要复位、置位的位存储器也只有一个，因此选择序列的分支与合并的编程方法实际上与单序列的编程方法完全相同。

图 5-21 所示的顺序功能图中，除了 I0.3 与 I0.6 对应的转换以外，其余的转换均与并行序列的分支、合并无关，I0.0～I0.2 对应的转换与选择序列的分支、合并有关，它们

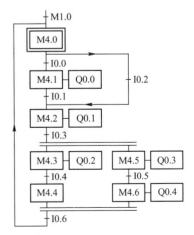

图 5-21　选择序列与并行序列

都只有一个前级步和一个后续步。与并行序列的分支、合并无关的转换对应的梯形图是非常标准的，每一个控制置位、复位的电路块都由前级步对应的一个位存储器的常开触点和转换条件对应的触点组成的串联电路、一条置位指令和一条复位指令组成。

2. 并行序列的编程方法

图 5-21 中步 M4.2 之后有一个并行序列的分支，当 M4.2 是活动步，并且转换条件 I0.3 满足时，步 M4.3 与步 M4.5 应同时变为活动步，这是用 M4.2 和 I0.3 的常开触点组成的串联电路使 M4.3 和 M4.5 同时置位来实现的（见图 5-22）。与此同时，步 M4.2 应变为不活动步，这是用复位指令来实现的。

I0.6 对应的转换之前有一个并行序列的合并，该转换实现的条件是所有的前级步（即步 M4.4 和 M4.6）都是活动步，同时转换条件 I0.6 满足。由此可知，应将 M4.4、M4.6 和 I0.6 的常开触点串联，作为控制后续步对应的 M4.0 置位和前级步对应的 M4.4、M4.6 复位的电路。

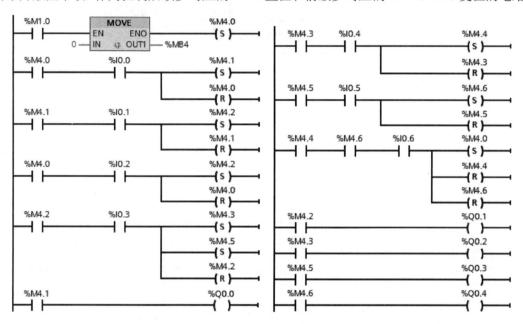

图 5-22 选择序列与并行序列的梯形图

3. 复杂的顺序功能图的调试方法

调试复杂的顺序功能图对应的程序时，应充分考虑各种可能的情况，对系统的各种工作方式、顺序功能图中的每一条支路、各种可能的进展路线，都应逐一检查，不能遗漏。特别要注意并行序列中各子序列的第一步（图 5-21 中的步 M4.3 和步 M4.5）是否同时变为活动步，最后一步（步 M4.4 和步 M4.6）是否同时变为不活动步。发现问题后应及时修改程序，直到每一条进展路线上步的活动状态的顺序变化和输出点的变化都符合顺序功能图的规定。

选中项目树中的 PLC_1，单击工具栏上的"启动仿真"按钮■，程序被下载到仿真 PLC，将后者切换到 RUN 模式。在 PLCSIM 的项目视图中生成一个新的项目，在 SIM 表格_1 中生成图 5-23 中的条目。

图 5-23 仿真软件的 SIM 表格_1

第一次调试时从初始步转换到步 M4.1，经过并行序列，最后返回初始步。第二次调试时从初始步开始，跳过步 M4.1，进入步 M4.2。经过并行序列，最后返回初始步。

视频"复杂的顺序功能图的顺控程序调试"可通过扫描二维码 5-3 播放。

二维码 5-3

5.3.3 应用举例

1. 液体混合控制系统

液体混合装置的示意图见图 5-24，上限位、下限位和中限位液位传感器被液体淹没时为 1 状态，阀 A、阀 B 和阀 C 为电磁阀，线圈通电时阀门打开，线圈断电时关闭。在初始状态时容器是空的，各阀门均关闭，各液位传感器均为 0 状态。按下起动按钮，打开阀 A，液体 A 流入容器。中限位开关变为 1 状态时，关闭阀 A，打开阀 B，液体 B 流入容器。液面升到上限位开关时，关闭阀 B，电动机 M 开始运行，搅拌液体。50s 后停止搅拌，打开阀 C，放出混合液。当液面降至下限位开关之后再过 6s，容器放空，关闭阀 C，打开阀 A，又开始下一周期的操作。按下停机按钮，当前工作周期的操作结束后，才停止操作，返回并停留在初始状态。项目名称为"液体混合顺序控制"。

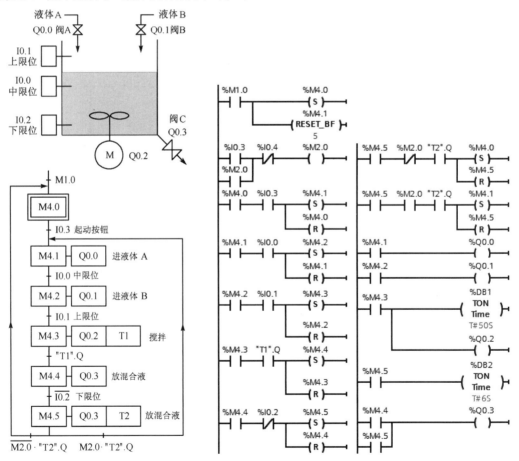

图 5-24 液体混合控制系统的顺序功能图和梯形图

图 5-24 中的"连续标志"M2.0 用起动按钮 I0.3 和停止按钮 I0.4 来控制。它用来实现在

按下停止按钮后不会马上停止工作，而是在当前工作周期的操作结束后，才停止运行。

步 M4.5 之后有一个选择序列的分支，放完混合液后，"T2".Q 的常开触点闭合。未按停止按钮 I0.4 时，M2.0 为 1 状态，此时转换条件 M2.0·"T2".Q 满足。所以用 M4.5 的常开触点和转换条件 M2.0·"T2".Q 对应的电路串联，作为对后续步 M4.1 置位和对前级步 M4.5 复位的条件。

按了停止按钮 I0.4 之后，M2.0 变为 0 状态。要等系统完成最后一步 M4.5 的工作后，转换条件 $\overline{M2.0}$·"T2".Q 满足，才能返回初始步，系统停止运行。所以用 M4.5 的常开触点和转换条件 $\overline{M2.0}$·"T2".Q 对应的电路串联，作为对后续步 M4.0 置位和对前级步 M4.5 复位的条件。

步 M4.1 之前有一个选择序列的合并，步 M4.0 为活动步时转换条件 I0.3 满足，或步 M4.5 为活动步时转换条件 M2.0·"T2".Q 满足，都将转换到步 M4.1。只要正确地编写出每个转换条件对应的置位、复位电路，就会"自然地"实现选择序列的合并。

控制放料阀的 Q0.3 在步 M4.4 和步 M4.5 都应为 1 状态，所以用 M4.4 和 M4.5 的常开触点的并联电路来控制 Q0.3 的线圈。

选中项目树中的 PLC_1，单击工具栏上的"启动仿真"按钮，程序被下载到仿真 CPU，后者进入 RUN 模式。生成一个新的项目，在仿真表 SIM 表格_1 中生成 IB0、QB0、MB4 和 M2.0 的 SIM 表条目。

刚进入 RUN 模式时仅 M4.0 为 1 状态，两次单击 I0.3 对应的小方框，模拟按下和放开起动按钮，转换到步 M4.1，同时 M2.0 变为 1 状态并保持。液体流入容器后，令下限位开关 I0.2 为 1 状态。然后令中限位开关 I0.0 为 1 状态，转换到步 M4.2。令上限位开关 I0.1 为 1 状态，转换到步 M4.3，开始搅拌。T1 的延时时间到时，转换到步 M4.4，开始放混合液。先后令上限位开关 I0.1、中限位开关 I0.0 和下限位开关 I0.2 为 0 状态，转换到步 M4.5。T2 的延时时间到时，返回到步 M4.1。重复上述的对液位开关的模拟操作，在此过程中两次单击 I0.4 对应的小方框，模拟按下和放开停止按钮，M2.0 变为 0 状态。在最后一步 M4.5 中，T2 的延时时间到时，返回到初始步 M4.0。

2. 运输带顺序控制系统

3 条运输带顺序相连（见图 5-25），为了避免运送的物料在 1 号和 2 号运输带上堆积，按下起动按钮 I0.2，1 号运输带开始运行，5s 后 2 号运输带自动起动，再过 5s 后 3 号运输带自动起动。停机的顺序与起动的顺序刚好相反，即按了停止按钮 I0.3 后，先停 3 号运输带，5s 后停 2 号运输带，再过 5s 停 1 号运输带。分别用 Q0.2～Q0.4 控制 1～3 号运输带。

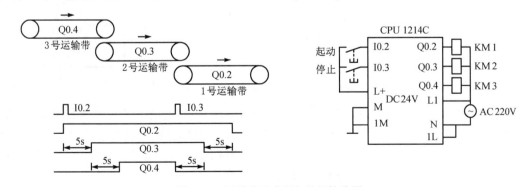

图 5-25　运输带示意图与外部接线图

根据图 5-25 中的波形图，显然可以将系统的一个工作周期划分为 6 步（6 个阶段），即等待起动的初始步、4 个延时步和 3 条运输带同时运行的步。用 M4.0～M4.5 来代表各步（见图 5-26）。从波形图可知，Q0.2 在步 M4.1～M4.5 均为 1 状态，Q0.3 在步 M4.2～M4.4 均为 1 状态。可以在步 M4.1～M4.5 的动作框中都填入 Q0.2，在步 M4.2～M4.4 的动作框中都填入 Q0.3。

为了简化程序，在 Q0.2 应为 1 状态的第一步（步 M4.1）将它置位，用顺序功能图动作框中的"S Q0.2"来表示这一操作；在 Q0.2 应为 1 状态的最后一步的下一步（步 M4.0）将Q0.2 复位为 0 状态，用动作框中的"R Q0.2"来表示这一操作。同样地，在 Q0.3 应为 1 状态的第一步（步 M4.2）将它置位；在 Q0.3 应为 1 状态的最后一步的下一步（步 M4.5）将它复位。

在顺序起动 3 条运输带的过程中，操作人员如果发现异常情况，可以由起动改为停车。按下停止按钮 I0.3 后，将已经起动的运输带停车，仍采用后起动的运输带先停车的原则。图 5-26 左边是满足上述要求的顺序功能图。

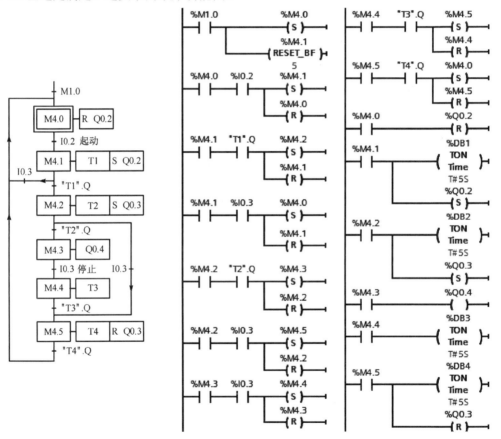

图 5-26 运输带控制的顺序功能图与梯形图

图中步 M4.1 之后有一个选择序列的分支。在步 M4.1，只起动了 1 号运输带。按下停止按钮 I0.3，系统应返回初始步。为了实现这一要求，在步 M4.1 的后面增加一条返回初始步的有向连线，并用停止按钮 I0.3 作为转换条件。如果步 M4.1 为活动步，T1 的定时时间到，"T1".Q 的常开触点闭合，将从步 M4.1 转换到步 M4.2。

在步 M4.2，已经起动了两条运输带。按下停止按钮，首先使后起动的 2 号运输带停车，延时 5s 后再使 1 号运输带停车。为了实现这一要求，在步 M4.2 的后面，增加一条转换到步 M4.5 的有向连线，并用停止按钮 I0.3 作为转换条件。

步 M4.2 之后有一个选择序列的分支，当它是活动步（M4.2 为 1 状态），并且转换条件 I0.3 得到满足，后续步 M4.5 将变为活动步，M4.2 变为不活动步。如果步 M4.2 为活动步，并且转换条件"T2".Q 得到满足，后续步 M4.3 将变为活动步，步 M4.2 变为不活动步。

步 M4.5 之前有一个选择序列的合并，当步 M4.2 为活动步，并且转换条件 I0.3 满足，或者当步 M4.4 为活动步，并且转换条件"T3".Q 满足，步 M4.5 都应变为活动步。

此外在步 M4.1 之后有一个选择序列的分支，在步 M4.0 之前有一个选择序列的合并。

3．运输带顺序控制程序的调试

打开配套资源中的项目"运输带顺序控制"，根据顺序功能图设计出的梯形图程序如图 5-26 所示。打开 S7-PLCSIM，程序被下载到仿真 PLC，将 CPU 切换到 RUN 模式。调试时用 S7-PLCSIM 监控 MB4、QB0 和 IB0。

1）从初始步开始，按正常起动和停车的顺序调试程序。即在初始步 M4.0 为活动步时按下起动按钮 I0.2，观察是否能转换到步 M4.1，延时后是否能依次转换到步 M4.2 和步 M4.3。在步 M4.3 为活动步时按下停止按钮 I0.3，观察是否能转换到步 M4.4，延时后是否能依次转换到步 M4.5 和返回到初始步 M4.0。

2）从初始步开始，模拟调试起动了一条运输带时停机的过程。即在第 2 步 M4.1 为活动步时，两次单击 I0.3 对应的小方框，模拟按下和放开停止按钮，观察是否能返回初始步。

3）从初始步开始，模拟调试起动了两条运输带时停机的过程。即在步 M4.2 为活动步时，两次单击 I0.3 对应的小方框，模拟按下和放开停止按钮，观察是否能跳过步 M4.3 和步 M4.4，进入步 M4.5，经过 T3 的延时后，是否能返回初始步。

4．人行横道交通灯顺序控制系统

图 5-27 的左图是人行横道处的交通信号灯波形图。按下起动按钮 I0.0，车道和人行道的交通灯将按顺序功能图所示的顺序变化，图 5-28 是梯形图（见配套资源中的例程"交通灯顺控程序"）。

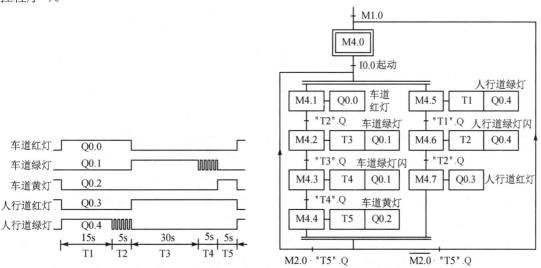

图 5-27　人行横道交通灯波形图与顺序功能图

PLC 由 STOP 模式进入 RUN 模式时，M1.0 将初始步 M4.0 置位为 1 状态，将其他步复位为 0 状态。为了控制交通灯的连续循环运行，设置了一个连续标志 M2.0。按下起动按钮 I0.0，步 M4.1 和步 M4.5 同时变为活动步，车道红灯和人行道绿灯亮，禁止车辆通过；同时起保停电路使 M2.0 变为 1 状态并保持（见图 5-28 左边第二块电路）。

车道交通灯和人行道交通灯是同时工作的，所以用并行序列来表示它们的工作情况。交通灯的闪烁是通过梯形图中串联的周期为 1s 的时钟存储器位 M0.5 的触点实现的。在 T5 的定时时间到时，转换条件 M2.0·"T5".Q 满足，将从步 M4.4 和步 M4.7 转换到步 M4.1 和步 M4.5，交通灯进入下一循环。

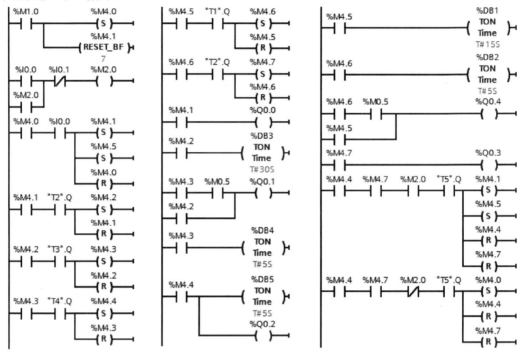

图 5-28　人行横道交通灯控制系统梯形图

按下停止按钮 I0.1，M2.0 变为 0 状态，但是系统不会马上返回初始步，因为 M2.0 只是在一个工作循环结束时才起作用。在 T5 的定时时间到时，转换条件 $\overline{M2.0}$·"T5".Q 满足，将从步 M4.4 和步 M4.7 返回初始步。

顺序功能图中步 M4.0 之后有一个并行序列的分支，当 M4.0 是活动步，并且转换条件 I0.0 满足，步 M4.1 与步 M4.5 应同时变为活动步，这是用 M4.0 和 I0.0 的常开触点的串联电路驱动两条置位指令来实现的。步 M4.0 变为不活动步是用复位指令来实现的。

M2.0·"T5".Q 对应的转换之前有一个并行序列的合并，该转换实现的条件是所有的前级步（即步 M4.4 和 M4.7）都是活动步，和转换条件 M2.0·"T5".Q 满足。由此可知，应将 M4.4、M4.7、M2.0 和"T5".Q 的常开触点串联，作为使后续步 M4.1 和 M4.5 置位和使前级步 M4.4、M4.7 复位的条件。用同样的方法设计转换条件 $\overline{M2.0}$·"T5".Q 对应的控制置位、复位的电路。

车道绿灯 Q0.1 应在步 M4.2 常亮，在步 M4.3 闪烁。为此将 M4.3 与秒时钟存储器位 M0.5 的常开触点串联，然后与 M4.2 的常开触点并联，来控制 Q0.1 的线圈。用同样的方法来设计控制人行道绿灯 Q0.4 的电路。

5.3.4 专用钻床的顺序控制程序设计

1. 程序结构

下面介绍 5.2.2 节中的专用钻床控制系统的程序（见配套资源中的例程"专用钻床控制"）。

图 5-29 是 OB1 中的程序，符号名为"自动开关"的 I2.0 为 1 状态时调用名为"自动程序"的 FC1，为 0 状态时调用名为"手动程序"的 FC2。

在开机时（M1.0 即 FirstScan 为 1 状态）和手动方式时（"自动开关"I2.0 为 0 状态），将初始步对应的 M4.0 置位（见图 5-29），将非初始步对应的 M4.1～M5.1 复位。上述操作主要是防止由自动方式切换到手动方式，然后又返回自动方式时，可能会出现同时有两个或三个活动步的异常情况。PLC 的默认变量表见图 5-30。

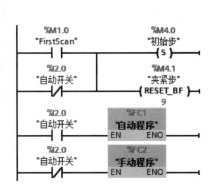

	名称	数据类型	地址 ▲
1	起动按钮	Bool	%I0.0
2	已夹紧	Bool	%I0.1
3	大孔钻完	Bool	%I0.2
4	大钻升到位	Bool	%I0.3
5	小孔钻完	Bool	%I0.4
6	小钻升到位	Bool	%I0.5
7	旋转到位	Bool	%I0.6
8	已松开	Bool	%I0.7
9	大钻升按钮	Bool	%I1.0
10	大钻降按钮	Bool	%I1.1
11	小钻升按钮	Bool	%I1.2
12	小钻降按钮	Bool	%I1.3
13	正转按钮	Bool	%I1.4
14	反转按钮	Bool	%I1.5
15	夹紧按钮	Bool	%I1.6
16	松开按钮	Bool	%I1.7
17	自动开关	Bool	%I2.0
18	夹紧阀	Bool	%Q0.0
19	大钻头降	Bool	%Q0.1
20	大钻头升	Bool	%Q0.2
21	小钻头降	Bool	%Q0.3
22	小钻头升	Bool	%Q0.4
23	工件正转	Bool	%Q0.5
24	松开阀	Bool	%Q0.6
25	工件反转	Bool	%Q0.7

图 5-29　OB1 中的程序　　　　图 5-30　PLC 的默认变量表

2. 手动程序

图 5-31 是手动程序 FC2。在手动方式，用 8 个手动按钮分别独立操作大、小钻头的升降、工件的旋转、夹紧和松开。每对相反操作的输出点用对方的常闭触点实现互锁，用限位开关对钻头的升降限位。

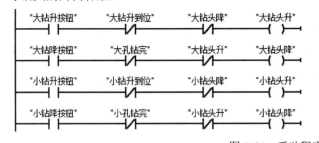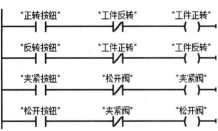

图 5-31　手动程序

3. 自动程序

钻床控制的顺序功能图重画在图 5-32 中，图 5-33 是用置位/复位指令编写的自动程序。

图 5-32 中分别由 M4.2～M4.4 和 M4.5～M4.7 组成的两个单序列是并行工作的，设计梯形图时应保证这两个序列同时开始工作和同时结束，即两个序列的第一步 M4.2 和 M4.5 应同时变为活动步，两个序列的最后一步 M4.4 和 M4.7 应同时变为不活动步。

并行序列的分支的处理是很简单的，在图 5-32 中，当步 M4.1 是活动步，并且转换条件 I0.1 为 1 状态时，步 M4.2 和 M4.5 同时变为活动步，两个序列开始同时工作。在图 5-33 的梯形图中，用 M4.1 和 I0.1 的常开触点组成的串联电路，来控制对 M4.2 和 M4.5 的置位，以及对前级步 M4.1 的复位。

另一种情况是当步 M5.0 为活动步，并且在转换条件 I0.6 的上升沿时，步 M4.2 和 M4.5 也应同时变为活动步。在梯形图中用 M5.0 的常开触点和 I0.6 的扫描操作数的信号上升沿触点组成的串联电路，来控制对 M4.2 和 M4.5 的置位，以及对前级步 M5.0 的复位。图 5-32 的并行序列合并处的转换有两个前级步 M4.4 和 M4.7，当它们均为活动步并且转换条件满足时，将实现并行序列的合并。未钻完 3 对孔时，计数器 C1 输出位的常闭触点闭合，转换条件 "C1".Q 满足，将转换到步 M5.0。在梯形图中，用 M4.4、M4.7 的常开触点和 "C1".Q 的常闭触点组成的串联电路将 M5.0 置位，使后续步 M5.0 变为活动步；同时用 R 指令将 M4.4 和 M4.7 复位，使前级步 M4.4 和 M4.7 变为不活动步。

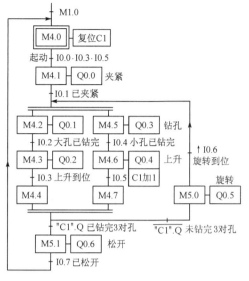

图 5-32　顺序功能图

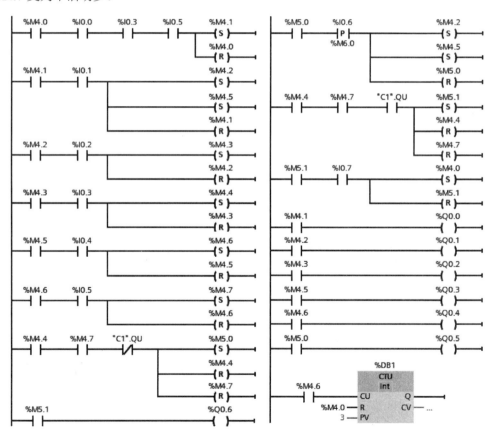

图 5-33　专用钻床控制系统的自动程序

144

钻完 3 对孔时，C1 的当前值等于设定值，"C1".Q 的常开触点闭合，转换条件"C1".Q 满足，将转换到步 M5.1。在梯形图中，用 M4.4、M4.7 和"C1".Q 的常开触点组成的串联电路将 M5.1 置位，使后续步 M5.1 变为活动步；同时用 R 指令将 M4.4 和 M4.7 复位，使前级步 M4.4 和 M4.7 变为不活动步。STEP 7 用"C1".QU 表示"C1".Q。

调试程序时，应注意并行序列中各子序列的第 1 步（图 5-32 中的步 M4.2 和步 M4.5）是否同时变为活动步，最后一步（步 M4.4 和步 M4.7）是否同时变为不活动步。经过 3 次循环后，是否能进入步 M5.1，最后返回初始步。

仿真时 SIM 表格_1 中的条目见图 5-34，自动运行的初始状态时自动开关 I2.0 为 1 状态（自动模式），M4.0 为 1 状态（初始步为活动步），"C1".CV（C1 的当前值）为 0。令 I0.3 和 I0.5 为 1 状态（钻头在上面），I0.6 和 I0.7 为 1 状态（旋转到位、夹紧装置松开）。

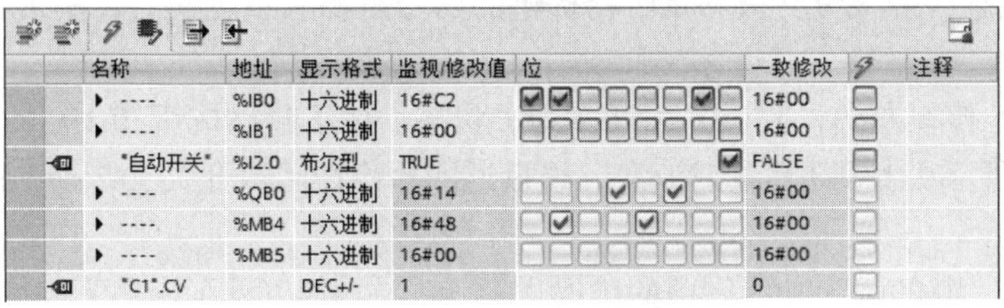

名称	地址	显示格式	监视/修改值	一致修改	注释
----	%IB0	十六进制	16#C2	16#00	
----	%IB1	十六进制	16#00	16#00	
"自动开关"	%I2.0	布尔型	TRUE	FALSE	
----	%QB0	十六进制	16#14	16#00	
----	%MB4	十六进制	16#48	16#00	
----	%MB5	十六进制	16#00	16#00	
"C1".CV		DEC+/-	1	0	

图 5-34　PLCSIM 的 SIM 表格_1

两次单击起动按钮 I0.0，转换到夹紧步 M4.1，Q0.0 变为 1 状态并保持，工件被夹紧。令 I0.1 为 1 状态（已夹紧）和 I0.7 为 0 状态（未松开），转换到步 M4.2 和步 M4.5，开始钻孔。因为两个钻头已下行，此时一定要令 I0.3 和 I0.5 为 0 状态，将上限位开关断开，否则后面的调试将会出现问题。

分别两次单击 I0.2 和 I0.4 对应的小方框（孔已钻完），转换到步 M4.3 和步 M4.6，钻头上升，C1 当前值加 1 后变为 1。单击勾选 I0.3 和 I0.5，令两个钻头均上升到位，进入各自的等待步。因为"C1".Q 为 0 状态，转换到步 M5.0，Q0.5 变为 1 状态，开始旋转。旋转后"旋转到位"开关断开，因此令 I0.6 为 0 状态。再令 I0.6 为 1 状态，模拟工件旋转到位，返回到步 M4.2 和步 M4.5。

重复上述钻孔的过程，钻完 3 对孔且两个钻头都上升到位时，"C1".Q 为 1 状态，转换到步 M5.1。令 I0.7 为 1 状态（夹紧装置松开），I0.1 为 0 状态（未夹紧），夹紧装置松开，返回初始步 M4.0。

在自动方式运行时将"自动开关"I2.0 复位，然后置位，返回自动方式的初始状态。各输出位和非初始步对应的位存储器被复位，C1 的当前值被清零，初始步变为活动步。

5.4　习题

1. 简述划分步的原则。
2. 简述转换实现的条件和转换实现时应完成的操作。
3. 试设计满足图 5-35 所示波形的梯形图。
4. 试设计满足图 5-36 所示波形的梯形图。
5. 画出图 5-37 所示波形对应的顺序功能图。

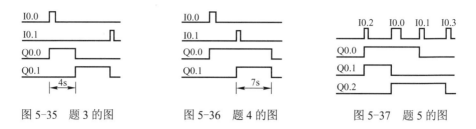

图 5-35　题 3 的图　　　　　图 5-36　题 4 的图　　　　　图 5-37　题 5 的图

6．冲床的运动示意图如图 5-38 所示。初始状态时机械手在最左边，I0.4 为 1 状态；冲头在最上面，I0.3 为 1 状态；机械手松开（Q0.0 为 0 状态）。按下起动按钮 I0.0，Q0.0 变为 1 状态，工件被夹紧并保持，2s 后 Q0.1 变为 1 状态，机械手右行，直到碰到右限位开关 I0.1，以后将顺序完成以下动作：冲头下行，冲头上行，机械手左行，机械手松开（Q0.0 被复位），系统返回初始状态。各限位开关和定时器提供的信号是相应步之间的转换条件。画出控制系统的顺序功能图。

7．小车开始停在左边，限位开关 I0.2 为 1 状态。按下起动按钮 I0.3 后，小车开始右行，以后按图 5-39 所示从上到下的顺序运行，最后返回并停在限位开关 I0.2 处。画出顺序功能图和梯形图。

8．指出图 5-40 的顺序功能图中的错误。

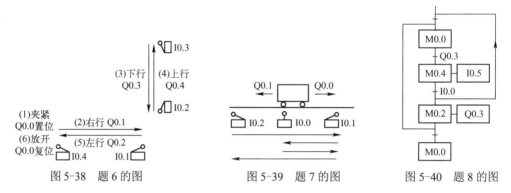

图 5-38　题 6 的图　　　　　图 5-39　题 7 的图　　　　　图 5-40　题 8 的图

9．某组合机床动力头进给运动示意图如图 5-41 所示，设动力头在初始状态时停在左边，限位开关 I0.1 为 1 状态。按下起动按钮 I0.0 后，Q0.0 和 Q0.2 为 1 状态，动力头向右快速进给（简称快进）。碰到限位开关 I0.2 后变为工作进给（简称工进），仅 Q0.0 为 1 状态。碰到限位开关 I0.3 后，暂停 5s。5s 后 Q0.2 和 Q0.1 为 1 状态，工作台快速退回（简称快退），返回初始位置后停止运动。画出控制系统的顺序功能图。

10．试画出图 5-42 所示信号灯控制系统的顺序功能图，I0.0 为起动信号。

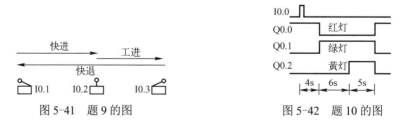

图 5-41　题 9 的图　　　　　图 5-42　题 10 的图

11．设计出图 5-43 所示的顺序功能图的梯形图程序，定时器"T1"的预设值为 5s。

12. 设计出图 5-44 所示的顺序功能图的梯形图程序。

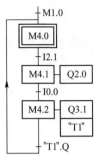

图 5-43　题 11 的图

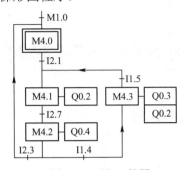

图 5-44　题 12 的图

13. 设计出题 6 中冲床控制系统的梯形图。

14. 设计出题 7 中小车控制系统的梯形图。

15. 设计出题 9 中动力头控制系统的梯形图。

16. 设计出题 10 中信号灯控制系统的梯形图。

17. 设计出图 5-45 所示的顺序功能图的梯形图程序。

18. 设计出图 5-46 所示的顺序功能图的梯形图程序。

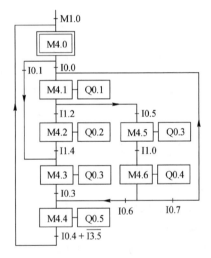

图 5-45　题 17 的图

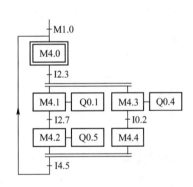

图 5-46　题 18 的图

第6章　S7-1200 的通信与故障诊断

6.1　网络通信基础

6.1.1　串行通信的基本概念

1．串行通信与异步通信

工业控制通信中广泛使用的串行数据通信是以二进制的位（bit）为单位的数据传输方式，每次只传送一位。串行通信最少只需要两根线就可以连接多台设备，组成控制网络，可用于距离较远的场合。

在串行通信中，接收方和发送方应使用相同的传输速率，但是由于实际的发送速率与接收速率之间的微小差别，如果不采取措施，在连续传送大量的数据时，将会因为积累误差造成错位，使接收方收到错误的信息。为了解决这一问题，需要使发送过程和接收过程同步。有异步通信和同步通信这两种同步方式，工业控制多采用异步通信方式。

异步通信采用字符同步方式，其字符信息格式如图 6-1 所示，发送的字符由一个起始位、7 个或 8 个数据位、1 个奇偶校验位（可以没有）、1 个或 2 个停止位组成。通信双方需要对采用的信息格式和数据的传输速率做相同的约定。接收方检测到停止位和起始位之间的下降沿后，将它作为接收的起始点，在每一位的中点接收信息。由于一个

图 6-1　异步通信的字符信息格式

字符信息格式仅有十来位，即使发送方和接收方的收发频率略有不同，也不会因为两台设备之间的时钟周期差异产生的积累误差而导致信息的发送和接收错位。

奇偶校验用来检测接收到的数据是否出错。如果指定的是偶校验，发送方发送的每一个字符的数据位和奇偶校验位中"1"的个数应为偶数。如果数据位包含偶数个"1"，奇偶校验位将为 0；如果数据位包含奇数个"1"，奇偶校验位将为 1。

接收方对接收到的每一个字符的奇偶性进行校验，可以检验出传送过程中的错误。有的系统组态时允许设置为不进行奇偶校验，传输时没有校验位。

在串行通信中，传输速率（又称波特率）的单位为波特，即每秒传送的二进制位数，其符号为 bit/s。

2．串行通信的接口标准

（1）RS-232

RS-232 使用单端驱动、单端接收电路（见图 6-37），是一种共地的传输方式，容易受到公共地线上的电位差和外部引入的干扰信号的影响，只能进行一对一的通信。RS-232 的最大通信距离为 15m，最高传输速率为 20kbit/s，现在已基本上被 USB 取代。

（2）RS-422

RS-422 采用平衡驱动、差分接收电路（见图 6-2），利用两根导线之间的电位差传输

信号。这两根导线称为 A 线和 B 线。当 B 线的电压比 A 线高时，一般认为传输的是数字"1"；反之认为传输的是数字"0"。平衡驱动器有一个输入信号，两个输出信号互为反相信号，图中的小圆圈表示反相。两根导线相对于通信对象信号地的电位差称为共模电压，外部输入的干扰信号主要以共模方式出现。两根传输线上的共模干扰信号相同，因为接收器是差分输入，两根线上的共模干扰信号可以互相抵消。只要接收器有足够的抗共模干扰能力，就能从干扰信号中识别出驱动器输出的有用信号，从而克服外部干扰的影响。

在最大传输速率 10Mbit/s 时，RS-422 允许的最大通信距离为 12m。传输速率为 100kbit/s 时，最大通信距离为 1200m，一台驱动器可以连接 10 台接收器。RS-422 是全双工，用 4 根导线传送数据（见图 6-2），两对平衡差分信号线可以同时分别用于发送和接收。

（3）RS-485

RS-485 是 RS-422 的变形，RS-485 为半双工，对外只有一对平衡差分信号线，通信的双方在同一时刻只能发送数据或只能接收数据。使用 RS-485 通信接口和双绞线可以组成串行通信网络（见图 6-3），构成分布式系统，总线上最多可以有 32 个站。

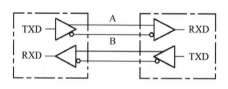

图 6-2　RS-422 通信接线图

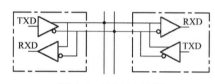

图 6-3　RS-485 网络

6.1.2　SIMATIC 通信网络

1. SIMATIC NET

西门子的工业自动化通信网络 SIMATIC NET 的顶层为工业以太网，它是基于国际标准 IEEE 802.3 的开放式网络，可以集成到互联网。S7-1200 的 CPU 集成了一个 PROFINET 以太网接口，可以与编程计算机、人机界面和其他 S7 PLC 通信。

PROFIBUS 用于少量和中等数量数据的高速传送，AS-i 是底层的低成本网络，底层的通用总线系统 KNX 用于楼宇自动控制，IWLAN 是工业无线局域网。各个网络之间用链接器或有路由器功能的 PLC 连接。

此外 MPI 是 SIMATIC 产品使用的内部通信协议，可以建立传送少量数据的低成本网络。PPI（点对点接口）是用于 S7-200 和 S7-200 SMART 的通信协议。点对点（PtP）通信用于特殊协议的串行通信。

2. PROFINET

PROFINET 是基于工业以太网的开放的现场总线（IEC 61158 的类型 10），可以将分布式 I/O 设备直接连接到工业以太网，实现从公司管理层到现场层的直接的、透明的访问。

通过代理服务器（例如 IE/PB 链接器），PROFINET 可以透明地集成现有的 PROFIBUS 设备，保护对现有系统的投资，实现现场总线系统的无缝集成。

使用 PROFINET IO，现场设备可以直接连接到以太网，与 PLC 进行高速数据交换。PROFIBUS 各种丰富的设备诊断功能同样也适用于 PROFINET。

使用故障安全通信的标准行规 PROFIsafe，PROFINET 用一个网络就可以同时满足标准应用和故障安全方面的应用。PROFINET 支持驱动器配置行规 PROFIdrive，后者为电气驱动装置定义了设备特性和访问驱动器数据的方法，用来实现 PROFINET 上的多驱动器运动控制通信。

PROFINET 使用以太网和 TCP/IP/UDP 作为通信基础，对快速性没有严格要求的数据使用 TCP/IP，响应时间在 100ms 数量级，可以满足工厂控制级的应用。

PROFINET 的实时（Real-Time，RT）通信功能适用于对信号传输时间有严格要求的场合，例如用于传感器和执行器的数据传输。通过 PROFINET，分布式现场设备可以直接连接到工业以太网，与 PLC 等设备通信。典型的更新循环时间为 1～10ms，完全能满足现场级的要求。

PROFINET 的同步实时（IRT）功能用于高性能的同步运动控制。IRT 提供了等时执行周期，以确保信息始终以相等的时间间隔进行传输。IRT 的响应时间为 0.25～1ms，波动小于 1μs。IRT 通信需要特殊的交换机的支持。

PROFINET 能同时用一条工业以太网电缆满足三个自动化领域的需求，包括 IT 集成化领域、实时（RT）自动化领域和同步实时（IRT）运动控制领域，它们不会相互影响。

使用铜质电缆最多 126 个节点，网络最长 5km。使用的光纤多于 1000 个节点，网络最长 150km。无线网络最多 8 个节点，每个网段最长 1000m。

3. PROFIBUS

与 PROFINET 相比，PROFIBUS 是基于 RS-485 的上一代的现场总线。传输速率最高 12Mbit/s，响应时间的典型值为 1ms，使用屏蔽双绞线电缆或光缆，相应的最长通信距离为 9.6km 或 90km，最多可以接 127 个从站。

PROFIBUS 提供了下列 3 种通信服务：

1）PROFIBUS-DP（Decentralized Periphery，分布式外部设备）用得最多，特别适合于 PLC 与现场级分布式 I/O（例如西门子的 ET 200）设备之间的通信。主站之间的通信为令牌方式，主站与从站之间为主从方式，以及这两种方式的组合。

2）PROFIBUS-PA（Process Automation，过程自动化）是用于 PLC 与过程自动化的现场传感器和执行器的低速数据传输，特别适合于过程工业使用。可以用于防爆区域的传感器和执行器与中央控制系统的通信。PROFIIBUS-PA 使用屏蔽双绞线电缆，由总线提供电源。

3）PROFIBUS-FMS（现场总线报文规范）已基本上被以太网通信取代，现在很少使用。

此外还有用于运动控制的总线驱动技术 PROFIdrive 和故障安全通信技术 PROFIsafe。

6.2 PROFINET IO 系统组态

6.2.1 S7-1200 作 IO 控制器

1. PROFINET 网络的组态

在基于以太网的现场总线 PROFINET 中，PROFINET IO 设备是分布式现场设备，例如 ET 200 分布式 I/O、调节阀、变频器和变送器等。PLC 是 PROFINET IO 控制器，S7-1200 最多可以带 16 个 IO 设备，最多 256 个子模块。只需要对 PROFINET 网络做简单的组态，不用编写任何通信程序，就可以实现 IO 控制器和 IO 设备之间的周期性数据交换。

在博途中新建项目"1200 作 IO 控制器"（见配套资源中的同名例程），PLC_1 为 CPU 1215C。打开网络视图（见图 6-4），将右边的硬件目录窗口的"\分布式 I/O\ET200S\接口模块\PROFINET \IM151-3 PN"文件夹中，订货号为 6ES7 151-3AA23-0AB0 的接口模块拖拽到网络视图，生成 IO 设备 ET 200S PN。CPU 1215C 和 ET 200S PN 站点的 IP 地址分别为默认值 192.168.0.1 和 192.168.0.2。双击生成的 ET 200S PN 站点，打开它的设备视图（见图 6-5）。将电源模块、4DI、2DQ 和 2AQ 模块插入 1～4 号槽。

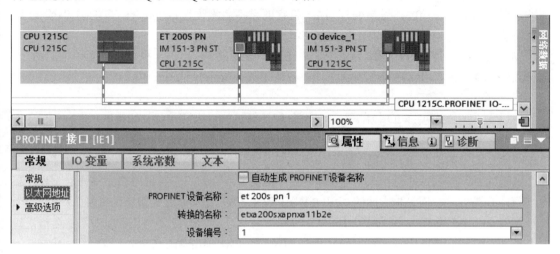

图 6-4　网络视图与 PROFINET IO 系统

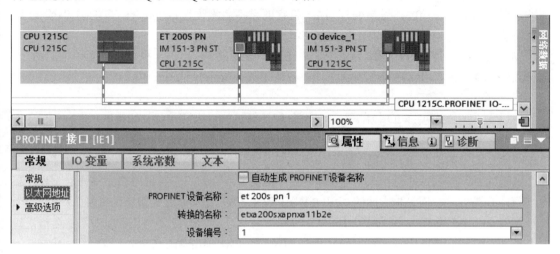

图 6-5　ET 200S PN 的设备视图与设备概览

　　IO 控制器通过设备名称对 IO 设备寻址。选中 IM151-3PN 的以太网接口，再选中巡视窗口中的"属性 > 常规 > 以太网地址"，去掉"自动生成 PROFINET 设备名称"复选框中的勾（见图 6-4），将自动生成的该 IO 设备的名称 et 200s pn 改为 et 200s pn 1。STEP 7 自动地为 IO 设备分配编号（从 1 开始），该 IO 设备的编号为 1。

　　右击网络视图中 CPU 1215C 的 PN 接口（见图 6-4），执行快捷菜单命令"添加 IO 系统"，生成 PROFINET IO 系统。单击 ET 200S PN 方框内蓝色的"未分配"，再单击出现的小方框中的"CPU 1215C PROFINET 接口_1"，它被分配给该 IO 控制器的 PN 接口。ET 200S PN 方框内的"未分配"变为蓝色的带下划线的"CPU 1215C"。

　　双击网络视图中的 ET 200S PN，打开它的设备视图。单击设备视图右边竖条上向左的小三角形按钮◀（见图 6-5），在从右向左弹出的 ET 200S PN 的设备概览中，可以看到分配给它的信号模块的 I、Q 地址。在用户程序中，用这些地址直接读、写 ET 200S PN 的模块。

用同样的方法生成第 2 台 IO 设备 ET 200S PN，将它分配给 IO 控制器 CPU 1215C。IP 地址为默认的 192.168.0.3，设备编号为 2。将它的设备名称改为 et 200s pn 2。打开 2 号 IO 设备的设备视图，将电源模块、4DI 和 2DQ 模块插入 1～3 号槽。

以后打开网络视图时，网络为单线。右击某个设备的 PN 接口，执行快捷菜单中的命令"高亮显示 IO 系统"，IO 系统改为高亮（即双轨道线）显示（见图 6-4）。

2．分配设备名称

用以太网电缆连接好 IO 控制器、IO 设备和计算机的以太网接口。如果 IO 设备中的设备名称与组态的设备名称不一致，连接 IO 控制器和 IO 设备后，它们的故障 LED 亮。此时右键单击网络视图中的 1 号 IO 设备，执行快捷菜单命令"分配设备名称"。单击打开的对话框中的"更新列表"按钮（见图 6-6），"网络中的可访问节点"列表中出现网络上的两台 ET 200S PN 原有的设备名称。对话框上面的"PROFINET 设备名称"选择框中是组态的 1 号 IO 设备的名称 et 200s pn 1。选中 IP 地址为 192.168.0.2 的可访问节点，单击勾选"闪烁 LED"复选框，如果 1 号 IO 设备的 LED 闪烁，可以确认选中的是它。再次单击该复选框，LED 停止闪烁。

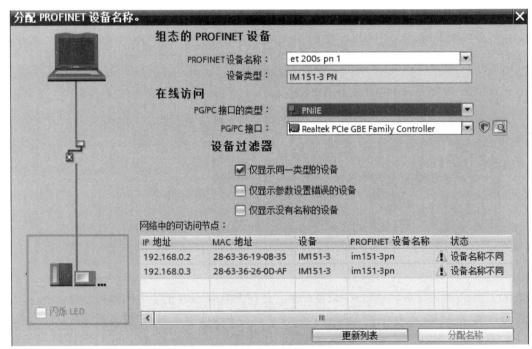

图 6-6　分配 PROFINET 设备名称

选中 IP 地址为 192.168.0.2 的可访问节点后，单击"分配名称"按钮，组态的设备名称 et 200s pn 1 被分配和下载给 1 号 IO 设备，可访问节点列表中的 1 号 IO 设备的"PROFINET

设备名称"列出现新分配的名称 et 200s pn 1（见图 6-6 下面的小图），"PROFINET 设备名称"列的符号由 ⚠ 变为 ✅。"状态"列的"设备名称不同"变为"确定"。下载的设备名称与组态的设备名称一致时，IO 设备上的 ERROR LED 熄灭。两台 IO 设备的设备名称分配好以后，IO 设备和 IO 控制器上的 ERROR LED 熄灭。

为了验证 IO 控制器和 IO 设备的通信是否正常，在 IO 控制器的 OB1 中编写简单的程序，例如用 I2.0 的常开触点控制 Q2.0 的线圈（见图 6-5）。如果能用 I2.0 控制 Q2.0，说明 IO 控制器和 1 号 IO 设备之间的通信正常。IO 控制器与 IO 设备之间的通信也可以用仿真验证。

6.2.2 S7-1200 作智能 IO 设备

1. 生成 IO 控制器和智能 IO 设备

生成项目"1200 作 1500 的 IO 设备"（见配套资源中的同名例程），PLC_1（CPU 1511-1 PN）为 IO 控制器。打开网络视图，将硬件目录的"\控制器\SIMATIC 1200\CPU"文件夹中的 CPU 1215C 拖拽到网络视图，生成站点"PLC_2"。选中网络视图中 PLC_1 的 PN 接口，再选中巡视窗口中的"属性">"常规">"以太网地址"，可以看到 IP 地址为默认的 192.168.0.1，自动生成的 PROFINET IO 设备名称为 plc_1，默认的设备编号为 0。

右击网络视图中 CPU 1511-1 PN 的 PN 接口，执行快捷菜单命令"添加 IO 系统"，生成 PROFINET IO 系统。

选中网络视图中 PLC_2 的 PN 接口，再选中巡视窗口中的"属性 > 常规 > 以太网地址"，可以看到 IP 地址为默认的 192.168.0.1，自动生成的 PROFINET IO 设备名称为 plc_2。选中巡视窗口中的"属性 > 常规 > 操作模式"（见图 6-7），勾选"IO 设备"复选框，设置 CPU 1215C 作智能 IO 设备。复选框"IO 控制器"被自动勾选，因为是灰色，不能更改。所以 CPU 1215C 在作它的 IO 控制器的 IO 设备的同时，还可以作 IO 控制器。用"已分配的 IO 控制器"选择框将该 IO 设备分配给 IO 控制器 PLC_1 的 PN 接口。PLC_2 的 IP 地址自动变为 192.168.0.2。

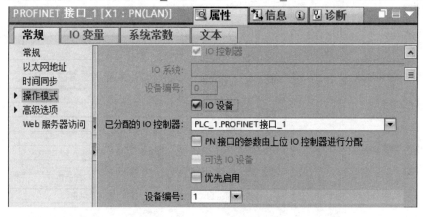

图 6-7　组态 PLC_2 的 PROFINET 接口的操作模式

2. 组态智能设备通信的传输区

IO 控制器和智能 IO 设备都是 PLC，它们都有各自的地址相同的系统存储器区，因此 IO 控制器和智能 IO 设备不能直接访问对方的系统存储器区。智能 IO 设备的传输区（I、Q 地址区）是 IO 控制器与智能 IO 设备的用户程序之间的通信接口。双方的用户程序对传输区定义的 I 区接收到的输入数据进行处理，并用传输区定义的 Q 区输出处理的结果。IO 控制器与智能 IO 设备之间通过传输区自动地周期性地进行数据交换。

选中网络视图中 PLC_2 的 PN 接口，然后选中下面的巡视窗口的"属性 > 常规 > 操作模式 > 智能设备通信"（见图 6-8），双击右边窗口"传输区"列表中的"<新增>"，在第一行生成"传输区_1"。

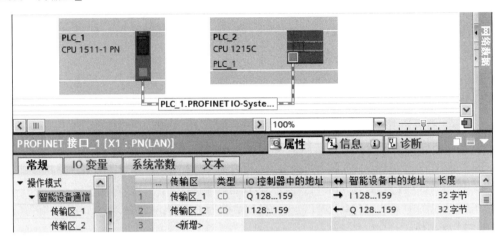

图 6-8 组态好的智能设备通信的传输区

选中左边窗口中的"传输区_1"（见图 6-9），在右边窗口定义 IO 控制器（伙伴）发送数据、智能设备（本地）接收数据的 Q、I 地址区。组态的传输区不能与硬件使用的地址区重叠。

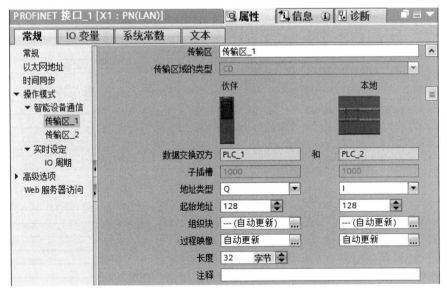

图 6-9 组态智能 IO 设备通信的传输区

用同样的方法生成"传输区_2"，与传输区_1 相比，只是交换了地址的 I、Q 类型，其他参数与图 6-9 的相同。

选中图 6-8 左边窗口的"智能设备通信"，右边窗口中是组态好的传输区列表，主站将

QB128～QB159 中的数据发送给从站，后者用 IB128～IB159 接收。从站将 QB128～QB159 中的数据发送给主站，后者用 IB128～IB159 接收。在双方的用户程序中，将实际需要发送的数据传送到上述的数据发送区，直接使用上述的数据接收区中接收到的数据。

选中图 6-9 巡视窗口左边的"IO 周期"，可以设置可访问该智能设备的 IO 控制器的个数、更新时间的方式（自动或手动）、更新时间值和看门狗时间等参数。

3. 编写验证通信的程序与通信实验

在 PLC_1 的 OB100 中，给 QW130 和 QW158 设置初始值 16#1511，将 IW130 和 IW158 清 0。在 PLC_1 的 OB1 中，用时钟存储器位 M0.3 的上升沿，每 500ms 将要发送的第一个字 QW128 加 1。PLC_2 与 PLC_1 的程序基本上相同，其区别在于给 QW130 和 QW158 设置的初始值为 16#1215。

分别选中 PLC_1 和 PLC_2，下载它们的组态信息和程序。做好在线操作的准备工作后，右击网络视图中的 PN 总线，执行"分配设备名称"命令。用出现的对话框分配 IO 设备的名称。用以太网电缆连接主站和从站的 PN 接口，在运行时用监控表监控双方接收数据的 IW128、IW130 和 IW158，检查通信是否正常。

6.3　基于以太网的开放式用户通信

S7-1200 的 CPU 有一个集成的 PROFINET 接口，它是 10Mbit/s、100Mbit/s 的 RJ45 以太网口，支持电缆交叉自适应，可以使用标准的或交叉的以太网电缆。这个接口支持 PROFINET、开放式用户通信（Open User Communication）和 S7 通信。

1. 开放式用户通信

开放式用户通信是面向连接协议的通信，它支持以下的连续类型：TCP、ISO-on-TCP 和 UDP。通信伙伴可以是两个 SIMATIC PLC，也可以是第三方设备。对于不能在博途中组态的通信伙伴，例如第三方设备或 PC，在分配连接参数时将伙伴端点设置为"未指定"。

开放式用户通信是一种程序控制的通信方式，数据传输开始之前应建立到通信伙伴的逻辑连接。数据传输完成后，可以用指令终止连接。一条物理线路上可以建立多个逻辑连接。

在开放式用户通信中，S7-300/400/1200/1500 可以用指令 TCON 来建立连接，用指令 TDISCON 来断开连接。指令 TSEND 和 TRCV 用于通过 TCP 和 ISO-on-TCP 发送和接收数据；指令 TUSEND 和 TURCV 用于通过 UDP 发送和接收数据。

S7-1200/1500 除了使用上述指令实现开放式用户通信，还可以使用指令 TSEND_C 和 TRCV_C，通过 TCP 和 ISO-on-TCP 发送和接收数据。这两条指令有建立和断开连接的功能，使用它们以后不再需要调用 TCON 和 TDISCON 指令。上述指令均为函数块。

2. 组态 CPU 的硬件

生成一个名为"1200_1200ISO_C"的项目（见配套资源中的同名例程），单击项目树中的"添加新设备"，添加一块 CPU 1215C，默认的名称为 PLC_1。双击项目树的"PLC_1"文件夹中的"设备组态"，打开设备视图。选中 CPU 左下角表示以太网接口的绿色小方框，然后选中巡视窗口的"属性 > 常规 > 以太网地址"，采用 PN 接口默认的 IP 地址 192.168.0.1，和默认的子网掩码 255.255.255.0。选中 CPU 后选中巡视窗口的"属性 > 常规 > 系统和时钟存储器"，启用 MB0 为时钟存储器字节（见图 1-17）。

用同样的方法添加一块 CPU 1215C，默认的名称为 PLC_2。它的 PN 接口默认的 IP 地址和子网掩码与 PLC_1 的相同。启用它的时钟存储器字节。

3. 组态 CPU 之间的通信连接

双击项目树中的"设备和网络"，打开网络视图（见图 6-10）。选中 PLC_1 的以太网接口，

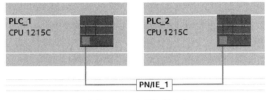

按住鼠标左键不放，"拖拽"出一条线，光标移动到 PLC_2 的以太网接口上，松开鼠标，将会出现图 6-10 所示的绿色的以太网线和名称为"PN/IE_1"的连接。PLC_2 的 IP 地址自动变为 192.168.0.2。

图 6-10 网络组态

4. 验证通信是否实现的典型程序结构

本书的通信程序一般只是用来验证通信是否成功，没有什么工程意义。通信程序大多采用下述的典型结构。

（1）生成保存待发送的数据和接收到的数据的数据块

本例要求通信双方发送和接收 100 个整数。双击项目树的文件夹"\PLC_1\程序块"中的"添加新块"，生成全局数据块 DB1，将它的符号地址改为 SendData。右击它，选中快捷菜单中的"属性"，再选中打开的对话框上左边窗口中的"属性"。去掉"优化的块访问"复选框中的勾，允许使用绝对地址。在 DB1 中生成有 100 个整数元素的用于保存待发送的数据的数组 ToPLC_2（见图 6-11 中上半部分的图）。再生成没有"优化的块访问"属性的全局数据块 DB2，符号地址为 RcvData，在 DB2 中生成有 100 个整数元素的用于保存接收到的数据的数组 FromPLC_2。

用同样的方法生成 PLC_2 的数据块 DB1 和 DB2，在其中分别生成有 100 个整数元素的数组 ToPLC_1 和 FromPLC_1。

图 6-11 数据块 SendData 与 OB100 中的程序

（2）初始化用于保存待发送的数据和接收到的数据的数组

在 OB100 中用指令 FILL_BLK（填充块）将两块 CPU 的 DB1（SendData）中要发送的 100 个整数分别初始化为 16#1111（见图 6-11 下半部分的图）和 16#2222，将用于保存接收到的数据的 DB2（RcvData）中的 100 个整数清零。

（3）将双方要发送的第一个字周期性地加 1

双击打开项目树的"\PLC_1\程序块"文件夹中的主程序 OB1，用周期为 0.5s 的时钟存储器位 M0.3 的上升沿，将要发送的第一个字 DB1.DBW0 加 1（见图 6-12）。

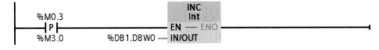

图 6-12 OB1 中的梯形图

5. 调用 TSEND_C 和 TRCV_C

在开放式用户通信中，发送方调用 TSEND_C 指令发送数据，接收方调用 TRCV_C 指令接收数据。

双击打开 OB1（见图 6-13 的上半部分），将右边的指令列表中的"通信"窗格的"开放式用户通信"文件夹中的 TSEND_C 拖拽到梯形图中。单击自动出现的"调用选项"对话框中的"确定"按钮，自动生成 TSEND_C 的背景数据块 TSEND_C_DB（DB3）。用同样的方法调用 TRCV_C，自动生成它的背景数据块 TRCV_C_DB（DB4）。在项目树的"PLC_1\程序块\系统块\程序资源"文件夹中，可以看到这两条指令和自动生成的它们的背景数据块。

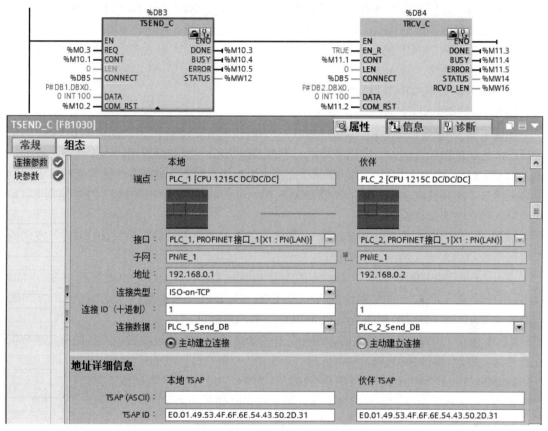

图 6-13　通信程序与组态连接参数的巡视窗口

用同样的方法生成 PLC_2 的程序，两台 PLC 的用户程序基本上相同。

6. 组态连接参数

打开 PLC_1 的 OB1，单击选中指令 TSEND_C，然后选中下面的巡视窗口的"属性 > 组态 > 连接参数"（见图 6-13 的下半部分）。

在右边的窗口中，单击"伙伴"的"端点"选择框右边的 ▼ 按钮，在出现的下拉式列表中选择通信伙伴为 PLC_2，两台 PLC 图标之间出现绿色连线。"连接 ID"（连接标识符，即连接的编号）的默认值为 1。

用"连接类型"选择框设置连接类型为 ISO-on-TCP。单击"本地"的"连接数据"选择框右边的 ▼ 按钮，单击出现的"<新建>"，自动生成连接描述数据块"PLC_1_Send_DB"（DB5）。

用同样的方法生成 PLC_2 的连接描述数据块"PLC_2_Send_DB"(DB5)。

通信的一方作为主动的伙伴,启动通信连接的建立。另一方作为被动的伙伴,对启动的连接做出响应。图 6-13 用单选框设置由 PLC_1 主动建立连接。

PLC_1 设置的连接参数将自动用于 PLC_2,PLC_2 组态"连接参数"的对话框与图 6-13 的结构相同,只是"本地"与"伙伴"列的内容互相交换。

TSAP(Transport Service Access Point)是传输服务访问点。设置连接参数时,并不检查各连接的连接 ID、TCP 连接的端口编号和 ISO-on-TCP 连接的 TSAP 是否分别重叠。应保证这些参数在网络中是唯一的。

开放式用户通信的连接参数用连接描述数据块 PLC_1_Send_DB 和 PLC_2_Send_DB 保存。可以通过删除连接描述数据块来删除连接。在删除它们时,应同时删除调用时使用它们作为输入参数 CONNECT 的实参的通信指令 TSEND_C、TRCV_C 及其背景数据块,这样才能保证程序的一致性。

7. TSEND_C 和 TRCV_C 的参数

图 6-13 中 TSEND_C 的参数的意义如下:

在请求信号 REQ 的上升沿,根据参数 CONNECT 指定的连接描述数据块(DB5)中的连接描述,启动数据发送任务。发送成功后,参数 DONE 在一个扫描周期内为 1 状态。

CONT(Bool)为 1 状态时建立和保持连接,为 0 状态时断开连接,且接收缓冲区中的数据将会消失。连接被成功建立时,参数 DONE 在一个扫描周期内为 1 状态。CPU 进入 STOP 模式时,已有的连接被断开。

LEN 是 TSEND_C 要发送或 TRCV_C 要接收的数据的字节数,它为默认值 0 时,发送或接收用参数 DATA 定义的所有的数据。

图 6-13 中 TSEND_C 的参数 DATA 的实参 P#DB1.DBX0.0 INT 100 是数据块 SendData(DB1)中的数组 ToPLC_2 的绝对地址。TRCV_C 的参数 DATA 的实参 P#DB2.DBX0.0 INT 100 是数据块 RcvData(DB2)中的数组 FromPLC_2 的绝对地址。

COM_RST(Bool)为 1 状态时,断开现有的通信连接,新的连接被建立。如果此时数据正在传送,可能导致丢失数据。

DONE(Bool)为 1 状态时任务执行成功,为 0 状态时任务未启动或正在运行。

BUSY(Bool)为 0 状态时任务完成,为 1 状态时任务尚未完成,不能触发新的任务。

ERROR(Bool)为 1 状态时执行任务出错,字变量 STATUS 中是错误的详细信息。

指令 TRCV_C 的参数的意义如下:

EN_R(Bool)为 1 状态时,准备好接收数据。

CONT 和 EN_R(Bool)均为 1 状态时,连续地接收数据。

DATA(Variant)是接收区的起始地址和最大数据长度。

RCVD_LEN 是实际接收的数据的字节数。其余的参数与 TSEND_C 的相同。

视频"开放式用户通信的组态与编程"可通过扫描二维码 6-1 播放。

8. 硬件通信实验的典型方法

用以太网电缆通过交换机(或路由器)连接计算机和两块 CPU 的以太网接口,将用户程序和组态信息分别下载到两块 CPU,并令它们处于运行模式。

同时打开两块 CPU 的监控表,用工具栏的 按钮垂直拆分工作区,同时

二维码 6-1

监视两块 CPU 的 DB2 中接收到的部分数据（见图 6-14）。将两块 CPU 的 TSEND_C 和 TRCV_C 的参数 CONT（M10.1 和 M11.1）均置位为 1 状态，建立起通信连接。由于双方的发送请求信号 REQ（时钟存储器位 M0.3）的作用，TSEND_C 每 0.5s 发送 100 个字的数据。可以看到，双方接收到的第一个字 DB2.DBW0 的值每 0.5s 加 1，DB2 中第二个字 DB2.DBW2 和最后一个字 DB2.DBW198 是通信伙伴在 OB100 中预置的值。

	名称	地址	显示格式	监视值		名称	地址	显示格式	监视值
1	"Tag_5"	%M10.1	布... ▼	☑ TRUE	1	"Tag_5"	%M10.1	布尔型	☑ TRUE
2	"Tag_27"	%M11.1	布尔型	☑ TRUE	2	"Tag_27"	%M11.1	布尔型	☑ TRUE
3	"RcvData"."FromPLC_1"[0]	%DB2.DBW0	十六进制	16#12C1	3	"RcvData"."FromPLC_2"[0]	%DB2.DBW0	十六进制	16#23F8
4	"RcvData"."FromPLC_1"[1]	%DB2.DBW2	十六进制	16#1111	4	"RcvData"."FromPLC_2"[1]	%DB2.DBW2	十六进制	16#2222
5	"RcvData"."FromPLC_1"[99]	%DB2.DBW198	十六进制	16#1111	5	"RcvData"."FromPLC_2"[99]	%DB2.DBW198	十六进制	16#2222

图 6-14　PLC_1 与 PLC_2 的监控表

通信正常时令 M10.1 或 M11.1 为 0 状态，建立的连接被断开，CPU 将停止发送或接收数据。接收方的 DB2.DBW0 停止变化。

也可以在通信正常时双击打开 PLC_1 的数据块 DB2，然后打开数组 FromPLC_2。单击"全部监视"按钮 ⚏，在"监视值"列可以看到接收到的 100 个整数数据。双方接收到的第 1 个字的值不断增大，其余 99 个字的值相同，是对方 CPU 在 OB100 中预置的值。

9. 仿真实验

PLCSIM V15 SP1 支持 S7-1200 对通信指令 PUT/GET、TSEND/TRCV 和 TSEND_C/TRCV_C 的仿真。

打开项目"1200_1200_ISO_C"，选中 PLC_1，单击工具栏上的"启动仿真"按钮 ▣，出现仿真软件的精简视图（见图 2-37）和"扩展的下载到设备"对话框（见图 2-38），设置"接口/子网的连接"为"PN/IE_1"或"插槽'1×1'处的方向"。

单击"开始搜索"按钮，搜索到 IP 地址为 192.168.0.1 的 PLC_1。单击"下载"按钮，将程序或组态数据下载到仿真 PLC，将后者切换到 RUN 模式，RUN LED 变为绿色。

选中 PLC_2，单击工具栏上的"启动仿真"按钮 ▣，出现仿真软件的精简视图，上面显示"未组态的 PLC [SIM-1200]"，IP 地址为 192.168.0.1。程序和组态数据被下载到仿真 PLC，将后者切换到 RUN 模式，仿真 PLC 上显示"PLC_2"和 CPU 的型号，IP 地址变为 192.168.0.2。

双击打开两台 PLC 的监控表（见图 6-14），调试的方法和观察到的现象与硬件 PLC 相同。

将项目"1200_1200ISO_C"另存为名为"1200_1200TCP_C"的项目（见配套资源中的同名例程）。将图 6-13 中的"连接类型"改为"TCP"，"伙伴端口"为默认的 2000，用户程序和其他的组态数据不变。

视频"开放式用户通信的仿真调试"可通过扫描二维码 6-2 播放。

二维码 6-2

10. 其他开放式用户通信

S7-300/400/1200/1500 可以使用 TSEND/TRCV 指令和 TCP、ISO-on-TCP 进行通信，使用 TUSEND 和 TURCV 指令和 UDP 进行通信，通信双方在 OB1 中用指令 TCON 建立连接，用指令 TDISCON 断开连接。S7-1200 之间使用 TSEND/TRCV 指令的通信可以仿真。上述通信的详细情况见参考文献[1]。

6.4　S7 协议通信

1. S7 协议

S7 协议是专门为西门子控制产品优化设计的通信协议，它是面向连接的协议，在进行数据交换之前，必须与通信伙伴建立连接。面向连接的协议具有较高的安全性。

连接是指两个通信伙伴之间为了执行通信服务建立的逻辑链路，而不是指两个站之间用物理媒体（例如电缆）实现的连接。S7 连接是需要组态的静态连接，静态连接要占用 CPU 的连接资源。基于连接的通信分为单向连接和双向连接，S7-1200 仅支持 S7 单向连接。

单向连接中的客户端（Client）是向服务器（Server）请求服务的设备，客户端调用 GET/PUT 指令读、写服务器的存储区。服务器是通信中的被动方，用户不用编写服务器的 S7 通信程序，S7 通信是由服务器的操作系统完成的。因为客户端可以读、写服务器的存储区，单向连接实际上可以实现双向传输数据。

2. 创建 S7 连接

在名为"1200_1200IE_S7"的项目（见配套资源中的同名例程）中，PLC_1 和 PLC_2 均为 CPU 1215C。它们的 PN 接口的 IP 地址分别为 192.168.0.1 和 192.168.0.2，子网掩码为 255.255.255.0。组态时启用双方的 MB0 为时钟存储器字节。

双击项目树中的"设备和网络"，打开网络视图（见图 6-15）。单击按下左上角的"连接"按钮　连接，用选择框设置连接类型为 S7 连接。用"拖拽"的方法建立两个 CPU 的 PN 接口之间的名为"S7_连接_1"的连接。

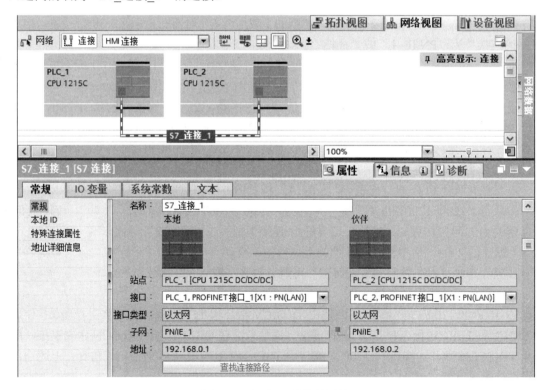

图 6-15　组态 S7 连接的属性

下次打开网络视图时，网络变为单线。为了高亮（用双轨道线）显示连接，应单击按下网络视图左上角的"连接"按钮，将光标放到网络线上，单击出现的小方框中的"S7_连接_1"，连接变为高亮显示（见图 6-15），出现"S7_连接_1"字样。

选中"S7_连接_1"，再选中下面的巡视窗口的"属性 > 常规 > 常规"，可以看到 S7 连接的常规属性。选中左边窗口的"特殊连接属性"，右边窗口中可以看到未选中的灰色的"单向"复选框（不能更改）。勾选"主动建立连接"复选框，由本地站点（PLC_1）主动建立连接。选中巡视窗口左边的"地址详细信息"，可以看到通信双方默认的 TSAP（传输服务访问点）。

单击网络视图右边竖条上向左的小三角形按钮◀，打开从右到左弹出的视图中的"连接"选项卡（见图 6-16），可以看到生成的 S7 连接的详细信息，连接的 ID 为 16#100。单击左边竖条上向右的小三角形按钮▶，关闭弹出的视图。

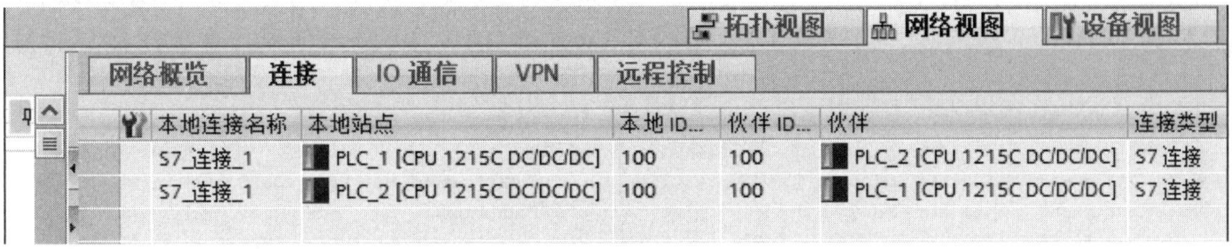

	拓扑视图	网络视图	设备视图

	网络概览	**连接**	IO 通信	VPN	远程控制				
		本地连接名称	本地站点		本地 ID...	伙伴 ID...	伙伴		连接类型
		S7_连接_1	PLC_1 [CPU 1215C DC/DC/DC]		100	100	PLC_2 [CPU 1215C DC/DC/DC]		S7 连接
		S7_连接_1	PLC_2 [CPU 1215C DC/DC/DC]		100	100	PLC_1 [CPU 1215C DC/DC/DC]		S7 连接

图 6-16 网络视图中的连接选项卡

使用固件版本为 V4.0 及以上的 S7-1200 CPU 作为 S7 通信的服务器，需要做下面的额外设置，才能保证 S7 通信正常。选中服务器（PLC_2）的设备视图中的 CPU 1215C，再选中巡视窗口中的"属性 > 常规 > 防护与安全 > 连接机制"，勾选"允许来自远程对象的 PUT/GET 通信访问"复选框。

3. 编写程序

为 PLC_1 生成 DB1 和 DB2，为 PLC_2 生成 DB3 和 DB4，在这些数据块中生成由 100 个整数组成的数组。不要启用数据块属性中的"优化的块访问"功能。

在 S7 通信中，PLC_1 做通信的客户端。打开它的 OB1，将右边的指令列表的"通信"窗格的"S7 通信"文件夹中的指令 GET 和 PUT 拖拽到梯形图中（见图 6-17）。在时钟存储器位 M0.5 的上升沿，GET 指令每 1s 读取 PLC_2 的 DB3 中的 100 个整数，用本机的 DB2 保存。PUT 指令每 1s 将本机的 DB1 中的 100 个整数写入 PLC_2 的 DB4。

单击指令框下边沿的三角形符号▼或▲，可以显示或隐藏图 6-17 的"ADDR_2"等灰色的输入参数。显示这些参数时，客户端最多可以分别读取和改写服务器的 4 个数据区。

PLC_2 在 S7 通信中做服务器，不用编写调用指令 GET 和 PUT 的程序。

与项目"1200_1200_ISO_C"相同，双方均采用验证通信是否实现的典型程序结构。在双方的 OB100 中，将 DB1 和 DB3 中要发送的 100 个字分别预置为 16#2151 和 16#2152，将用于保存接收到的数据的 DB2 和 DB4 中的 100 个字清零。在双方的 OB1 中，在周期为 0.5s 的时钟存储器位 M0.3 的上升沿，将要发送的第 1 个字加 1。

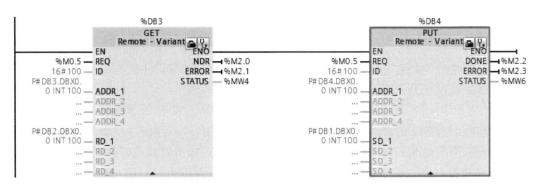

图 6-17   客户端读写服务器数据的程序

4．通信实验

将通信双方的用户程序和组态信息分别下载到 CPU，用电缆连接它们的以太网接口。使它们进入运行模式后，从图 6-18 中双方的监控表可以看到双方接收到的第一个字 DB2.DBW0 和 DB4.DBW0 不断增大，DB2 和 DB4 中的 DBW2 和 DBW198 是通信伙伴在首次循环时预置的值。

	名称	地址	显示格式	监视值	名称	地址	显示格式	监视值
1	"RcvData".FromPLC_2[0]	%DB2.DBW0	十六进制	16#234E	"RcvData".FromPLC_1[0]	%DB4.DBW0	十六进制	16#2362
2	"RcvData".FromPLC_2[1]	%DB2.DBW2	十六进制	16#2152	"RcvData".FromPLC_1[1]	%DB4.DBW2	十六进制	16#2151
3	"RcvData".FromPLC_2[99]	%DB2.DBW198	十六进制	16#2152	"RcvData".FromPLC_1[99]	%DB4.DBW198	十六进制	16#2151

图 6-18   PLC_1 与 PLC_2 的监控表

5．仿真实验

选中项目树中的 PLC_1，单击工具栏上的"启动仿真"按钮![img]，出现仿真软件的精简视图。程序和组态数据被下载到仿真 PLC，将后者切换到 RUN 模式。选中 PLC_2，单击工具栏上的"启动仿真"按钮![img]，出现仿真软件的精简视图。程序和组态数据被下载到仿真 PLC，将后者切换到 RUN 模式。用两台 PLC 的监控表监控接收到的数据（见图 6-18），操作方法和观察到的结果与硬件实验的结果相同。

视频"S7 通信的组态编程与仿真"可通过扫描二维码 6-3 播放。

二维码 6-3

6．其他 PLC 之间的 S7 通信

S7-1200/1500、S7-300/400 和 S7-200SMART 的 CPU 集成的以太网接口都支持它们之间的 S7 单向连接通信。S7-1200 的 CPU 在 S7 单向连接通信中可以作客户端或服务器。S7-1500 CPU 之间还可以进行 S7 双向连接通信。上述通信的详细情况见参考文献[15]。

6.5   Modbus RTU 协议通信

6.5.1   Modbus RTU 主站的编程

1．Modbus 通信协议

Modbus 通信协议是 Modicon 公司提出的一种报文传输协议，Modbus 协议在工业控制中得到了广泛的应用，它已经成为一种通用的工业标准，许多工控产品都有 Modbus 通信功能。

根据传输网络类型的不同，Modbus 通信协议分为串行链路上的 Modbus 协议和基于

TCP/IP 的 Modbus TCP。

Modbus 串行链路协议是一个主-从协议，采用请求-响应方式，总线上只有一个主站，主站发送带有从站地址的请求帧，具有该地址的从站接收到后发送响应帧进行应答。从站没有收到来自主站的请求时，不会发送数据，从站之间也不会互相通信。

Modbus 串行链路协议有 ASCII 和 RTU（远程终端单元）这两种报文传输模式，S7-1200采用 RTU 模式。主站在 Modbus 网络上没有地址，从站的地址范围为 0～247，其中 0 为广播地址。使用通信模块 CM 1241（RS232）作 Modbus RTU 主站时，只能与一个从站通信。使用通信模块 CM 1241（RS485）或 CM 1241（RS422/485）作 Modbus RTU 主站时，最多可以与32 个从站通信。

报文以字节为单位进行传输，采用循环冗余校验（CRC）进行错误检查，报文最长为 256B。

2．组态硬件

在博途中生成一个名为"Modbus RTU 通信"的项目（见配套资源中的同名例程），生成作为主站和从站的 PLC_1 和 PLC_2，它们的 CPU 均为 CPU 1214C。设置它们的 IP 地址分别为 192.168.0.1 和 192.168.0.2，分别启用它们默认的时钟存储器字节 MB0。

打开主站 PLC_1 的设备视图，将右边的硬件目录窗口的文件夹"\通信模块\点到点"中的CM 1241（RS485）模块拖放到 CPU 左边的 101 号槽。选中它的 RS-485 接口，再选中下面的巡视窗口的"属性 ＞ 常规 ＞ IO-Link"，按图 6-19 设置通信接口的参数。

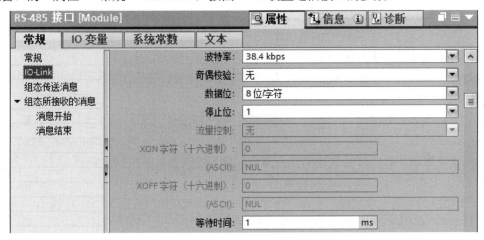

图 6-19　串行通信模块端口组态

3．调用 Modbus_Comm_Load 指令

在主站的初始化组织块 OB100 中，必须对每个通信模块调用一次 Modbus_Comm_Load指令，来组态它的通信接口。执行该指令之后，就可以调用 Modbus_Master 或 Modbus_Slave指令来进行通信了。只有在需要修改参数时，才再次调用该指令。

打开 OB100，打开指令列表的"通信"窗格的文件夹"\通信处理器\MODBUS（RTU）"，将 Modbus_Comm_Load 指令拖拽到梯形图中（见图 6-20）。自动生成它的背景数据块Modbus_Comm_Load_DB（DB4）。该指令的输入、输出参数的意义如下：

在输入参数 REQ 的上升沿时执行该指令，由于 OB100 只在 S7-1200 启动时执行一次，因此将 REQ 设为 TRUE（1 状态），电源上电时端口被设置为 Modbus RTU 通信模式。

PORT 是通信端口的硬件标识符，输入该
参数时两次单击地址域的<???>，再单击出现的
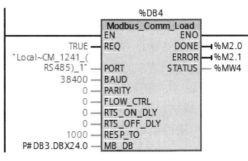
图 6-20　主站 OB100 中的程序

按钮，选中列表中的"Local～CM_1241_
(RS485)_1"，其值为 256。

BAUD（波特率）可选 300～115200bit/s。

PARITY（奇偶校验位）为 0、1、2 时，分
别为不使用奇偶校验、奇校验和偶校验。

FLOW_CTRL、RTS_ON_DLY 和 RTS_
OFF_DLY 用于 RS-232 接口通信。

RESP_TO 是响应超时时间，采用默认值
1000ms。MB_DB 的实参是函数块 Modbus_Master（见图 6-21）或 Modbus_Slave 函数块（见
图 6-22）的背景数据块中的静态变量 MB_MD。

DONE 为 1 状态时表示指令执行完且没有出错。

ERROR 为 1 状态表示检测到错误，参数 STATUS 中是错误代码。

生成符号地址为 BF_OUT 和 BF_IN 的共享数据块 DB1 和 DB2，在它们中间分别生成有
10 个字元素的数组，数据类型为 Array[1..10] of Word。

在 OB100 中给要发送的 DB1 中的 10 个字赋初值 16#1111，将用于保存接收到的数据的
DB2 中的 10 个字清零。在 OB1 中用周期为 0.5s 的时钟存储器位 M0.3 的上升沿，将要发送
的第一个字"BF_OUT".To 从站[1]的值加 1。

4．调用 Modbus_Master 指令

Modbus_Master 指令用于 Modbus 主站与指定的从站进行通信。主站可以访问一个或多个
Modbus 从站设备的数据。

Modbus_Master 指令不是用通信中断事件来控制通信过程，用户程序必须通过轮询
Modbus_Master 指令，来了解发送和接收的完成情况。Modbus 主站调用 Modbus_Master 指令
向从站发送请求报文后，必须继续执行该指令，直到接收到从站返回的响应。

在 OB1 中两次调用 Modbus_Master 指令（见图 6-21），读取 1 号从站的 Modbus 地址从
40001 开始的 10 个字中的数据，将它们保存到主站的 DB2 中；将主站 DB1 中的 10 个字的数
据写入从站的 Modbus 地址中从 40011 开始的 10 个字中。

图 6-21　OB1 中的 Modbus_Master 指令

用于同一个 Modbus 端口的所有 Modbus_Master 指令，都必须使用同一个 Modbus_Master
背景数据块，本例为 DB3。

5．Modbus_Master 指令的输入、输出参数

在输入参数 REQ（见图 6-21）的上升沿，请求向 Modbus 从站发送数据。

MB_ADDR 是 Modbus RTU 从站地址（0～247），地址 0 用于将消息广播到所有 Modbus

从站。只有 Modbus 功能代码 05H、06H、15H 和 16H 可用于广播方式通信。

MODE 用于选择 Modbus 功能的类型（见表 6-1）。

DATA_ADDR 用于指定要访问的从站中数据的 Modbus 起始地址。Modbus_Master 指令根据参数 MODE 和 DATA_ADDR 一起来确定 Modbus 报文中的功能代码（见表 6-1）。

DATA_LEN 用于指定要访问的数据长度（位数或字数）。

DATA_PTR 为数据指针，指向 CPU 的数据块或位存储器地址，从该位置读取数据或向其写入数据。DONE 为 1 状态表示指令已完成请求的对 Modbus 从站的操作。

BUSY 为 1 状态表示正在处理 Modbus_Master 任务。

ERROR 为 1 状态表示检测到错误，并且参数 STATUS 提供的错误代码有效。

对于"扩展寻址"模式，根据功能所使用的数据类型，数据的最大长度将减小 1 个字节或 1 个字。

表 6-1　Modbus 模式与功能

Mode	Modbus 功能	操　　作	数据长度（DATA_LEN）	Modbus 地址（DATA_ADDR）
0	01H	读取输出位	1～2000 或 1～1992 个位	1～09999
0	02H	读取输入位	1～2000 或 1～1992 个位	10001～19999
0	03H	读取保持寄存器	1～125 或 1～124 个字	40001～49999 或 400001～465535
0	04H	读取输入字	1～125 或 1～124 个字	30001～39999
1	05H	写入一个输出位	1（单个位）	1～09999
1	06H	写入一个保持寄存器	1（单个字）	40001～49999 或 400001～465535
1	15H	写入多个输出位	2～1968 或 1960 个位	1～09999
1	16H	写入多个保持寄存器	2～123 或 1～122 个字	40001～49999 或 400001～465535
2	15H	写一个或多个输出位	1～1968 或 1960 个位	1～09999
2	16H	写一个或多个保持寄存器	1～123 或 1～122 个字	40001～49999 或 400001～465535
11	读取从站通信状态字和事件计数器，状态字为 0 表示指令未执行，为 0xFFFF 表示正在执行。每次成功传送一条消息时，事件计数器的值加 1。该功能忽略"Modbus_Master"指令的 DATA_ADDR 和 DATA_LEN 参数			
80	通过数据诊断代码 0x0000 检查从站状态，每个请求 1 个字			
81	通过数据诊断代码 0x000A 复位从站的事件计数器，每个请求 1 个字			

6.5.2　Modbus RTU 从站的编程与通信实验

1．组态从站的 RS-485 模块

打开从站 PLC_2 的设备视图，将 RS-485 模块拖放到 CPU 左边的 101 号槽。该模块的组态方法与主站的 RS-485 模块相同。

2．初始化程序

在初始化组织块 OB100 中调用 Modbus_Comm_Load 指令，来组态串行通信接口的参数。其输入参数 PORT 的符号地址为"Local～CM_1241_(RS485)_1"，其值为 267。参数 MB_DB 的实参为"Modbus_Slave_DB".MB_DB，其他参数与图 6-20 的相同。

生成符号地址为 BUFFER 的共享数据块 DB1，在它中间生成有 20 个字元素的数组 DATA，数据类型为 Array[1..20] of Word。在 OB100 中给数组 DATA 要发送的前 10 个元素赋初值 16#2222，将保存接收到的数据的数组 DATA 的后 10 个元素清零。在 OB1 中用周期为 0.5s 的时钟存储器位 M0.3 的上升沿，将要发送的第一个字"BUFFER".DATA[1]（DB1.DBW0）的值加 1。

3．Modbus_Slave 指令

在 OB1 中调用 Modbus_Slave 指令（见图 6-22）。开机时执行 OB100 中的 Modbus_Comm_Load 指令，通信接口被初始化。从站接收到 Modbus RTU 主站发送的请求时，通过执行 Modbus_Slave 指令来响应。

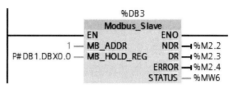

图 6-22　Modbus_Slave 指令

Modbus_Slave 的输入、输出参数的意义如下：

MB_ADDR 是 Modbus RTU 从站的地址（1～247）。

MB_HOLD_REG 是指向 Modbus 保持寄存器数据块的指针，其实参的符号地址为 "BUFFER".DATA，该数组用来保存供主站读写的数据值。生成数据块时，不能激活"优化的块访问"属性。DB1.DBW0 对应于 Modbus 地址 40001。

NDR 为 1 状态表示 Modbus 主站已写入新数据，反之没有新数据。

DR 为 1 状态表示 Modbus 主站已读取数据，反之没有读取。

ERROR 为 1 状态表示检测到错误，参数 STATUS 中的错误代码有效。

4．Modbus 通信实验

硬件接线图如图 6-23 所示。用监控表监控主站的 DB2 的 DBW0、DBW2 和 DBW18，以及从站的 DB1 的 DBW20、DBW22 和 DBW38。

用主站外接的小开关将请求信号 I0.0 置为 1 状态后马上置为 0 状态，用 I0.0 的上升沿启动主站读取从站的数据。用主站的监控表观察 DB2 中主站的 DBW2 和 DBW18 读取到的数值是否与从站在 OB100 中预置的值相同。多次发出请求信号，观察 DB2.DBW0 的值是否增大。

图 6-23　通信的硬件接线图

用主站外接的小开关将请求信号 I0.1 置为 1 状态后马上置为 0 状态，在 I0.1 的上升沿启动主站改写从站的数据。用从站的监控表观察 DB1 中改写的结果。多次发出请求信号，观察 DBW20 的值是否增大。

可以将 1 个 Modbus 主站和最多 31 个 Modbus 从站组成一个网络。它们的 CM 1241（RS485）或 CM 1241（RS422/485）通信模块的通信接口用 PROFIBUS 电缆连接。

5．S7-1200 与其他 S7 PLC 的 Modbus 通信

S7-1200 也可以与 S7-200 和 S7-200 SMART CPU 集成的 RS-485 接口进行 Modbus RTU 通信。S7-300/400 的 Modbus RTU 通信需要高性能的串行通信模块，还需要购买用于 Modbus RTU 通信的硬件加密狗，Modbus RTU 通信的硬件成本较高。S7-300/400 通过 ET 200S 的串行通信模块实现 Modbus RTU 通信的硬件成本较低。

6.5.3　S7-1200 其他通信简介

1．点对点通信

S7-1200 支持使用自由口协议的点对点（Point-to-Point，PtP）通信，可以通过用户程序定义和实现选择的协议。PtP 通信具有很大的自由度和灵活性，可以将信息直接发送给外部设备（例如打印机），以及接收外部设备（例如条形码阅读器）的信息。

点对点通信使用 CM 1241（RS485）、CM 1241（RS422/485）、CM 1241（RS232）模块和 CB 1241（RS485）通信板。它们支持 ASCII、USS 驱动、Modbus RTU 主站协议和 Modbus RTU 从站协议。CPU 模块的左边最多可以安装 3 块通信模块。串行通信模块的电源由 CPU 提供，不需要外接的电源。选中设备视图中的通信模块后，用巡视窗口组态端口（见图 6-19），可以设置波特率、奇偶校验、数据位、停止位等参数。点对点通信用 Send_P2P 指令发送数据，用 Receive_P2P 指令接收数据。

2. PROFIBUS-DP 通信

PROFIBUS-DP 主站与从站之间自动地周期性地进行通信。S7-1200 作 DP 主站时，将硬件目录中的 CM 1243-5 主站模块拖拽到 CPU 左侧的 101 号槽。将 ET 200S 或 ET 200SP 等分布式 I/O 的 DP 接口模块拖拽到网络视图，生成 DP 从站。双击生成的从站，打开它的设备视图，将模块插入它的插槽。右击 DP 主站模块的 DP 接口，执行快捷菜单命令，生成 DP 主站系统。右击从站的 DP 接口，将它分配给主站。在从站的设备概览中，可以看到分配给它的 S7-1200 的 I、Q 地址。在用户程序中，用这些地址直接读、写从站的模块。

CPU 1516-3 PN/DP 作 DP 主站，S7-1200 作 DP 从站时，将 DP 从站模块 CM 1242-5 拖拽到 S7-1200 的 CPU 左侧的 101 号槽。生成 DP 主站系统后，右击 CM 1242-5 的 DP 接口，将它分配给新主站。DP 主站与智能从站通信的传输区与 6.2.2 节中智能 IO 控制器与 IO 设备通信的传输区的组态方法相同。

参考文献[1]给出了 S7-1200 的点对点通信和 PROFIBUS-DP 通信组态和编程的例子。

3. Modbus TCP 通信

Modbus TCP 是基于工业以太网和 TCP/IP 传输的 Modbus 通信，通信中的客户端与服务器类似于 Modbus RTU 中的主站和从站。客户端设备主动发起建立与服务器的 TCP/IP 连接后，客户端请求读取服务器的存储器，或将数据写入服务器的存储器。如果请求有效，服务器将响应该请求；如果请求无效，则会返回错误消息。

S7-1200 CPU 可以做 Modbus TCP 的客户端或者服务器，实现 PLC 之间的通信。也可以实现与支持 Modbus TCP 通信协议的第三方设备的通信。

参考文献[1]给出了 S7-1200 之间的 Modbus TCP 通信组态和编程的例子。还提供了 S7-1200 和 S7-200 SMART 之间的 Modbus TCP 通信的视频教程。

4. S7-1200 与变频器的 USS 通信

为了实现 S7-1200 与变频器的 USS 通信，S7-1200 需要配备 CM 1241（RS485）或 CM 1241（RS422/485）通信模块。每个 CPU 最多可以连接 3 个通信模块，建立 3 个 USS 网络。每个 USS 网络最多支持 16 个变频器。每台变频器调用一条 USS_Drive_Control 指令来监控变频器，每个 RS-485 通信端口调用一条 USS_Port_Scan 指令来控制 CPU 与网络上所有变频器的通信。参考文献[1]详细介绍了 S7-1200 与西门子的基本型变频器 SINAMICS V20 的 USS 通信的变频器参数设置、组态与编程的方法，以及 S7-1200 通过 USS 通信监控 V20 和读写 V20 参数的实验过程。

6.6 故障诊断

6.6.1 与故障诊断有关的中断组织块和诊断指令

CPU 在识别到一个故障或编程错误时，将会调用对应的中断组织块（OB），可以在这些组织块中编写程序对故障进行处理。下面介绍与通信故障有关的几个主要的中断组织块。

1. 诊断中断组织块 OB82

具有诊断中断功能并启用了诊断中断的模块,若检测出其诊断状态发生了变化,将向 CPU 发送一个诊断中断请求。PROFINET 模块有一种处于"完好"和"故障"之间的临界状态,称为"维护"。故障出现或有组件要求维护(事件到达),故障消失或组件不再需要维护(事件离去),操作系统将会分别调用一次 OB82。

模块通过产生诊断中断来报告事件,例如信号模块导线断开、I/O 通道的短路或过载、模拟量模块的电源故障等。

2. 机架故障组织块 OB86

如果检测到 DP 主站系统或 PROFINET IO 系统发生故障、DP 从站或 IO 设备发生故障,故障出现和故障消失时,操作系统将分别调用一次 OB86。PROFINET 智能 IO 设备的部分子模块发生故障时,操作系统也会调用 OB86。

3. 拔出/插入组织块 OB83

如果拔出或插入了已组态且未禁用的分布式 I/O(PROFIBUS、PROFINET 和 AS-i)模块或子模块,操作系统将调用拔出/插入中断组织块 OB83。

4. CPU 对故障的反应

出现与 OB82、OB83 和 OB86 有关的故障时,无论是否已对上述 OB 编程,CPU 都将保持在 RUN 模式。可以在上述组织块中,编写记录、处理和显示故障的程序。通过中断组织块的局部变量提供的信息,可以获得产生故障的原因、出现故障的模块的硬件标识符、故障是出现还是消失等信息。"在线和诊断"工作区中的诊断缓冲区保留着故障信息。

在设备运行过程中,由于通信网络的接插件接触不好,或者因为外部强干扰源的干扰,可能会出现 CPU 与分布式 I/O 之间的通信短暂中断,但是很快又自动恢复正常的现象(俗称"闪断")。出现闪断时,不论是否生成和下载了 OB82、OB83 和 OB86,CPU 和整个 PROFIBUS 主站系统或 PROFINET IO 系统都不会停机。

如果出现了不能自动恢复的故障,系统仍然继续运行,可能导致系统处于某种危险的状态,造成现场人员的伤害或者设备的损坏。如果希望 CPU 在接收到上述的某种故障时进入 STOP 模式,可以在对应的中断组织块中加入 STP 指令,使 CPU 进入 STOP 模式。

拔出或插入中央机架中的模块时,无论是否已对 OB83 进行编程,CPU 都将切换到 STOP 模式。

5. 诊断指令

扩展指令的"诊断"文件夹中的 DeviceStates 指令用于读取 PROFINET IO 系统中 IO 设备的状态信息,或 DP 主站系统中 DP 从站的状态信息。ModuleStates 指令用于读取 PROFINET IO 设备或 PROFIBUS-DP 从站中模块的状态信息。用它们诊断故障的例程见参考文献[15]。

其他诊断指令用于读取当前 OB 的启动信息、LED 的状态、标识符及维护数据、IO 设备或 DP 从站的名称、IO 设备的信息和诊断信息。

6.6.2 S7-1200 的故障诊断

1. 打开在线和诊断视图

打开配套资源中的例程"电动机控制"的设备视图,组态一个并不存在的 8DI 模块,其字节地址为 IB8。生成诊断右边组织块 OB82，在其中编写将 MW20 加 1 的程序。用以太网电缆连接计算机和 CPU 的以太网接口，将组态信息下载到 CPU，下载后切换到 RUN 模式，ERROR LED 闪烁。

双击项目树 PLC_1 文件夹中的"在线和诊断"，在工作区打开"在线和诊断"视图（见图 6-24），自动选中左边浏览窗口的"在线访问"。单击工具栏上的"转至在线"按钮，进入在线模式。工作区右边窗口中的计算机和 CPU 图形之间出现绿色的连线，表示它们建立起了连接。被激活的项目树或工作区的标题栏的背景色变为表示在线的橙色，其他窗口的标题栏下沿出现橙色的线条。项目树中的项目、PLC、程序块、PLC 变量、"本地模块"和"分布式 I/O"的右边，都有表示状态的图标（见图 6-29）。

选中图 6-24 工作区左边窗口的"诊断状态"，右边窗口显示"模块存在""出错"和"LED（SF）故障"。如果单击工具栏上的"转至离线"按钮，将进入离线模式，窗口标题栏的橙色、与在线状态有关的图标和文字消失。

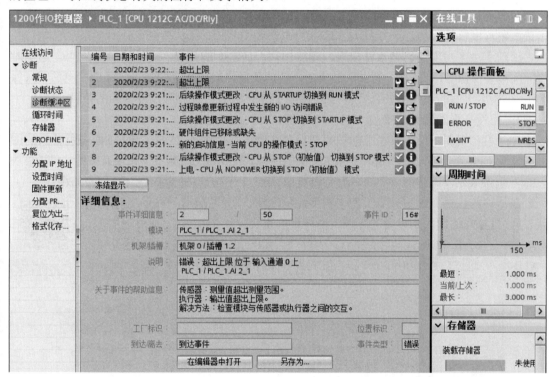

图 6-24 "在线和诊断"视图

2. 用诊断缓冲区诊断故障

选中工作区左边浏览窗口中的"诊断缓冲区"，右边窗口的上面是事件（CPU 模式切换和诊断中断）列表。启动时 CPU 找不到 8DI 模块，因此出现图 6-24 中的 6 号事件"硬件组件已移除或缺失"。启动过程中出现 4 号事件"过程映像更新过程中发生新的 I/O 访问错误"。

起动后令 CPU 模拟量输入通道 0 的输入电压大于上限 10V，出现 2 号事件"超出上限"，事件右边的红色背景的图标 表示事件当前的状态为故障，图标 表示出现了故障。

图 6-24 中 2 号事件"超出上限"被选中，下面是该事件的详细信息，包括出现故障的

设备和模块、机架号、插槽号和输入通道号，插槽 1.2 是 CPU 所在的 1 号插槽的 2 号子插槽。详细信息还给出了事件的帮助信息和故障的解决方法。"到达事件"表示故障出现。

令通道 0 的输入电压小于上限 10V，出现 1 号事件"超出上限"。该事件右边绿色背景的图标✓表示状态为正常，图标➡表示故障消失。选中 1 号事件，它的故障详细信息与 2 号事件的相同，事件的帮助信息是"离去事件：无需用户操作"。由监控表 1 可知，在事件"超出上限"出现和消失时，分别调用了一次 OB82，MW20 分别加 1。

选中 4 号事件，事件的详细信息给出了该事件可能的原因，例如硬件配置错误、模块未插入或模块有故障。解决方法为检查硬件配置、必要时插入或更换组件。

单击"在编辑器中打开"按钮，将打开与选中的事件有关的模块的设备视图或引起错误的指令所在的离线的块，可以检查和修改块中的程序。单击"另存为"按钮，诊断缓冲区各事件的详细信息被保存为文本文件，默认的名称为 Diagnostics，可以修改文件的名称。

系统出现错误时，诊断事件可能非常快地连续不断地出现，使诊断缓冲区的显示以非常快的速率更新。为了查看事件的详细信息，可以单击"冻结显示"按钮（见图 6-24）。再次单击该按钮可以解除冻结。

诊断缓冲区中的条目按事件出现的顺序排列，最上面的是最后发生的事件。PLC 通电时缓冲区最多保留 50 个条目，缓冲区装满后，新的条目将取代最老的条目。PLC 断电后，只保留 10 个最后出现的事件的条目。将 CPU 复位到工厂设置时将删除缓冲区中的条目。

3．用设备视图诊断故障

打开设备视图，用工具栏上的按钮切换到在线模式。图 6-25 的 CPU 上面绿色背景的图标表示 CPU 处于 RUN 模式，橘红色背景的图标表示 CPU 的下位模块有故障。8DI 模块上的图标表示不能访问该模块。设备概览中 AI 2_1 左边的图标表示该组件有故障。

在博途的在线帮助中搜索"使用图标显示诊断状态和比较状态"，可以找到模块和设备的各种状态图标的意义。

视频"S7-1200 的故障诊断（A）"和"S7-1200 的故障诊断（B）"可通过扫描二维码 6-4 和二维码 6-5 来播放它们。

二维码 6-4　　　二维码 6-5

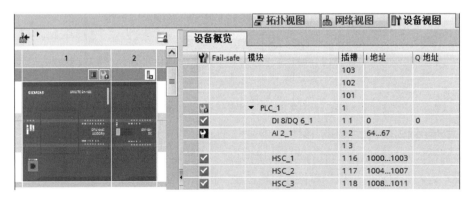

图 6-25　在线的设备视图和设备概览

4．在线和诊断视图的其他功能

打开"在线和诊断"视图时，工作区右边的任务卡最上面显示"在线工具"（见图 6-24）。最上面的"CPU 操作面板"显示出 CPU 上 3 个 LED 的状态。用该面板中的"RUN"和"STOP"按钮可以切换 CPU 的操作模式。选中项目树中的某台 PLC 后，单击工具栏上的🔼或🔽按钮，也可以使该 PLC 切换到 RUN 或 STOP 模式。

单击 CPU 操作面板上的"MRES"（存储器复位）按钮，将会清除工作存储器中的内容，包括保持性和非保持性数据，断开 PC 和 CPU 的通信连接。IP 地址、系统时间、诊断缓冲区、硬件配置和激活的强制作业被保留。装载存储器中的代码块和数据块被复制到工作存储器，数据块中是组态的起始值。

"在线工具"的"周期时间"窗格显示了 CPU 最短的、最长的和当前/上次的扫描循环时间。下面的"存储器"窗格显示未使用的装载存储器、工作存储器和保持存储器所占的百分比。选中工作区左边窗口的"循环时间"和"存储器"组，可以获得更多的信息。

选中工作区左边窗口中的"设置时间"（见图 6-26），可以在右边窗口设置 PLC 的实时时钟。勾选复选框"从 PG/PC 获取"，单击"应用"按钮，PLC 与计算机的实时时钟将会步。未勾选该复选框时，可以在"模块时间"区设置 CPU 的日期和时间，例如单击图中时间的第 2 组数字（图中为 34），可以用计算机键盘或时间域右边的增、减按钮⬍来设置选中的分钟值。设置好以后单击"应用"按钮确认。

图 6-26 设置实时时钟的日期和时间

6.6.3 网络控制系统的故障诊断

PROFINET IO 系统和 PROFIBUS-DP 主站系统的故障诊断方法基本上相同。本节介绍诊断 PROFINET IO 系统的方法。

1. 设置模块的诊断功能

打开配套资源中的项目"1200 作 IO 控制器"，启用 IO 设备 ET 200S PN 的电源模块和 DQ 模块的诊断功能（见图 6-27 和图 6-28）。用同样的方法启用其他类型的模块的诊断功能。AI 和 AQ 模块还需要启用"组诊断"功能。出现相应的诊断故障时，CPU 将会调用 OB82。

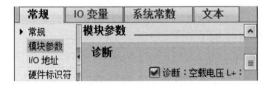

图 6-27 启用电源模块的诊断功能

图 6-28 启用 DQ 模块的诊断功能

2. 程序设计

为了观察故障出现时是否调用了故障中断 OB，单击项目树的"程序块"文件夹中的"添加新块"，生成诊断错误组织块 OB82 和机架故障组织块 OB86。因为 ET 200S PN 有带电插入/拔出模块的功能，还需要生成插入/拔出模块组织块 OB83。在上述 OB 中编程，在 CPU 调用 OB82、OB83 和 OB86 时，用 INC 指令分别将 MW20～MW24 加 1。在监控表中监控 MW20～MW24。

图 6-4 是例程"1200 作 IO 控制器"的网络视图，图中的 ET 200S PN 和 IO device_1 分别是 1 号和 2 号 IO 设备。用以太网电缆和交换机（或路由器）连接计算机、CPU 和两台 IO 设备的以太网接口。图 6-29～图 6-34 来源于 TIA 博途 V13 SP1。

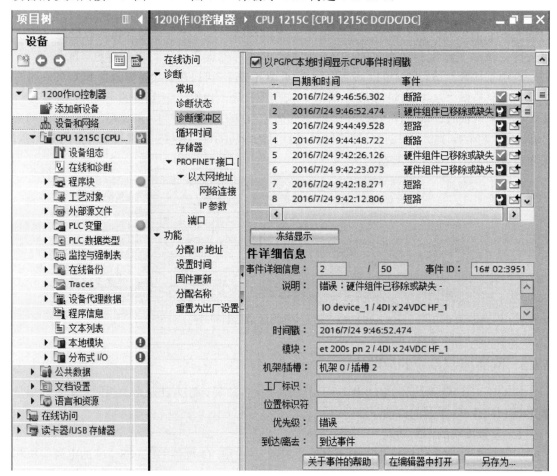

图 6-29 "在线和诊断"视图

3．用诊断缓冲区诊断故障

在 OB1 中编写简单的程序，用 I2.0 的常开触点控制 1 号 IO 设备的 DQ 模块的 Q2.0。在 Q2.0 外部负载通电时用串接的开关将它断路，出现诊断缓冲区中的 4 号事件"断路"（到达事件，见图 6-29）。监控表中 MW20 的值加 1，表示调用了一次 OB82。接通 Q2.0 的外部负载，出现诊断缓冲区中的 1 号事件"断路"（离去事件），CPU 又调用一次 OB82。

事件列表中的 6 号和 5 号事件分别是移除和插入 2 号 IO 设备的 DI 模块，这两个事件出现时分别调用一次 OB83。用监控表给地址为 QW68 的 1 号 IO 设备电压输出的 AQ 模块的 0

号通道写入一个数值，用该通道输出端外接的开关将它短路，事件列表中的 8 号和 7 号事件分别是 AQ 模块输出对地短路和恢复正常，这两个事件出现时分别调用一次 OB82。

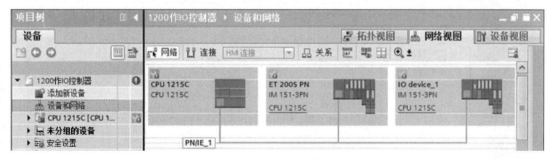

图 6-30 1 号 IO 设备通信中断的事件

单击"关于事件的帮助"按钮，将看到选择的事件的详细信息和解决问题的方法。

先后拔掉和接通 1 号 IO 设备的以太网电缆，图 6-30 中的 5～10 号事件是 2～4 号插槽的 DI、DQ 和 AQ 模块的用户数据故障，8～10 号事件是"到达事件"，5～7 号事件是"离去事件"。拔掉和接通以太网电缆时，CPU 分别调用一次 OB86。

4 号和 3 号事件分别是 1 号 IO 设备数据传输故障（未收到帧）的到达事件和离去事件。2 号事件是找不到 1 号 IO 设备的到达事件，1 号事件是 1 号 IO 设备故障的离去事件。

二维码 6-6

视频"用在线与诊断视图诊断故障"中的 CPU 为 CPU 1516-3PN/DP，使用的是博途 V13 SP1，可通过扫描二维码 6-6 播放。

4. 用网络视图和设备视图诊断故障

与 CPU 建立起在线连接，进入在线模式后，博途用图标显示有关模块的状态和运行模式。将 1 号 IO 设备 4 号插槽的电压输出的 2AO 模块的 0 号通道对地短路，拔出 2 号 IO 设备 2 号插槽的 4DI 模块，在线模式下打开网络视图（见图 6-31），可以看到 CPU 和 IO 设备上的故障图标。

图 6-31 网络视图

双击 1 号 IO 设备，打开它的设备视图和设备概览（见图 6-32 的上图），可以看到 4 号插槽的 AO 模块上有红色背景的故障图标。双击设备概览中的 AO 模块，在"在线和诊断"工作区打开它的诊断视图（见图 6-32 下面的小图）。选中左边窗口的"诊断状态"，右边窗口为"模块存在，错误"。选中左边窗口的"通道诊断"，显示 0 号通道的错误为"短路"。

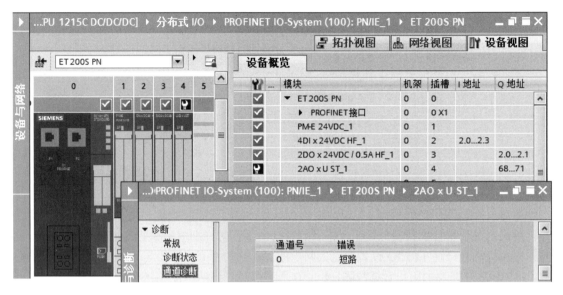

图 6-32　1 号 IO 设备的设备视图与 2AO 模块的诊断视图

图 6-33 是拔出 2 号 IO 设备的 2 号插槽的 4DI 模块时，2 号 IO 设备的设备视图和 4DI 模块的诊断视图。打开在线和诊断视图后，用巡视窗口的"诊断 > 设备信息"选项卡进行诊断（见图 6-34）。单击"详细信息"列中蓝色的字符，将打开链接的 CPU 模块的诊断缓冲区。单击"帮助"列蓝色的问号，将打开链接的进一步的信息。

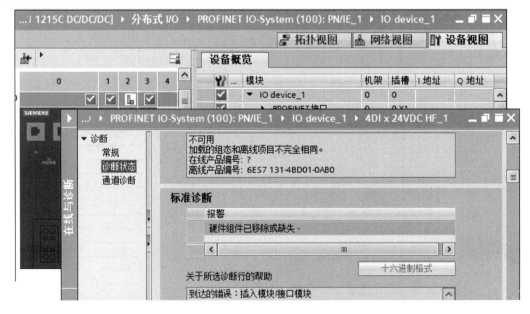

图 6-33　2 号 IO 设备的设备视图与 4DI 模块的诊断视图

图 6-34 用巡视窗口诊断硬件

打开巡视窗口的"诊断 > 连接信息"选项卡,可以看到各种类型的最大、已组态和已使用的连接个数。

视频"用网络视图和设备视图诊断故障"中的 CPU 为 CPU 1516-3PN/DP,使用的是博途 V13 SP1,可通过扫描二维码 6-7 播放。

二维码 6-7

5. 用状态 LED 诊断故障

CPU 和 I/O 模块用 LED(发光二极管)提供运行状态或 I/O 的信息。STOP/RUN LED 为黄色或绿色常亮时分别表示 STOP 或 RUN 模式。黄色/绿色交替闪动表示启动、自检测或固件更新。出错时红色 ERROR(错误)LED 闪烁,可能是 CPU 的内部错误、存储卡错误或者组态错误;硬件故障时 ERROR LED 常亮。有维护请求时橙色 MAINT(维护)LED 常亮。

插入存储卡时,MAINT LED 闪烁,CPU 切换到 STOP 模式。

打开 CPU 顶部的端子板盖板,可以看到 CPU 用来提供 PROFINET 通信状态的两个 LED。"Link"(绿色)亮表示连接成功,"Rx/Tx"(黄色)亮表示数据传输被激活。

CPU 和数字量信号模块(SM)提供每点数字量输入(DI)、数字量输出(DQ)的 I/O 状态 LED。它们点亮和熄灭分别表示对应的输入点或输出点为 1 状态和 0 状态。

模拟量信号模块为每个模拟量输入、模拟量输出通道提供一个 I/O 通道 LED,绿色表示通道被组态和激活,红色表示通道处于错误状态。

此外,每块数字量信号模块和模拟量信号模块还有一个 DIAG(诊断)LED,用于显示模块的状态,绿色表示模块运行正常,红色表示模块有故障或不可用。

6. 用 S7-1200 CPU 内置的 Web 服务器诊断故障

可以通过通用的 IE 浏览器访问 CPU 内置的 Web 服务器。打开项目"1200 作 IO 控制器",选中 PLC 的设备视图中的 CPU,再选中巡视窗口中的"Web 服务器",勾选图 6-35 中的 3 个复选框。

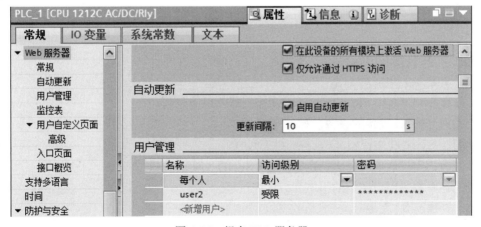

图 6-35 组态 Web 服务器

可以为不同的用户组态对 CPU 的 Web 服务器的不同的访问权限，只有授权的用户才能以相应的权限访问 Web 服务器功能。默认的用户名称为"每个人"，没有密码，访问级别为"最小"。默认情况下此用户只能查看"介绍"和"起始页面"这两个 Web 页面。单击图 6-35 中"用户管理"表格最下面一行的"新增用户"，输入用户名和密码。单击"访问级别"列隐藏的 ▼ 按钮，可以用打开的对话框中的复选框设置该用户的权限。

连接 PC 和 CPU 的以太网接口，将上述组态信息和程序下载到 CPU 后，打开 IE 浏览器。将 CPU 的 IP 地址 https://192.168.0.1/输入到 IE 浏览器的地址栏，打开 S7-1200 内置的 Web 服务器，显示"介绍"页面。单击左上角的"进入"，打开"起始页面"。此时左边的导航区只有"起始页面"和"介绍"页面。在页面的左上角输入用户名和密码，登录后导航区出现多个可访问的页面。图 6-36 是"诊断缓冲区"

二维码 6-8　　　二维码 6-9

页面，详细的诊断方法见视频"用 Web 服务器诊断故障（A）"和"用 Web 服务器诊断故障（B）"，可通过扫描二维码 6-8 和二维码 6-9 播放它们。

用户：user2	诊断缓冲区 诊断缓冲区条目 1-25 ▼				
	编号	时间	日期	状态	事件
▶ 起始页面	1	04:12:31	2020.02.21	进入的事件	Web 服务器 用户 1 登录成功 -
	2	03:56:09	2020.02.21	进入的事件	用户 1 注销 Web 服务器 成功 -
▶ 诊断	3	03:52:25	2020.02.21	进入的事件	用户 1 注销 Web 服务器 成功 -
	4	03:40:35	2020.02.21	进入的事件	Web 服务器 用户 1 登录成功 -
▶ 诊断缓冲区	5	03:38:52	2020.02.21	进入的事件	用户 1 注销 Web 服务器 成功 -
	6	03:08:31	2020.02.21	进入的事件	Web 服务器 用户 1 登录成功 -
▶ 模块信息	7	02:08:15	2020.02.21	进入的事件	Web 服务器 用户 1 登录成功 -
	8	02:07:26	2020.02.21	进入的事件	超出上限
▶ 数据通信	9	01:34:35	2020.02.21	进入的事件	IO 设备故障 - 找不到 IO 设备 -
	10	01:34:35	2020.02.21	离开的事件	IO 设备故障 - 断开与所有 IO 控制器端口的连接 -
▶ 变量状态	11	01:34:35	2020.02.21	进入的事件	IO 设备故障 - 找不到 IO 设备 -
▶ 变量表	详细信息：8				事件标识号：16# 05:01C0
	错误：超出上限				
▶ 文件浏览器	HW_ID= 291，输入通道 编号　0				
	进入的事件				

图 6-36　"诊断缓冲区"页面

6.7　习题

1. 什么是偶校验？
2. 什么是半双工通信方式？
3. 简述 S7-1200 作 PROFINET 的 IO 控制器的组态过程。
4. 怎样分配 IO 设备的设备名称？
5. 简述 S7-1200 作智能 IO 设备的组态过程。
6. 开放式用户通信有什么特点？指令 TSEND_C 和 TRCV_C 有什么优点？
7. 简述开放式用户通信的组态和编程的过程。
8. 怎样建立 S7 连接？
9. 客户端和服务器在 S7 通信中各有什么作用？

10. S7-1200 作 S7 通信的服务器时，在安全属性方面需要做什么设置？

11. Modbus 串行链路协议有什么特点？

12. 为了在出现故障时停机，需要在对应的组织块中编写什么程序？

13. CPU 在什么情况下调用 OB82、OB83 和 OB86？

14. 怎样用博途诊断有故障的 IO 设备和 IO 设备中的模块？

15. 怎样设置 CPU 的实时时钟的时间值？

16. 怎样用 S7-1200 的 Web 服务器诊断故障？

第7章　精简系列面板的组态与应用

7.1　精简系列面板

1．人机界面

从广义上说，人机界面（Human Machine Interface，HMI）泛指计算机（包括 PLC）与操作人员交换信息的设备。在控制领域，人机界面一般特指用于操作人员与控制系统之间进行对话和相互作用的专用设备。人机界面可以在恶劣的工业环境中长时间连续运行，是 PLC 的最佳搭档。

人机界面可以用字符、图形和动画动态地显示现场数据和状态，操作人员可以通过人机界面来控制现场的被控对象。此外，人机界面还有报警、用户管理、数据记录、趋势图、配方管理、显示和打印报表、通信等功能。

随着技术的发展和应用的普及，近年来人机界面的价格已经大幅下降，一个大规模应用人机界面的时代正在到来，人机界面已经成为现代工业控制系统必不可少的设备之一。

2．触摸屏

触摸屏是人机界面的发展方向，用户可以在触摸屏的屏幕上生成满足自己要求的触摸式按键。触摸屏使用直观方便，易于操作。画面上的按钮和指示灯可以取代相应的硬件元件，减少 PLC 需要的 I/O 点数，降低系统的成本，提高设备的性能和附加价值。

现在的触摸屏一般使用 TFT 液晶显示屏，每一液晶像素点都用集成在其后的薄膜晶体管来驱动，其色彩逼真、亮度高、对比度和层次感强、反应时间短、可视角度大。

3．人机界面的工作原理

首先需要用计算机上运行的组态软件对人机界面组态。使用组态软件可以很容易地生成满足用户要求的人机界面的画面，用文字或图形动态地显示 PLC 中位变量的状态和数字量的数值。用各种输入方式，将操作人员的位变量命令和数字设定值传送到 PLC。画面的生成是可视化的，组态软件使用方便，简单易学。

组态结束后将画面和组态信息编译成人机界面可以执行的文件。编译成功后，将可执行文件下载到人机界面的存储器中。

在控制系统运行时，人机界面和 PLC 之间通过通信来交换信息，从而实现人机界面的各种功能。只需要对通信参数进行简单的组态，就可以实现人机界面与 PLC 的通信。将画面上的图形对象与 PLC 变量的地址联系起来，就可以实现控制系统运行时 PLC 与人机界面之间的自动数据交换。

人机界面使用的详细方法可以参阅编者主编的《西门子人机界面（触摸屏）组态与应用技术第 3 版》一书。

4．精简系列面板

精简系列面板是主要与 S7-1200 配套的触摸屏。它具有基本的功能，适用于简单应用，具有很高的性能价格比，有功能可以定义的按键。
第二代精简面板有 4.3in、7in、9in 和 12in 的高分
辨率 64K 色宽屏显示器（见图 7-1），支持垂直安
装，用 TIA 博途 V13 或更高版本组态。它有一个
RS-422/RS-485 接口或 RJ45 以太网接口，还有一
个 USB2.0 接口。USB 接口可连接键盘、鼠标或条
形码扫描仪，可以用 U 盘实现数据归档。

图 7-1 精简系列面板

精简系列面板可以使用几十种项目语言，运行时可以使用多达 10 种语言，并且能在线切
换语言。

精简系列面板的触摸屏操作直观方便，具有报警、配方管理、趋势图、用户管理等功能。
防护等级为 IP 65，可以在恶劣的工业环境中使用。

第二代精简系列面板采用 TFT 液晶显示屏，64K 色。RJ45 以太网接口（PROFINET 接口）
的通信速率为 $10Mbit \cdot s^{-1}/100Mbit \cdot s^{-1}$，用于与组态计算机或 S7-1200 通信。电源电压额定值
为 DC 24V，有内部熔断器和内部的实时钟。背光平均无故障时间 20000h，用户内存 10MB，
配方内存 256KB。第二代精简面板的主要性能指标见表 7-1。

表 7-1 第二代精简系列面板的主要性能指标

	KTP400 Basic PN	KTP700 Basic PN / KTP700 Basic DP	KTP900 Basic PN	KTP1200 Basic PN / KTP1200 Basic DP
显示器尺寸/in	4.3	7	9	12
分辨率（宽×高）/像素	480×272	800×480	800×480	1280×800
功能键个数	4	8	8	10
电流消耗典型值/ mA	125	230	230	510/550
最大持续电流消耗/ mA	310	440/500	440	650/800

5．西门子的其他人机界面简介

高性能的精智系列面板有显示器为 4in、7in、9in、12in 和 15in 的按键型和触摸型面板，
还有 19in 和 22in 的触摸型面板。它们有 PROFINET、MPI/PROFIBUS 接口和 USB 接口。

精彩系列面板 Smart Line IE 是与 S7-200 和 S7-200 SMART 配套的触摸屏，有 7in 和 10in
两种显示器，有以太网接口和 RS-422/485 接口。7in 的 Smart 700 IE 具有很高的性能价格比。

移动面板可以在不同的地点灵活应用。有 7in 和 9in 的第二代移动面板，还有 7.5in 的无
线移动面板 Mobile Panel 277F IWLAN V2。

6．博途中的 WinCC 简介

编程软件 STEP 7 Professional 内含的 WinCC Basic 可以用于精简系列面板的组态。WinCC
Basic 简单、高效，易于上手，功能强大。基于表格的编辑器简化了变量、文本和报警信息等
的生成和编辑。通过图形化配置，简化了复杂的组态任务。

S7-1200 与精简系列面板在 TIA 博途的同一个项目中组态和编程，它们都采用以太网接
口通信，以上特点使精简系列面板成为 S7-1200 的最佳搭档。

WinCC 的运行系统可以对西门子的面板仿真，这种仿真功能对于学习精简系列面板的组
态方法是非常有用的。TIA 博途中 WinCC 的精智版、高级版和专业版可以对精彩系列面板之
外的西门子 HMI 组态，精彩系列面板用 WinCC flexible SMART 组态。

7.2 精简系列面板的画面组态

7.2.1 画面组态的准备工作

1. 添加 HMI 设备

在项目视图中生成一个名为"PLC_HMI"的新项目（见配套资源中的同名例程）。双击项目树中的"添加新设备"，单击打开的对话框中的"控制器"按钮（见图 7-2），生成名为"PLC_1"的 PLC 站点，CPU 为 CPU 1214C。再次双击"添加新设备"，单击"HMI"按钮，去掉复选框"启动设备向导"中的勾，选中 4in 的第二代精简系列面板 KTP400 Basic PN。单击"确定"按钮，生成名为"HMI_1"的面板。

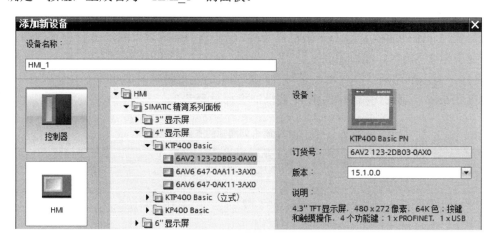

图 7-2 添加 HMI 设备

2. 组态连接

CPU 和 HMI 默认的 IP 地址分别为 192.168.0.1 和 192.168.0.2，子网掩码均为 255.255.255.0。生成 PLC 和 HMI 设备后，双击项目树中的"设备和网络"，打开网络视图，此时还没有图 7-3 中的网络。单击工具栏上的"连接"按钮 ![连接]，它右边的选择框显示连接类型为"HMI 连接"。单击选中 PLC 中的以太网接口（绿色小方框），按住鼠标左键，移动鼠标，拖出一条浅蓝色直线。将它拖到 HMI 的以太网接口，松开鼠标左键，生成图中的"HMI_连接_1"。

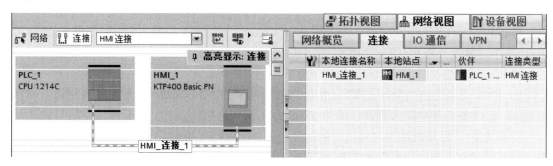

图 7-3 组态 HMI 连接

单击图 7-3 网络视图右边竖条上向左的小三角形按钮◀，打开从右到左弹出的视图中的"连接"选项卡，可以看到生成的 HMI 连接的详细信息。单击图 7-3 竖条上向右的小三角形按钮▶，关闭弹出的视图。

3. 打开画面

生成 HMI 设备后，在"画面"文件夹中自动生成一个名为"画面_1"的画面，将它的名称改为"根画面"。双击打开该画面，可以用图 7-4 工作区下面的"100%"右边的▼按钮打开放大倍数（25%～400%）下拉式列表，来改变画面的显示比例。也可以用该按钮右边的滑块快速设置画面的显示比例。

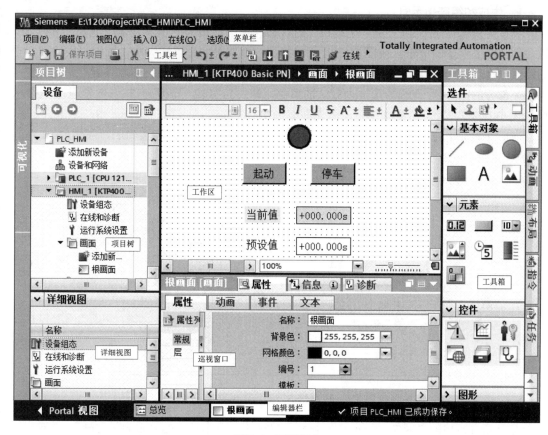

图 7-4　画面组态

单击选中工作区中的画面后，再选中巡视窗口的"属性 > 属性 > 常规"，可以用巡视窗口设置画面的名称、编号等参数。单击"背景色"选择框的▼键，用出现的颜色列表设置画面的背景色为白色。

单击"工具箱"中的空白处，勾选出现的复选框"大图标"，用大图标显示工具箱中的对象（见图 7-4）。单击复选框"显示描述"，在显示大图标的同时显示对象的名称。未勾选"大图标"时同时显示小图标和对象的名称。

4. 对象的移动与缩放

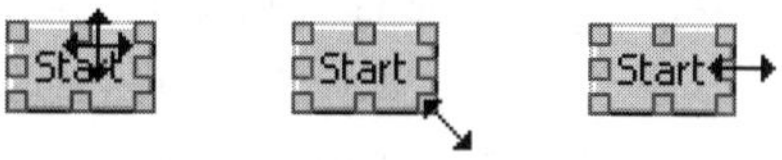

将鼠标的光标放到图 7-5 左边的按钮上，光标变为图中的十字箭头图形。按住鼠标左键并移动鼠标，将选

图 7-5　对象的移动与缩放

中的对象拖到希望的位置，松开左键，对象被放在该位置。

单击图 7-5 中间的按钮，将鼠标的光标放到某个角的小正方形上，光标变为 45°的双向箭头，按住左键并移动鼠标，可以同时改变按钮的长度和宽度。单击图右边的按钮，将鼠标的光标放到 4 条边中点的某个小正方形上，光标变为水平或垂直的双向箭头，按住左键并移动鼠标，可将选中的对象沿水平方向或垂直方向放大或缩小。可以用类似的方法移动和缩放窗口。

7.2.2 组态指示灯与按钮

1. 生成和组态指示灯

指示灯用来显示 Bool 变量"电动机"的状态。将工具箱的"基本对象"窗格中的"圆"拖拽到画面上希望的位置。用图 7-5 介绍的方法，调节圆的位置和大小。选中生成的圆，它的四周出现 8 个小正方形。选中画面下面的巡视窗口的"属性 > 属性 > 外观"（见图 7-6 的上半部分的图），设置圆的边框为默认的黑色，样式为实心，宽度为 3 个像素点（与指示灯的大小有关），背景色为深绿色，填充图案为实心。

一般在画面上直接用鼠标设置画面元件的位置和大小。选中巡视窗口的"属性 > 属性 > 布局"（见图 7-6 的下半部分的图），可以微调圆的位置和大小。

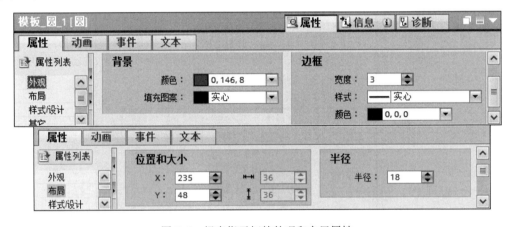

图 7-6　组态指示灯的外观和布局属性

打开巡视窗口的"属性 > 动画 > 显示"文件夹，双击其中的"添加新动画"，再双击出现的"添加动画"对话框中的"外观"，选中图 7-7 左边窗口中出现的"外观"，在右边的窗口组态外观的动画功能。设置圆连接的 PLC 的变量为位变量"电动机"，其"范围"值为 0 和 1 时，圆的背景色分别为深绿色和浅绿色，对应于指示灯的熄灭和点亮。

2. 生成和组态按钮

画面上的按钮的功能比接在 PLC 输入端的物理按钮的功能强大得多，用来将各种操作命令发送给 PLC，通过 PLC 的用户程序来控制生产过程。将工具箱的"元素"窗格中的"按钮"（图标为 ▇▇ ）拖拽到画面上，用鼠标调节按钮的位置和大小。

单击选中放置好的按钮，选中巡视窗口的"属性 > 属性 > 常规"（见图 7-8），用单选框选中"模式"域和"标签"域的"文本"，输入按钮未按下时显示的文本为"起动"。

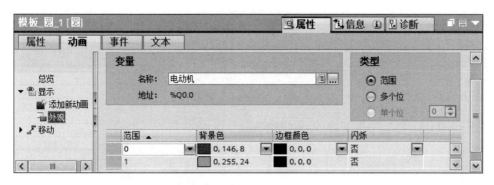

图 7-7　组态指示灯的动画功能

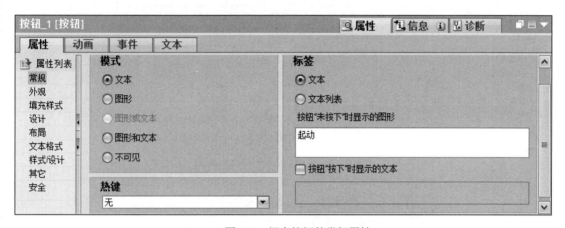

图 7-8　组态按钮的常规属性

如果勾选了复选框"按钮'按下'时显示的文本",可以分别设置未按下时和按下时显示的文本。未勾选该复选框时,按下和未按下时按钮上的文本相同。选中巡视窗口的"属性 > 属性 > 外观",设置填充图案为实心,背景色为浅灰色,"文本"的颜色为黑色。

选中巡视窗口的"属性 > 属性 > 布局"(见图 7-9 上半部分的图),可以用"位置和大小"区域的输入框微调按钮的位置和大小。如果勾选了复选框"使对象适合内容",将根据按钮上的文本的字数、字体大小和文字边距自动调整按钮的大小(见图 7-9 右边的小图)。

选中巡视窗口的"属性 > 属性 > 文本格式"(见图 7-9 下半部分的图),单击"字体"选择框右边的 按钮,可以用打开的对话框定义以像素(px)为单位的文字的大小。字体为宋体,不能更改。将字形由默认的"粗体"改为"正常",还可以设置下划线、删除线、按垂直方向读取等附加效果。设置对齐方式为水平居中,垂直方向在中间。

选中巡视窗口的"属性 > 属性 > 其他",可以修改按钮的名称,设置对象所在的"层",一般使用默认的第 0 层。

二维码 7-1

视频"触摸屏画面组态(A)"可通过扫描二维码 7-1 播放。

3. 设置按钮的事件功能

选中巡视窗口的"属性 > 事件 > 释放"(见图 7-10),单击视图右边窗口中表格最上面一行,再单击它的右侧出现的 ▼ 键(在单击之前它是隐藏的),在出现的"系统函数"列表中选择"编辑位"文件夹中的函数"复位位"。

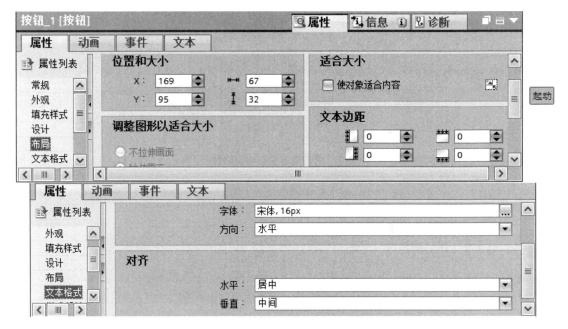

图 7-9　组态按钮的布局和文本格式

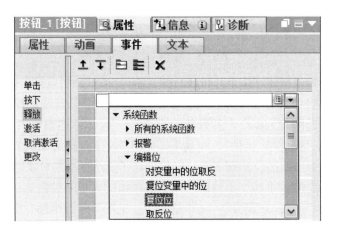

图 7-10　组态按钮释放时执行的系统函数

　　直接单击表中第 2 行右侧隐藏的 ... 按钮（见图 7-11），选中该按钮下面出现的小对话框中左边的 PLC 的"默认变量表"，双击选中右边该表中的变量"起动按钮"。在 HMI 运行时释放该按钮，将变量"起动按钮"复位为 0 状态。

　　选中巡视窗口的"属性 > 事件 > 按下"，用同样的方法设置在 HMI 运行时按下该按钮，执行系统函数"置位位"，将 PLC 的变量"起动按钮"置位为 1 状态。该按钮具有点动按钮的功能，按下按钮时变量"起动按钮"被置位，释放按钮时它被复位。

　　选中组态好的按钮，执行复制和粘贴操作。放置好新生成的按钮后选中它，设置其文本为"停车"，按下该按钮时将变量"停止按钮"置位，放开该按钮时将它复位。

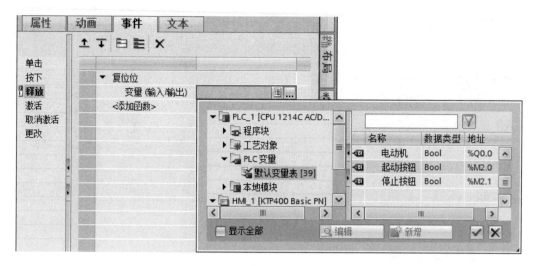

图 7-11　组态按钮释放时操作的变量

7.2.3　组态文本域与 I/O 域

1. 生成与组态文本域

将图 7-4 的工具箱中的 "文本域"（图标为字母 A）拖拽到画面上，默认的文本为 "Text"。单击选中生成的文本域，选中巡视窗口的 "属性 > 属性 > 常规"，在右边窗口的 "文本" 文本框中键入 "当前值"。可以在图 7-12 中设置字体大小和 "使对象适合内容"，也可以分别在 "文本格式" 和 "布局" 属性中设置它们。

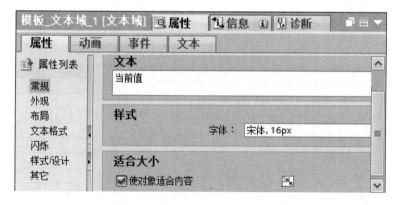

图 7-12　组态文本域的 "常规" 属性

"外观" 属性与图 7-6 上半部分的图差不多，设置其背景色为浅蓝色，填充图案为实心，文本颜色为黑色。边框的宽度为 0（没有边框），此时边框的样式没有实质的意义。在图 7-13 中设置 "布局" 属性，四周的边距均为 3 个像素，选中复选框 "使对象适合内容"。

"文本格式" 属性与图 7-9 下半部分的图相同，设置字形为 "正常"，字体的大小为 16 个像素。

选中巡视窗口的 "属性 > 属性 > 闪烁"，采用默认的设置，禁用闪烁功能。

选中画面上的文本域，执行复制和粘贴操作。放置好新生成的文本域后选中它，设置其文本为"预设值"，背景色为白色，其他属性不变。

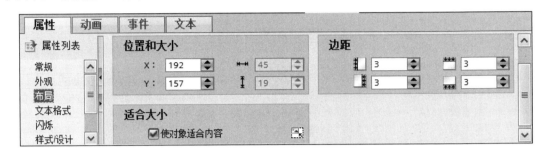

图 7-13 组态文本域的"布局"属性

2. 生成与组态 I/O 域

有 3 种模式的 I/O 域：

1）输出域：用于显示 PLC 中变量的数值。

2）输入域：用于操作员键入数字或字母，并用指定的 PLC 的变量保存它们的值。

3）输入/输出：同时具有输入域和输出域的功能，操作员用它来修改 PLC 中变量的数值，并将修改后 PLC 中的数值显示出来。

将图 7-4 的工具箱中的 I/O 域（图标为 **0.12**）拖拽到画面上文本域"当前值"的右边，选中生成的 I/O 域。选中巡视窗口的"属性 > 属性 > 常规"（见图 7-14），用"模式"选择框设置 I/O 域为输出域，连接的过程变量为"当前值"。该变量的数据类型为 Time，是以 ms 为单位的双整数时间值。在"格式"域，采用默认的显示格式"十进制"，设置"格式样式"为有符号数 s9999999（需要手工添一个 9），小数点后的位数为 3。小数点也占一位，因此实际的显示格式为+000.000（见图 7-4）。

图 7-14 组态 I/O 域的"常规"属性

在 I/O 域的"外观"属性视图设置背景色为浅灰色（图 7-15），有边框。在"文本"区域设置"单位"为 s（秒），画面上 I/O 域的显示格式为"+000.000s"（见图 7-4）。

"布局"属性的设置与图 7-13 文本域的相同。"文本格式"视图与图 7-9 相同，设置字体的大小为 16 像素。

选中画面上的 I/O 域，执行复制和粘贴操作。放置好新生成的 I/O 域后选中它，单击巡视窗口的"属性 > 属性 > 常规",设置其模式为"输入/输出",连接的过程变量为"预设值",变量的数据类型为 Time,背景色为白色。其他属性与输出域的相同。

视频"触摸屏画面组态（B）"可通过扫描二维码 7-2 播放。

二维码 7-2

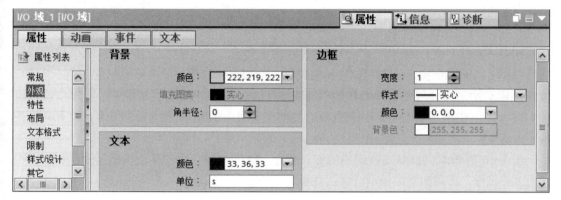

图 7-15　组态 I/O 域的"外观"属性

7.3　精简系列面板的仿真与运行

7.3.1　PLC 与 HMI 的集成仿真

1. HMI 仿真调试的方法

WinCC 的运行系统（Runtime）是一种过程可视化软件，用来在组态计算机上运行和测试用 WinCC 的工程系统组态的项目。

HMI 的价格较高，初学者一般都没有条件用硬件来做实验。安装了 TIA 博途后，在没有 HMI 设备的情况下，可以用 WinCC 的运行系统来对 HMI 设备仿真，用它来测试项目，调试已组态的 HMI 设备的功能。仿真调试也是学习 HMI 设备的组态方法和提高动手能力的重要途径。

有下列 3 种仿真调试的方法，本节主要介绍集成仿真。

（1）使用变量仿真器仿真

如果手中既没有 HMI 设备，也没有 PLC，可以用变量仿真器来检查人机界面的部分功能。选中项目视图中的"HMI_1"，执行菜单命令"在线"→"仿真"→"使用变量仿真器"，打开变量仿真器。这种测试称为离线测试，可以模拟画面的切换和数据的输入过程，还可以用仿真器来改变输出域显示的变量的数值或指示灯显示的位变量的状态，或者用仿真器读取来自输入域的变量的数值和按钮控制的位变量的状态。因为没有运行 PLC 的用户程序，仿真系统与实际系统的性能有很大的差异。

（2）使用 S7-PLCSIM 和运行系统的集成仿真

如果将 PLC 和 HMI 集成在博途的同一个项目中，可以用 WinCC 的运行系统对 HMI 设备仿真，用 PLC 的仿真软件 S7-PLCSIM 对 PLC 仿真。同时还可以对仿真系统中的 HMI 和 PLC 之间的通信和数据交换进行仿真。这种仿真不需要 HMI 设备和 PLC 的硬件，只用计算机就能很好地模拟 PLC 和 HMI 设备组成的实际控制系统的功能。

（3）连接硬件 PLC 的 HMI 仿真

设计好 HMI 设备的画面后，如果没有 HMI 设备，但是有硬件 PLC，可以在建立起计算机和 S7 PLC 通信连接的情况下，用计算机模拟 HMI 设备的功能。这种测试称为在线测试，这样可以减少调试时刷新 HMI 设备的闪存的次数，节约调试时间。这种仿真的效果与实际系统基本上相同。

2. PLC 与 HMI 的变量表

HMI（人机界面）的变量分为外部变量和内部变量。外部变量是 HMI 与 PLC 进行数据交换的桥梁，是 PLC 中定义的存储单元的映像，其值随 PLC 程序的执行而改变。可以在 HMI 设备和 PLC 中访问外部变量。HMI 的内部变量存储在 HMI 设备的存储器中，与 PLC 没有连接关系，只有 HMI 设备能访问内部变量。内部变量用于 HMI 设备内部的计算或执行其他任务。内部变量只有名称，没有地址。

图 7-16 是 PLC 的默认变量表中的部分变量。"起动按钮"和"停止按钮"信号来自 HMI 画面上的按钮，用画面上的指示灯显示变量"电动机"的状态。

		名称 ▼	数据类型	地址	保持	可从 HMI/OPC UA 访问	从 HMI/OPC UA 可写	在 HMI 工程组态中可见
1		预设值	Time	%MD8		☑	☑	☑
2		起动按钮	Bool	%M2.0		☑	☑	☑
3		电动机	Bool	%Q0.0		☑	☑	☑
4		当前值	Time	%MD4		☑	☑	☑
5		停止按钮	Bool	%M2.1		☑	☑	☑

图 7-16　PLC 的默认变量表

图 7-17 是 HMI 默认变量表中的变量，可以用隐藏的下拉式列表将默认的"符号访问"模式改为"绝对访问"。将变量"电动机"和"当前值"的采集周期由 1s 改为 100ms，以减少它们的显示延迟时间。可以单击空白行的"PLC 变量"列，用打开的对话框将 PLC 变量表中的变量传送到 HMI 变量表。

	名称 ▼	数据类型	连接	PLC 名称	PLC 变量	地址	访问模式	采集周期
	预设值	Time	HMI_连接_1	PLC_1	预设值	%MD8	<绝对访问>	1 s
	起动按钮	Bool	HMI_连接_1	PLC_1	起动按钮	%M2.0	<绝对访问>	1 s
	电动机	Bool	HMI_连接_1	PLC_1	电动机	%Q0.0	<绝对访问>	100 ms
	当前值	Time	HMI_连接_1	PLC_1	当前值	%MD4	<绝对访问>	100 ms
	停止按钮	Bool	HMI_连接_1	PLC_1	停止按钮	%M2.1	<绝对访问>	1 s

图 7-17　HMI 的默认变量表

在组态画面上的元件（例如按钮）时，如果使用了 PLC 变量表中的某个变量，该变量将会自动地添加到 HMI 的变量表中。

3. PLC 的程序

图 7-18 是 OB1 中的程序，组态 CPU 属性时，设置 MB1 为系统存储器字节，首次循环时 FirstScan（M1.0）的常开触点接通，MOVE 指令将变量"预设值"设置为 10s。变量"预设值"和"当前值"的数据类型为 Time，在 I/O 域中被视为以 ms 为单位的双整数。

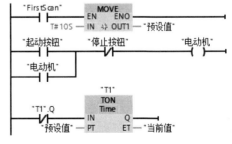

图 7-18　OB1 中的程序

T1 是 TON 的背景数据块的符号地址，定时器 T1 和"T1".Q 的常闭触点组成了一个锯齿波发生器（见图 3-34），运行时其当前值在 0 和它的预设时间值 PT 之间反复变化。

4. PLC 与 HMI 的集成仿真

打开 Windows 7 的控制面板，用上面的下拉式列表切换到"所有控制面板项"显示方式。双击其中的"设置 PG/PC 接口"，打开"设置 PG/PC 接口"对话框（见图 7-19）。单击选中"为使用的接口分配参数"列表框中的"PLCSIM.TCPIP.1"，设置"应用程序访问点"为"S7ONLINE (STEP 7) --> PLCSIM.TCPIP.1"。最后单击"确定"按钮确认。

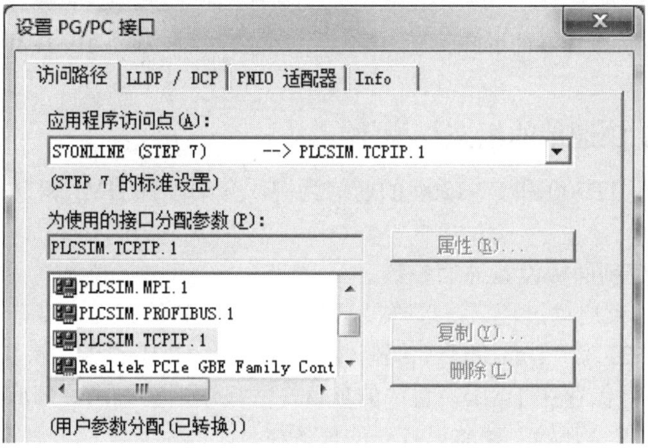

图 7-19 "设置 PG/PC 接口"对话框

选中 TIA 博途项目树中的 PLC_1，单击工具栏上的"启动仿真"按钮📇，打开 S7-PLCSIM。将程序下载到仿真 CPU，将它切换到 RUN 模式。

选中项目树中的 HMI_1 站点，单击工具栏上的"启动仿真"按钮📇，起动 HMI 的运行系统仿真。图 7-20 是仿真面板的根画面。

按下画面上的"起动"按钮，PLC 中的变量"起动按钮"（M2.0）被置为 1 状态。由于图 7-18 中的梯形图程序的作用，变量"电动机"（Q0.0）变为 1 状态，画面上的指示灯亮。松开起动按钮，M2.0 变为 0 状态。单击画面上的"停车"按钮，变量"停止按钮"（M2.1）变为 1 状态后又变为 0 状态，指示灯熄灭。

因为图 7-18 中 PLC 程序的运行，画面上定时器的当前值从 0s 开始不断增大，等于预设值时，又从 0s 开始增大。

单击画面上"预设值"右侧的输入/输出域，画面上出现一个数字键盘（见图 7-21）。其中的〈Esc〉是取消键，单击它以后数字键盘消失，退出输入过程，输入的数字无效。←是退格键，与计算机键盘上的〈Backspace〉键的功能相同，单击该键，将删除光标左侧的数字。← 和 → 分别是光标左移键和光标右移键，↵ 是确认（回车）键，单击它使输入的数字有效（被确认），将在输入/输出域中显示，同时关闭键盘。〈Home〉键和〈End〉键分别使光标移动到输入的数字的最前面和最后面，〈Del〉是删除键。

用弹出的小键盘输入数据 6.0 或 6，按回车键后，画面上"预设值"右边的输入/输出域显示出"+6.000s"。画面上动态变化的"当前值"的上限变为 6s。

视频"PLC 与触摸屏仿真实验"可通过扫描二维码 7-3 播放。

二维码 7-3

189

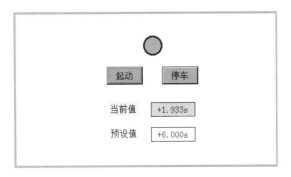

图 7-20　仿真 HMI 的根画面　　　　　　　　　　图 7-21　HMI 的数字键盘

7.3.2　HMI 与 PLC 通信的组态与操作

本节以精智面板 TP700 和 S7-1200 的通信为例，介绍硬件 HMI 和 PLC 通信的组态与运行的操作方法。

1．用 HMI 的控制面板设置通信参数

TP700 通电，结束启动过程后，屏幕显示 Windows CE 的桌面，屏幕中间是 Start Center（启动中心，见图 7-22）。"Transfer"（传输）按钮用于将 HMI 设备切换到传输模式。"Start"（启动）按钮用于打开保存在 HMI 设备中的项目，并显示启动画面。"Taskbar"（工具栏）按钮将激活 Windows CE "开始" 菜单已打开的任务栏。

按下 "Settings"（设置）按钮，打开 HMI 的控制面板。双击控制面板中的 "Transfer"（传输）图标，打开图 7-23 中的 "Transfer Settings"（传输设置）对话框。用单选框选中 "Automatic"，即采用自动传输模式。在项目数据传输到 HMI 以后，用单选框将 "Transfer"（传输）设置为 Off，可以禁用所有的数据通道，以防止 HMI 设备的项目数据被意外覆盖。

图 7-22　启动中心　　　　　　　　　　图 7-23　传输设置对话框

选中 "Transfer channel"（传输通道）列表中的 PN/IE（以太网）。单击 "Properties" 按钮，打开网络连接对话框。

双击网络连接对话框中的 PN_X1（以太网接口）图标（见图 7-24 左上角的图形），打开 "'PN_X1' Settings" 对话框。用单选框选中 "Specify an IP address"，由用户设置 PN_X1 的 IP 地址。用屏幕键盘输入 IP 地址（IP address）和子网掩码（Subnet mask），"Default Gateway" 是默认的网关。设置好以后按 "OK" 按钮退出。

PN_X1

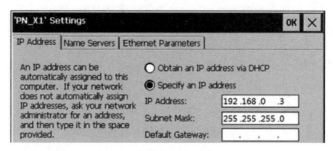

图 7-24 设置 IP 地址和子网掩码

2．下载的准备工作

设置好 HMI 的通信参数之后，为了实现计算机与 HMI 的通信，还应设置连接 HMI 的计算机网卡的 IP 地址（见图 2-33）为 192.168.0.x，第 4 个字节的值 x 不能与别的设备相同，子网掩码为 255.255.255.0。

3．将组态信息下载到 PLC

打开配套资源中的项目"PLC_HMI"，用以太网电缆、交换机或路由器连接好计算机、PLC、HMI 和远程 I/O 的以太网接口。选中项目树中的 PLC_1，单击工具栏上的下载按钮⬇，下载 PLC 的程序和组态信息。下载结束后 PLC 被切换到 RUN 模式。

4．将组态信息下载到 HMI

用以太网电缆连接好计算机与 HMI 的 RJ45 通信接口后，接通 HMI 的电源，单击出现的启动中心的"Transfer"按钮（见图 7-22），打开传输对话框，HMI 处于等待接收上位计算机（host）信息的状态（见图 7-25）。

图 7-25 "传输"对话框

选中项目树中的 HMI_1，单击工具栏上的下载按钮⬇，下载 HMI 的组态信息。第一次下载项目到操作面板时，自动弹出"扩展的下载到设备"对话框，反之出现"下载预览"对话框，首先自动地对要下载的信息进行编译，编译成功后，显示"下载准备就绪"。选中"全部覆盖"复选框，单击"下载"按钮，开始下载。单击"下载结果"对话框中的"完成"按钮，结束下载过程。

下载结束后，HMI 自动打开初始画面，如果选中了图 7-23 的"Transfer Settings"对话框中的"Automatic"，在项目运行期间下载时，将会关闭正在运行的项目，自动切换到"Transfer"运行模式，开始传输新项目。传输结束后将会启动新项目，显示启动画面。

5．验证 PLC 和 HMI 的功能

将用户程序和组态信息分别下载到 CPU 和 HMI 后，用以太网电缆连接 CPU 和 HMI 的以太网接口。两台设备通电后，经过一定的时间，面板显示根画面。检验控制系统功能的方法与集成仿真基本上相同，在此不再赘述。

7.4 习题

1．什么是人机界面？它的英文缩写是什么？

2．触摸屏有什么优点？

3. 人机界面的内部变量和外部变量各有什么特点？

4. 组态时怎样建立 PLC 与 HMI 之间的 HMI 连接？

5. 在画面上组态一个指示灯，用来显示 PLC 中 Q0.0 的状态。

6. 在画面上组态两个按钮，分别用来将 PLC 中的 Q0.0 置位和复位。

7. 在画面上组态一个输出域，用 5 位整数显示 PLC 中 MW10 的值。

8. 在画面上组态一个输入/输出域，用 5 位整数格式修改 PLC 中 MW10 的值。

9. 怎样组态具有点动功能的按钮？

10. HMI 有哪几种仿真调试的方法？各有什么特点？

11. 为了实现 S7-1200 CPU 与 HMI 的以太网通信，需要做哪些操作？

12. 怎样实现 PLC 和 HMI 的集成仿真调试？

第8章　S7-1200在模拟量闭环控制系统中的应用

8.1　模拟量闭环控制系统与 PID_Compact 指令

8.1.1　模拟量闭环控制系统

在工业生产中，一般用闭环控制方式来控制温度、压力、流量这一类连续变化的模拟量，使用得最多的是 PID 控制（即比例–积分–微分控制），这是因为 PID 控制具有以下优点：

1）即使没有控制系统的数学模型，也能得到比较满意的控制效果。

2）通过调用 PID 指令来编程，程序设计简单，参数调整方便。

3）有较强的灵活性和适应性，根据被控对象的具体情况，可以采用 P、PI、PD 和 PID 等方式，S7-1200 的 PID 指令采用了不完全微分 PID 和抗积分饱和等改进的控制算法。

1. 模拟量闭环控制系统

典型的模拟量闭环控制系统如图 8-1 所示，点划线中的部分是用 PLC 实现的。

以加热炉温度闭环控制系统为例，用热电偶检测被控量 $c(t)$（炉温），温度变送器将热电偶输出的微弱的电压信号转换为标准量程的直流电流或直流电压 $PV(t)$，PLC 用模拟量输入模块中的 A-D 转换器，将它们转换为与温度成比例的多位二进制数过程变量（又称为反馈值）$PV(n)$。CPU 将它与温度设定值 $SP(n)$ 比较，误差 $e(n) = SP(n) - PV(n)$。

模拟量与数字量之间的相互转换和 PID 程序的执行都是周期性的操作，其间隔时间称为采样周期 T_S。各数字量括号中的 n 表示该变量是第 n 次采样计算时的数字量。

PID 控制器以误差值 $e(n)$ 为输入量，进行 PID 控制运算。模拟量输出模块的 D-A 转换器将 PID 控制器的数字量输出值 $M(n)$ 转换为直流电压或直流电流 $M(t)$，用它来控制电动调节阀的开度。用电动调节阀控制加热用的天然气的流量，实现对温度的闭环控制。

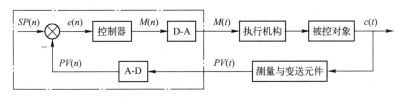

图 8-1　模拟量闭环控制系统框图

2. 闭环控制的工作原理

闭环负反馈控制可以使过程变量 $PV(n)$ 等于或跟随设定值 $SP(n)$。以炉温控制系统为例，假设被控量温度值 $c(t)$ 低于给定的温度值，过程变量 $PV(n)$ 小于设定值 $SP(n)$，误差 $e(n)$ 为正，控制器的输出值 $M(t)$ 将增大，使执行机构（电动调节阀）的开度增大，进入加热炉的天然气流量增加，加热炉的温度升高，最终使实际温度接近或等于设定值。

天然气压力的波动、工件进入加热炉，这些因素称为扰动，它们会破坏炉温的稳定，有的扰动量很难检测和补偿。闭环控制具有自动减小和消除误差的功能，可以有效地抑制闭环中各种扰动量对被控量的影响，使过程变量 $PV(n)$ 等于或跟随设定值 $SP(n)$。

闭环控制系统的结构简单，容易实现自动控制，因此在各个领域得到了广泛的应用。

3. 变送器的选择

变送器用来将传感器提供的电量或非电量转换为标准量程的直流电流或直流电压，例如 DC 0~10V 和 4~20mA 的信号，然后送给模拟量输入模块。

变送器分为电流输出型变送器和电压输出型变送器。电压输出型变送器具有恒压源的性质，PLC 模拟量输入模块的电压输入端的输入阻抗很高，例如电压输入时 S7-1200 的模拟量输入模块的输入阻抗大于等于 9MΩ。如果变送器距离 PLC 较远，微小的干扰信号电流在模块的输入阻抗上将产生较高的干扰电压。例如 2μA 干扰电流在 9MΩ 输入阻抗上将会产生 18V 的干扰电压信号，所以远程传送的模拟量电压信号的抗干扰能力很差。

电流输出型变送器具有恒流源的性质，恒流源的内阻很大。S7-1200 的模拟量输入模块输入电流时，输入阻抗为 280Ω。线路上的干扰信号在模块的输入阻抗上产生的干扰电压很低，所以模拟量电流信号适于远程传送。

电流输出型变送器分为二线制和四线制两种，四线制变送器有两根电源线和两根信号线。二线制变送器只有两根外部接线，它们既是电源线，也是信号线（见图 8-2），输出 4~20mA 的信号电流，直流电源串接在回路中，有的二线制变送器通过隔离式安全栅供电。通过调试，在被检测信号量程的下限时输出电流为 4mA，被检测信号满量程时输出电流为 20mA。二线制变送器的接线少，信号可以远传，在工业中得到了广泛的应用。

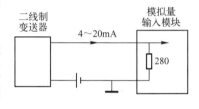

图 8-2　二线制变送器

4. 闭环控制反馈极性的确定

闭环控制必须保证系统是负反馈（误差 = 设定值 - 过程变量），而不是正反馈（误差 = 设定值 + 过程变量）。如果系统接成了正反馈，将会失控，被控量会往单一方向增大或减小。

闭环控制系统的反馈极性与很多因素有关，例如因为接线改变了变送器输出电流或输出电压的极性，或者改变了绝对式位置传感器的安装方向，都会改变反馈的极性。

可以用下面介绍的方法来判断反馈的极性：在调试时断开模拟量输出模块与执行机构之间的连线，在开环状态下运行 PID 控制程序。如果控制器中有积分环节，因为反馈被断开了，不能消除误差，模拟量输出模块的输出电压或电流会向一个方向变化。这时如果假设接上执行机构，能减小误差，则为负反馈，反之为正反馈。

以温度控制系统为例，假设开环运行时设定值大于过程变量，若模拟量输出模块的输出值 $M(t)$ 不断增大，如果形成闭环，将使电动调节阀的开度增大，闭环后温度测量值将会增大，使误差减小，由此可以判定系统是负反馈。

5. 闭环控制系统主要的性能指标

由于给定输入信号或扰动输入信号的变化，使系统的输出量发生变化，在系统输出量达到稳态值之前的过程称为过渡过程或动态过程。系统的动态过程的性能指标用阶跃响应的参数来描述（见图 8-3）。阶跃响应是指系统的输入信号阶跃变化（例如从 0 突变为某一恒定值）时系统的输出。被控量 $c(t)$ 从 0 上升，第一次到达稳态值 $c(\infty)$ 的时间称为上升时间 t_r。

一个系统要正常工作，阶跃响应曲线应该是收敛的，最终能趋近于某一个稳态值 $c(\infty)$。系统进入并停留在 $c(\infty)$ 上下 $\pm 5\%$（或 2%）的误差带内的时间 t_S 称为调节时间，到达调节时间表示过渡过程已基本结束。

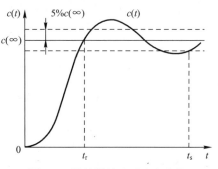

图 8-3　被控量的阶跃响应曲线

系统的相对稳定性可以用超调量来表示。设动态过程中输出量的最大值为 $c_{max}(t)$，如果它大于输出量的稳态值 $c(\infty)$，定义超调量

$$\sigma\% = \frac{c_{max}(t) - c(\infty)}{c(\infty)} \times 100\%$$

超调量越小，动态稳定性越好。一般希望超调量小于 10%。通常用稳态误差来描述控制的准确性和控制精度，稳态误差是指响应进入稳态后，输出量的期望值与实际值之差。

8.1.2　PID_Compact 指令的算法与参数

在指令列表的"工艺"窗格的"\PID 控制\Compact PID"文件夹中，有 3 条指令，包括集成了调节功能的通用 PID 控制器指令 PID_Compact，集成了阀门调节功能的 PID 控制器指令 PID_3Step，以及温度 PID 控制器指令 PID_Temp。

PID_Compact 指令是对具有比例作用的执行器进行集成调节的 PID 控制器，具有抗积分饱和功能，并且能够对比例作用和微分作用进行加权运算。其计算公式为

$$y = K_P[(bw - x) + \frac{1}{T_I s}(w - x) + \frac{T_D s}{aT_D s + 1}(cw - x)] \tag{8-1}$$

式中，y 为 PID 控制器的输出值；K_P 为比例增益；b 为比例作用权重；w 为设定值；x 为过程值；s 为自动控制理论中的拉普拉斯运算符；T_I 为积分作用时间；T_D 为微分作用时间；a 为微分延迟系数；微分延迟 $T_1 = aT_D$；c 为微分作用权重。

PID_Compact 指令算法框图见图 8-4，带抗积分饱和的 PIDT1 框图见图 8-5。建议 PID 控制器回路不要超过 16 路。

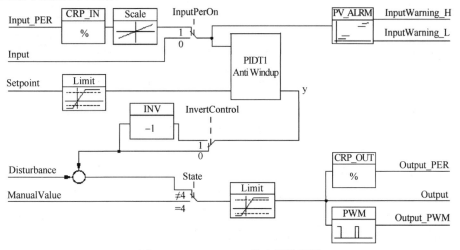

图 8-4　PID_Compact 指令算法框图

195

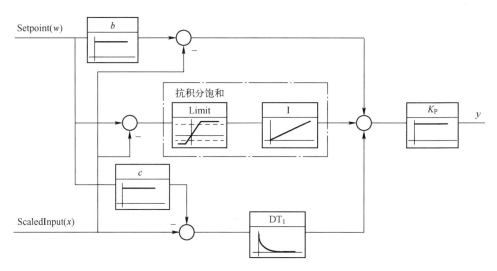

图 8-5　带抗积分饱和的 PIDT1 框图

生成名为"1200PID 闭环控制"的新项目（见配套资源中的同名例程），CPU 的型号为 CPU 1214C。调用 PID_Compact 的时间间隔称为采样时间，为了保证精确的采样时间，用固定的时间间隔执行 PID 指令，因此在循环中断 OB 中调用 PID_Compact 指令。

双击项目树的"程序块"文件夹中的"添加新块"，生成循环中断组织块 OB30，设置其循环时间为 300ms。将 PID_Compact 指令拖放到 OB30 中（见图 8-6），对话框"调用选项"被打开。单击"确定"按钮，在"\程序块\系统块\程序资源"文件夹中生成名为"PID_Compact"的函数块。生成的背景数据块 PID_Compact_1（DB3）在项目树的"工艺对象"文件夹中。

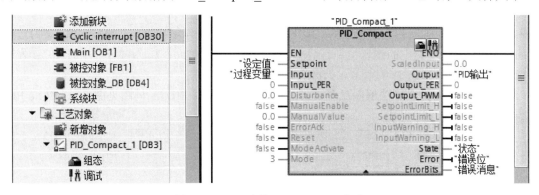

图 8-6　OB30 中的 PID_Compact 指令

单击指令框底部的 ▼ 或 ▲ 按钮，可以展开为详细参数显示或收缩为最小参数显示。

实数输入参数 Setpoint 和 Input 分别是控制器的设定值和过程值（即反馈值），Int 型参数 Input_PER 是来自模拟量输入模块的过程值。

Output 是实数型的 PID 输出值，Output_PER 是 Int 型的模拟量输出值，Output_PWM 是 Bool 型的 PID 脉宽调制输出值。可以同时使用这 3 个输出变量。

Int 型输出参数 State 是 PID 当前的工作模式，其值为 0～5 时的工作模式分别为未激活、预调节、精确调节、自动模式、手动模式和带错误监视的替代输出值。

在输入参数 ModeActivate 的上升沿，将切换到保存在 InOut 参数 Mode 指定的工作模式。

Bool 型输出参数 Error 为 TRUE（1 状态）表示在本周期内至少有一条错误消息处于未确认（未决）状态。DWord 型输出 ErrorBits 中是处于未确认状态的错误消息。

PID_Compact 指令的其他输入、输出参数和它的背景数据块中的静态参数的意义见该指令的在线帮助。

8.1.3 PID_Compact 指令的组态与调试

1. PID 参数组态

双击项目树的"\工艺对象\PID_Compact_1"文件夹中的"组态"（见图 8-6），或双击 PID_Compact 指令框中的"打开组态窗口"图标，在工作区打开 PID 的组态窗口。选中左边窗口中的"控制器类型"（见图 8-7 上半部分的图），可以设置控制器类型为各种物理量，一般设置为"常规"，其单位为%。对于 PID 输出增大时被控量减小的设备（例如制冷设备），应勾选"反转控制逻辑"复选框。如果勾选了"CPU 重启后激活 Mode"复选框，CPU 重启后将激活图中设置的自动模式。

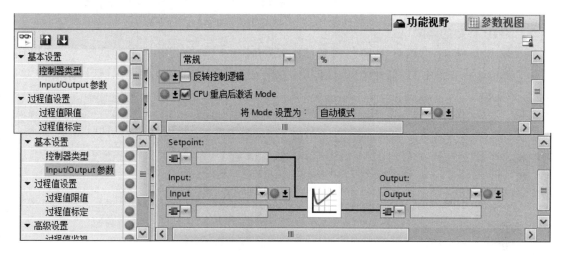

图 8-7 PID 组态窗口

选中左边窗口的"Input/Output 参数"（见图 8-7 下半部分的图），本例设置过程变量（Input）和 PID 输出（Output）分别为指令的输入参数 Input 和输出参数 Output（均为浮点数）。

选中左边窗口的"过程值限值"，采用默认的过程值上限（120.0%）和下限（0.0%）。

选中左边窗口的"过程值标定"，采用默认的比例。标定的过程值下限和上限分别为 0.0% 和 100.0%时，A-D 转换后的下限和上限分别为 0.0 和 27648.0。

选中左边窗口"高级设置"文件夹中的"过程值监视"（见图 8-8），可以设置输入的上限报警值和下限报警值。运行时如果输入值超过设置的上限值或低于下限值，指令的 Bool 输出参数"InputWarning_H"或"InputWarning_L"将变为 1 状态。

选中左边窗口的"PWM 限制"，可以设置 PWM 的最短接通时间和最短关闭时间。

选中左边窗口的"输出值限值"，将输出值的上、下限分别设置为 100.0%和-100%，可以设置出现错误时对 Output 的处理方法。

选中左边窗口的"PID 参数"（见图 8-8），勾选"启用手动输入"复选框，可以离线或在线监视、修改和下载 PID 参数，控制器结构可选 PID 和 PI。

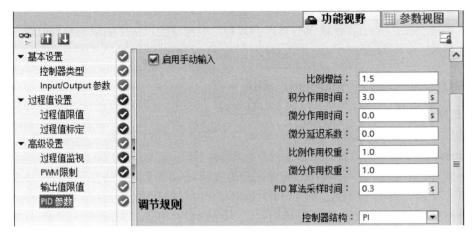

图 8-8　组态 PID 参数

2．PID 参数的调试

双击项目树的"\PLC_1\工艺对象\PID_Compact_1"文件夹中的"调试"，或单击
PID_Compact 指令框中的"打开调试窗口"图标 **牪**，在工作区打开 PID 的调试窗口（见图 8-9）。

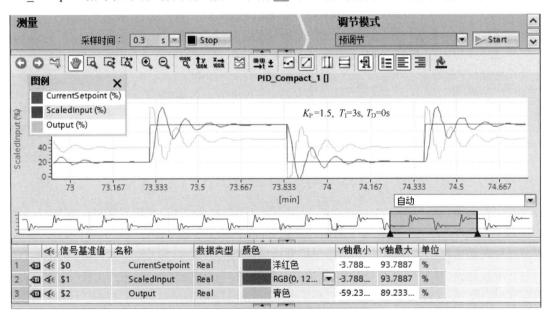

图 8-9　PID 调试窗口

调试窗口被 3 根水平分隔条分隔为 4 个分区，将鼠标的光标放在某个分隔条上，按住鼠
标的左键移动鼠标，可以移动水平分隔条，以改变有关分区的高度，或隐藏某个分区。

选中项目树中的 PLC_1，将程序和组态数据下载到 CPU。将最上面分区的采样时间设置
为 0.3s。单击采样时间右边的"Start"（启动）按钮，开始用曲线图监视 PID 控制器的当前设
定值（Current Setpoint）方波、标定的过程值（ScaledInput）和 PID 输出 Output。

图 8-9 的曲线图中左上角的图例给出了各曲线的颜色，单击曲线图工具栏上的 ⊞ 按钮，可以显示或隐藏图例，单击 ☰ 或 ☰ 按钮，可以将图例放在曲线图的右上角或左上角。

可以用曲线图下面的表格修改曲线的颜色，例如将设定值由浅蓝色改为洋红色。单击该表格 Output 行左边的 ◀ 按钮，可以隐藏或重新显示 Output 曲线。

按下工具栏上的"垂直缩放选择"按钮 ⊟，光标变为该按钮上的图形。按住鼠标左键，在曲线图中拖动鼠标，选择垂直范围，曲线图根据所选范围对纵轴进行比例缩放。例如选择的范围为 40%～90%时，纵轴的上、下限变为 90%和 40%。如果要扩大纵轴的范围，可选择纵轴一端之外的地方，再次单击该按钮，按钮被释放，缩放功能被取消。 ⊡ 是"水平缩放选择"按钮，曲线图根据所选范围对横轴进行比例缩放。

"缩放选择"按钮 ⊕ 根据所选范围，对曲线图的纵轴和横轴同时进行比例缩放。

"放大"按钮 ⊕ 和"缩小"按钮 ⊖ 同时对时间轴和数值轴的范围进行放大或缩小。

"显示全部"按钮 🔍 按比例缩放可用数据的曲线图，从而显示完整的时间范围和所有数值。激活缩放功能时，曲线的动态变化会停止。"显示全部"按钮可以再次激活曲线的动态变化。

单击按下"移动视图"按钮 ✋，用鼠标左键按住曲线图中的曲线可以移动它。

"更改 X 轴单位"按钮 ⏱ 可设置 X 轴的单位为采样数、以 min 为单位的时间或时间戳。"插补视图"按钮 📈 用于实现两个连续浮点数测量点之间的线性插补，使曲线平滑。

按钮 🔲 用于显示或隐藏时间范围显示区，该区下面的两个三角形之间的黄色矩形区域用来设置显示的时间范围。可以用鼠标移动黄色区域的左、右边界。

8.2 PID 参数的手动整定方法

8.2.1 PID 参数的整定方法

1. PID 参数与系统动静态性能的关系

PID 控制器输出量中的比例、积分、微分部分都有明确的物理意义，在整定 PID 控制器参数时，可以根据控制器的参数与系统动态、静态性能之间的定性关系，用实验的方法来调节控制器的参数。

（1）比例增益

比例部分与误差同步，它的调节作用及时，比积分控制的反应快。在误差出现时，比例控制能立即给出控制信号，使被控制量朝着误差减小的方向变化。

如果比例增益 K_P 太小，会使系统输出量变化缓慢，调节时间过长。如果系统中没有积分作用，单纯的比例调节有稳态误差，稳态误差与 K_P 成反比。增大 K_P 使系统反应灵敏，上升速度加快，并且可以减小稳态误差。但是 K_P 过大会使调节力度太强，造成调节过头，超调量增大，振荡次数增加，动态性能变坏。K_P 过大甚至会使闭环系统不稳定。

如果 PID 控制器有积分作用（例如采用 PI 或 PID 控制），积分能消除阶跃输入的稳态误差，这时可以将 K_P 调得小一些。

（2）积分时间

积分部分与误差对时间的积分成正比。因为积分时间 T_I 在积分项的分母中，T_I 越小，积分速度越快，积分作用越强。

控制器中的积分作用与当前误差的大小和误差的历史情况（误差的累加值）都有关系，只要误差不为零，控制器的输出就会因为积分作用而不断变化，误差为正时积分项不断增大，反之不断减小。积分项有减小误差的作用，一直要到系统处于稳定状态，这时误差恒为零，比例部分和微分部分均为零，积分部分才不再变化，并且刚好等于稳态时需要的控制器的输出值。因此积分部分的作用是消除稳态误差和提高控制精度，积分作用一般是必需的。

但是积分作用具有滞后特性，不像比例部分，只要误差一出现，就立即起作用。积分作用太强（即 T_I 太小），其累积的作用与增益过大相同，将会使超调量增大，甚至使系统不稳定。积分作用太弱（即 T_I 太大），则消除误差的速度太慢，T_I 的值应取得适中。

积分作用很少单独使用，它一般与比例和微分联合使用，构成 PI 或 PID 控制器。PI 控制器既克服了单纯的比例调节有稳态误差的缺点，又避免了单纯的积分调节的响应慢、动态性能不好的缺点，因此被广泛使用。

（3）微分时间

微分部分的输出与误差的一阶导数（即误差的变化速率）成正比，反映了被控量变化的趋势，其作用是阻碍被控量的变化。在图 8-3 启动过程的上升阶段，当 $c(t) < c(\infty)$ 时，被控量尚未超过其稳态值，超调还没有出现。但是因为被控量不断增大，误差 $e(t)$ 不断减小，误差的导数和控制器输出的微分部分为负，减小了控制器的输出量，相当于提前给出制动作用，以阻碍被控量的上升，所以可以减少超调量。因此微分控制具有超前和预测的特性，在输出 $c(t)$ 超出稳态值之前，根据被控量变化的趋势，就能提前给出控制作用。

闭环控制系统的振荡甚至不稳定的根本原因在于有较大的滞后因素，因为微分分量能预测误差变化的趋势，这种"超前"的作用可以抑制滞后因素的影响，适当的微分控制作用可以使超调量减小，缩短调节时间，增加系统的稳定性。其缺点是对干扰噪声敏感，使系统抑制干扰的能力降低。

对于有较大惯性或滞后的被控对象，控制器输出量变化后，要经过较长的时间才能引起反馈量的变化，如果 PI 控制器的控制效果不理想，可以考虑在控制器中增加微分作用，以改善系统在调节过程中的动态特性。

微分时间 T_D 与微分作用的强弱成正比，T_D 越大，微分作用越强。但是 T_D 太大对误差的变化压抑过度，将会使响应曲线变化迟缓，还可能会产生频率较高的振荡（见图 8-15）。如果将 T_D 设置为 0，微分部分将不起作用。

（4）采样周期

采样周期 T_S 越小，采样值越能反映模拟量的变化情况。但是 T_S 太小会增加 CPU 的运算工作量，相邻两次采样的差值几乎没有什么变化，所以也不宜将 T_S 取得过小。

确定采样周期时，应保证在被控量迅速变化时（例如幅度变化较大的衰减振荡过程）有足够多的采样点数，如果将各采样点的过程变量 $PV(n)$ 连接起来，应能基本上复现模拟量过程变量 $PV(t)$ 曲线，以保证不会因为采样点过稀而丢失被采集的模拟量中的重要信息。

2. PID 参数的整定方法

PID 控制器有 4 个主要的参数 T_S、K_P、T_I、T_D 需要整定，如果使用 PI 控制器，也有 3 个主要的参数需要整定。如果参数整定得不好，系统的动、静态性能达不到要求，甚至会使系统不能稳定运行。

可以根据本节介绍的控制器的参数与系统动静态性能之间的定性关系，用实验的方法来调节控制器的参数。在调试中最重要的问题是在系统性能不能令人满意时，知道应该调节哪一个或哪几个参数，各参数应该增大还是减小。有经验的调试人员一般可以较快地得到较为满意的调试结果。可以按以下规则来整定 PID 控制器的参数。

1）为了减少需要整定的参数，可以首先采用 PI 控制器。给系统输入一个阶跃给定信号，观察过程变量 $PV(t)$ 的波形。由此可以获得系统性能的信息，例如超调量和调节时间。

2）如果阶跃响应的超调量太大（见图 8-9），经过多次振荡才能进入稳态或者根本不稳定，应减小控制器的增益 K_P 或增大积分时间 T_I。如果阶跃响应没有超调量，但是被控量上升过于缓慢（见图 8-18），过渡过程时间太长，应按相反的方向调整上述参数。

3）如果消除误差的速度较慢（见图 8-16），应适当减小积分时间，增强积分作用。

4）反复调节增益和积分时间，如果超调量仍然较大，可以加入微分作用，即采用 PID 控制。微分时间 T_D 从 0 逐渐增大，反复调节 K_P、T_I 和 T_D，直到满足要求。需要注意的是在调节增益 K_P 时，同时会影响到积分分量和微分分量的值，而不是仅仅影响到比例分量。

5）如果响应曲线第一次到达稳态值的上升时间较长（上升缓慢），可以适当增大增益 K_P。如果因此使超调量增大，可以通过增大积分时间和调节微分时间来补偿。

总之，PID 参数的整定是一个综合的、各参数相互影响的过程，实际调试过程中的多次尝试是非常重要的，也是必需的。

3. PID 控制器的初始参数值的确定

如果调试人员熟悉被控对象，或者有类似的控制系统的资料可供参考，PID 控制器的初始参数比较容易确定。反之，控制器的初始参数的确定是相当困难的，随意确定的初始参数值可能与最后调试好的参数值相差数十倍甚至数百倍。

作者建议采用下面的方法来确定 PI 控制器的初始参数值。为了保证系统的安全，避免在首次投入运行时出现系统不稳定或超调量过大的异常情况，在第一次试运行时设置比较保守的参数，即增益不要太大，积分时间不要太小。此外还应制订被控量响应曲线上升过快、可能出现较大超调量的紧急处理预案，例如迅速关闭系统或者立即切换到手动方式。试运行后根据响应曲线的波形，可以获得系统性能的信息，例如超调量和调节时间。根据上述调整 PID 控制器参数的规则，来修改控制器的参数。

8.2.2　PID 参数的手动整定实验

1. 使用模拟的被控对象的 PID 闭环控制程序

为了学习整定 PID 控制器参数的方法，必须做闭环实验，开环运行 PID 程序没有任何意义。用硬件组成一个闭环需要 CPU 模块、模拟量输入模块和模拟量输出模块，此外还需要被控对象、检测元件、变送器和执行机构。

本节介绍的 PID 闭环实验只需要一块 S7-1200 的 CPU，广义被控对象（包括检测元件和执行机构）用作者编写的名为"被控对象"的函数块来模拟，被控对象的数学模型为 3 个串联的惯性环节，其增益为 $GAIN$，惯性环节的时间常数分别为 $TIM1\sim TIM3$。其传递函数为

$$\frac{GAIN}{(TIM1s+1)(TIM2s+1)(TIM3s+1)}$$

分母中的"s"为自动控制理论中拉式变换的拉普拉斯运算符。将某一时间常数设为 0，可以减少惯性环节的个数。图 8-10 中被控对象的输入值 INV 是 PID 控制器的输出值，DISV 是系统的扰动输入值。被控对象的输出值 OUTV 作为 PID 控制器的过程变量（反馈值）PV。

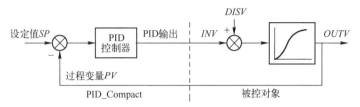

图 8-10　使用模拟的被控对象的 PID 闭环示意图

配套资源中的例程"1200 PID 闭环控制"的主体程序是循环中断组织块 OB30，它的循环时间（即 PID 控制的采样时间 T_S）为 300ms。在 OB30 中调用 PID_Compact 指令和函数块"被控对象"，实现闭环 PID 控制。可以用这个例程和 PID 调节窗口学习 PID 的参数整定方法。

图 8-11 是该例程的 OB1 中的程序，定时器 T1 和 T2 组成方波振荡器，T1 的输出位"T1".Q 的常开触点的接通和断开的时间均为 30s。变量"设定值"是 PID_Compact 指令的浮点数设定值 Setpoint 的实参（见图 8-6）。在 T1 输出位"T1".Q 的上升沿和下降沿，分别将"设定值"修改为浮点数 20.0% 和 70.0%，设定值是周期为 60s 的方波。

图 8-12 是循环中断组织块 OB30 中的函数块"被控对象"。组态 CPU 的属性时设置 MB1 为系统存储器字节，函数块"被控对象"的参数 COM_RST 的实参为 FirstScan（即首次循环位 M1.0），首次扫描时将函数块"被控对象"的输出 OUTV 初始化为 0。各时间变量是以 ms 为单位的实数。

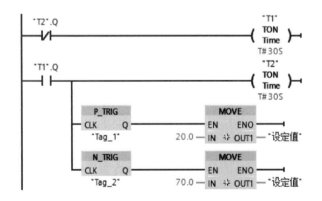

图 8-11　OB1 中的梯形图

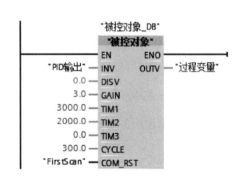

图 8-12　OB30 中的被控对象程序

2. PID 闭环控制的仿真实验

PLCSIM 还不能对 S7-1200 的 PID 控制的工艺模块和工艺对象仿真，但是支持对 S7-1500 的 PID 功能的仿真，因此可以用配套资源中的例程"1500 PID 闭环控制"实现对 PID 闭环控制的纯软件仿真。这个例程也可以用于 S7-1500 的硬件 CPU。

配套资源中的例程"1500 PID 闭环控制"与"1200 PID 闭环控制"除了 CPU 不同外,程序完全相同。可以用前者做纯软件仿真实验,后者用于 S7-1200 的硬件实验,两种实验的效果相同。

3. PID 参数的手动整定实验

打开配套资源中的例程"1500 PID 闭环控制",将系统数据和用户程序下载到硬件 PLC 或仿真 PLC 后,PLC 切换到 RUN 模式。打开 PID 调试窗口(见图 8-9),单击表格中 Output 行左边的 按钮,隐藏 PID 输出曲线。图 8-9、图 8-13~图 8-18 中的 PID 参数是作者添加的。

PID 的初始参数如下:比例增益为 1.5,积分时间为 3s,微分时间为 0s,采样时间为 0.3s,比例作用和微分作用的权重均为 1.0,控制器结构为 PI(见图 8-8)。打开调试窗口,将采样时间设置为 0.3s,单击图 8-9 中采样时间右边的"Start"按钮,启动 PID 调试功能。响应曲线见图 8-9,超调量大于 20%,有多次震荡。

打开组态窗口的 PID 参数组态页面(见图 8-8),单击"监视所有"按钮 ,退出监视,将积分时间由 3s 改为 8s。单击 按钮,启动监视,单击"初始化设定值"按钮 ,将修改后的值下载到 CPU。单击采样时间右边的"Start"按钮,启动 PID 调试功能。增大积分时间(减小积分作用)后,超调量减小到小于 20%(见图 8-13)。

打开组态窗口,将微分时间由 0s 改为 0.1s,控制器结构改为 PID。修改后的值被下载到 CPU 以后,超调量由接近 20%减小到 10%(见图 8-14)。

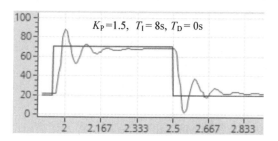

图 8-13 PI 控制器阶跃响应曲线

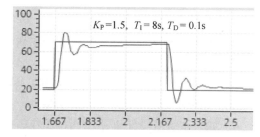

图 8-14 PID 控制器阶跃响应曲线 1

微分时间也不是越大越好,将微分时间由 0.1s 增大到 0.8s 后下载到 CPU。阶跃响应的过程值的平均值曲线变得很迟缓,还叠加了一些较高频率的波形(见图 8-15)。由此可见微分时间需要恰到好处,才能发挥它的正面作用。

将微分时间恢复到 0.1s,比例增益由 1.5 减小到 1.0。减小比例增益后,超调量进一步减小,但是消除误差的速度太慢(见图 8-16)。

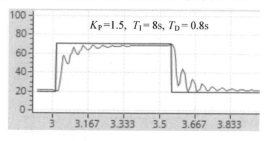

图 8-15 PID 控制器阶跃响应曲线 2

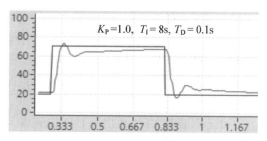

图 8-16 PID 控制器阶跃响应曲线 3

将积分时间由 8s 减小到 3s，将修改后的值下载到 CPU。积分时间减小后，消除误差的速度加快，超调量比图 8-16 略为增大（见图 8-17），但是不到 10%，这是比较理想的响应曲线。

将比例系数由 1.0 减小到 0.3，将修改后的值下载到 CPU 后，响应曲线的上升速度太慢（见图 8-18）。如果调试时遇到这样的响应曲线，应增大比例增益。

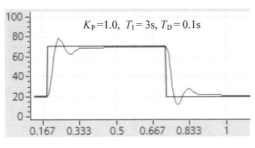

图 8-17　PID 控制器阶跃响应曲线 4　　　　　图 8-18　PID 控制器阶跃响应曲线 5

视频 "PID 参数手动整定" 可通过扫描二维码 8-1 播放。

4. 仿真系统的程序与实际的 PID 程序的区别

对于实际的 PID 程序，在例程 "1200 PID 闭环控制" 的基础上，应对 PID 控制程序做下列改动：

二维码 8-1

1）删除 OB30 中的函数块 "被控对象" 和 OB1 中产生方波给定信号的程序。

2）实际的 PID 控制程序一般使用来自 AI 模块的过程变量 Input_PER，后者应设为实际使用的 AI 模块的通道地址，例如 IW96。不要设置浮点数的过程变量输入 Input 的实参。

3）不要设置浮点数输出 Output 的实参，将 Output_PER（外设输出值）设为实际使用的模拟量输出模块的通道地址，例如 QW4。

4）如果系统需要自动/手动两种工作模式的切换，参数 ManualEnable 应设置为切换自动/手动的 Bool 变量。手动时该变量为 1 状态，参数 ManualValue 是用于输入手动值的地址。

8.3　PID 参数自整定

PID_Compact 具有参数自整定（或称为优化调节）的功能。优化调节分为预调节和精确调节两个阶段，二者配合可以得到最佳的 PID 参数。

1. 项目简介

配套资源中的项目 "1200 PID 参数自整定" 与项目 "1200 PID 闭环控制" 的程序结构相同。它们的循环中断组织块 OB30 中的程序完全相同（见图 8-6 和图 8-12），PID_Compact 指令和作者编写的模拟被控对象的函数块 "被控对象" 组成了 PID 闭环控制系统。

在组态时设置 CPU 重启后 PID 控制器为自动模式，在 OB1 中用 I0.0 使 MD12 中的设定值在 0.0%～70% 之间切换（见图 8-19）。可以用配套资源中的项目 "1500 PID 参

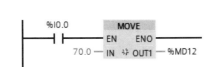

图 8-19　OB1 中的程序

数自整定"做仿真实验。

2. 预调节实验

在 PID 整定窗口设置 PID 的增益值为 0.3，积分时间为 3s，微分时间为 0s，微分延迟系数为 0，采样时间为 0.3s，比例作用和微分作用的权重均为 1.0，控制器结构为 PID。选中 PLC_1，将用户程序和组态数据下载到硬件 PLC 或仿真 PLC，令 PLC 进入运行模式。

如图 8-20 所示，在 PID 调节窗口，设置"采样时间"为 0.3s。用右上角的选择框设置调节模式为"预调节"。设定值 SP 为 0 时，单击采样时间右边的"Start"按钮，启动测量。令 I0.0 变为 1 状态，使设定值从 0 跳变到 70%，立即单击右边的"调节模式"区的"Start"按钮，启动预调节。

在预调节期间，红色的 PID 输出值跳变为 30% 左右的恒定值，过程变量 PV 按指数规律上升（见图 8-20 左边的曲线）。预调节成功地完成后，下面的"状态"文本框出现"系统已调节"的信息，控制器自动切换到自动模式，红色的 PID 输出值以较大幅度衰减震荡，绿色的过程变量曲线在 70% 的设定值水平线上下衰减震荡，误差迅速趋近于 0，过程变量 PV 和设定值曲线 SP 重合。

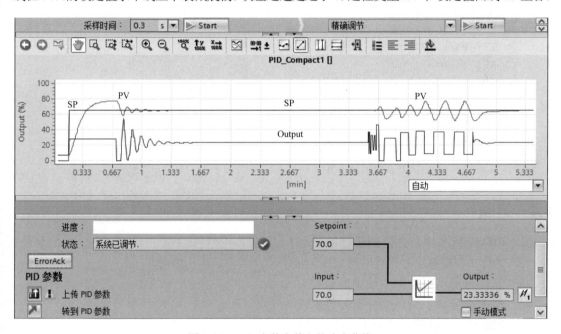

图 8-20　PID 参数自整定的响应曲线

如果设定值和过程值的差值太小，或过程值、PID 的输出值超出组态的极限值范围，预调节将会终止，调试窗口下面的"状态"文本框将会出现相应的错误信息。可以用"ErrorAck"按钮清除错误信息。

3. 精确调节实验

经过预调节后，如果得到的自整定的参数的控制效果不太理想，需要进行精确调节。开始精确调节之前，要求过程变量处于稳定状态，没有干扰的影响。

预调节结束后，用 PID 调节窗口右上角的"调节模式"选择框设置调节模式为"精确调节"。单击"调节模式"区的"Start"按钮，启动精确调节。经过一段时间后，红色的 PID 输出曲线以方波波形变换（见图 8-20），CPU 自动控制 PID 输出的幅值和频率，以保证过程变量曲线在设定值水平线上下一定范围内波动。PID 输出曲线经过若干次正、负跳变后，精确调节结束，下面的"状态"文本框出现"系统已调节"的信息。此后将自动切换到自动模式，并使用精确调节得到的 PID 参数，过程变量曲线 PV 很快与水平的设定值曲线 SP 重合。

视频"PID 参数自整定"可通过扫描二维码 8-2 播放。

二维码 8-2

4．上传 PID 参数

精确调节成功完成后，单击 PID 调试窗口下面的"上传 PID 参数"按钮 ⬆（见图 8-20），将 CPU 中的 PID 参数上传到离线的项目中。单击"转到 PID 参数"按钮 ↗，切换到组态窗口的 PID 参数页面，可以看到精确调节后 CPU 中得到的优化的 PID 参数（见图 8-21）。为了观察优化后的参数的控制效果，切换到 PID 调试窗口。令 I0.0 为 0 状态，过程值下降到 0 以后，令 I0.0 为 1 状态，使设定值由 0 跳变到 70%。过程变量的响应曲线如图 8-22 所示，其超调量几乎为 0。然后令 I0.0 为 0 状态，使设定值由 70%跳变到 0。使用优化之前的参数时，超调量大于 10%。图 8-22 验证了优化的 PID 参数的控制效果是比较理想的。

图 8-21　自整定得到的 PID 控制器参数

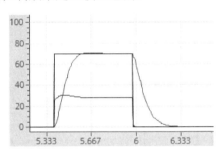

图 8-22　自整定后的阶跃响应曲线

8.4　习题

1．PID 控制为什么会得到广泛的使用？

2．为什么在模拟信号远传时应使用电流信号，而不是电压信号？

3．怎样判别闭环控制中反馈的极性？

4．超调量反映了系统的什么特性？

5．PID_Compact 指令采用了哪些改进的控制算法？

6．增大增益对系统的动态性能有什么影响？

7．PID 输出中的积分部分有什么作用？

8．增大积分时间对系统的性能有什么影响？

9．PID 输出中的微分部分有什么作用？

10．如果闭环响应的超调量过大，应调节哪些参数，怎样调节？

11．阶跃响应没有超调，但是被控量上升过于缓慢，应调节哪些参数，怎样调节？

12．消除误差的速度太慢，应调节什么参数？

13．上升时间过长应调节什么参数，怎样调节？

14．怎样确定 PID 控制的采样周期？

15．怎样确定 PID 控制器参数的初始值？

附　　录

附录 A　实验指导书

A.1　TIA 博途应用实验

1．实验目的

通过实验熟悉 TIA 博途和仿真软件 S7-PLCSIM 的使用方法，初步掌握硬件组态、写入、编辑和监控 S7-1200 用户程序的方法。

2．实验装置

安装了博途的计算机 1 台，本书的大多数实验可以采用软件仿真的方法。如果有硬件实验条件，可以将仿真实验改为硬件实验。大部分实验可以使用本书配套资源中的例程。

3．实验内容

用新建项目向导创建一个项目，项目名称为"小车控制"，CPU 的型号为 CPU 1214C。

在 OB1 输入图 5-7 中的小车自动运行的梯形图程序，调节梯形图的显示比例和程序中字符的大小。

参照图 5-5，修改项目树的"PLC 变量表"文件夹的"默认变量表"中符号的名称，使它们具有具体的意义。改变程序中地址的显示方式。生成默认变量表的交叉引用表和 OB1 的交叉引用表（见 4.4.1 节），观察表中的交叉引用信息。返回 OB1，执行菜单命令"选项"→"设置"，打开"设置"视图，将用户界面语言改为英语，修改成功后返回到中文。

用仿真软件模拟调试程序。选中项目树中的 PLC_1，单击工具栏上的"启动仿真"按钮██，出现 S7-PLCSIM 的精简视图。程序被下载到仿真 PLC，令后者进入 RUN 模式。单击精简视图右上角的██按钮，切换到项目视图。单击工具栏最左边的██按钮，创建一个 S7-PLCSIM 的新项目。双击打开项目树中的"SIM 表格_1"，在表中生成条目 IB0、QB0 和"T1".ET。在 OB1 中起动程序状态监控功能，用梯形图监视程序的运行情况。两次单击 SIM 表格_1 中 I0.0 对应的小方框，起动小车右行。Q0.0 变为 1 状态后单击 I0.4 对应的小方框，模拟右限位开关动作，Q0.0 应变为 0 状态。"T1".ET 增大到 8s 时，Q0.1 应变为 1 状态，小车左行。此时应将右限位开关复位为 0 状态。单击勾选 I0.3 对应的小方框，模拟左限位开关动作，Q0.1 应变为 0 状态。

A.2　硬件组态实验

1．实验目的

通过实验熟悉 S7-1200 的硬件组态方法。

2．实验内容

新建一个项目，创建一个 S7-1200 站，CPU 的型号为 CPU 1214C。

打开该 PLC 的设备视图，添加各种信号模块、通信模块和信号板。打开设备概览视图，观察 STEP 7 自动分配的信号模块和信号板的 I、Q 地址。

选中设备视图中的 CPU，观察默认的 PN 接口的 IP 地址、子网掩码和 PROFINET 设备名称。

启用系统存储器字节和时钟存储器字节。在 OB1 中用周期为 1s 的时钟存储器位的触点控制 Q0.0 的线圈，下载组态信息和程序后，用程序状态监控观察该触点状态的变化。

设置 CPU 集成的数字量输入的输入滤波器时间。双击项目树的"程序块"文件夹中的"添加新块"，生成 OB40，设置 I0.2 产生上升沿中断时，调用硬件中断组织块 OB40。

设置 CPU 集成的数字量输出对 CPU 进入 STOP 模式的响应为"使用替代值"，通道 1（Q0.1）的替代值为 1。

设置模拟量输入模块 0 号通道的测量类型等参数，启用各种诊断功能。设置模拟量输出模块在 CPU 进入 STOP 时使用替代值，设置 0 号通道的替代值，启用诊断功能。

A.3 位逻辑指令应用实验

1．实验目的

通过实验，了解位逻辑指令的功能和使用方法。

2．实验内容

打开配套资源中的例程"位逻辑指令应用"，将程序下载到 CPU 或仿真 PLC。选中 OB1，用"编辑"菜单中的命令切换 OB1 使用的编程语言，最后返回 LAD。

（1）位逻辑指令的实验

启动程序状态监控功能，观察图 3-1 中的"取反 RLO"触点是否能将它的输入端的 RLO 取反，图 3-2 中 M4.1 的"赋值取反"指令是否能将它输入端的 RLO 取反后用它的触点输出。

观察是否能用图 3-3 中的 I0.4 和 I0.5 产生的脉冲将 Q0.5 置位和复位，是否能用图 3-4 中的"置位位域"指令与"复位位域"指令将若干个连续的位置位或复位。改变图 3-5 中的 SR 触发器或 RS 触发器的置位、复位输入的状态，观察它们的输出量 Q 的变化。改变图 3-7 中的 I1.0 和 I1.1 的状态，观察 P_TRIG 指令和 N_TRIG 指令的作用。改变图 3-8 中的 I0.2～I0.5 的状态，观察 R_TRIG 指令和 F_TRIG 指令 Q 端输出的脉冲是否能将 M2.2 置位和复位。

（2）故障显示电路的实验

用 I0.0 产生一个持续时间很短的故障（见图 3-11），观察指示灯 Q0.7 是否闪烁。按下复位按钮 I0.1 后，观察故障锁存信号 M2.1 是否被复位，指示灯是否熄灭。

用 I0.0 产生一个持续时间很长的故障，观察指示灯 Q0.7 是否闪烁。按下复位按钮 I0.1 后，观察 M2.1 是否被复位，指示灯是否变为常亮。故障消失时观察指示灯是否熄灭。

A.4 定时器计数器应用实验

1．实验目的

熟悉各种定时器和计数器的基本功能和监控方法，了解定时器、计数器应用电路。

2．实验内容

（1）定时器实验

打开配套资源中的例程"定时器计数器例程"，将用户程序下载到仿真 PLC，将仿真 PLC 切换到 RUN 模式。生成一个 PLCSIM 的项目，启动程序状态监控功能。根据 3.2.1 节中各种 IEC 定时器的波形图，提供定时器的输入信号，通过观察定时器的状态位 Q 和当前时间值 ET

的变化，了解各种定时器的功能。

接通 I1.1 的常开触点，观察图 3-22 中的振荡电路工作是否正常。用 I0.7 模拟有人使用的信号，观察图 3-23 中的卫生间冲水控制电路的电磁阀 Q1.2 的状态是否符合波形图的要求。根据波形图，用 S7-PLCSIM 调试图 3-25 的运输带控制程序。

在全局数据块中生成数据类型为 IEC_TIMER 的变量 T1，用它提供接通延时定时器的背景数据，下载后用仿真软件检查是否能实现该定时器的功能。

（2）计数器实验

启动程序状态监控功能，根据 3 种计数器的波形图，提供计数器的输入信号，观察计数器的状态位 Q 和当前计数值 CV 的变化情况。

在全局数据块中生成数据类型为 IEC_CONTER 的变量 C1，用它提供减计数器的背景数据，下载后用仿真软件检查是否能实现减计数器的功能。

A.5 数据处理指令应用实验

1. 实验目的

通过实验熟悉数据处理指令的应用方法。

2. 实验内容

打开配套资源中的项目"数据处理指令应用"，将用户程序下载到仿真 PLC，将仿真 PLC 切换到 RUN 模式，生成一个 PLCSIM 的项目。

打开 OB1，启动程序状态监控功能，修改图 3-33 比较触点上面各变量的值，观察对应的比较触点状态的变化。修改图 3-33 中 MW22 和 MB20 的值，观察 IN_RANGE 和 OUT_RANGE 指令等效触点的状态的变化。

观察图 3-34 方波发生器的 TON 的当前时间值是否按锯齿波变化，以及 Q1.0 的状态变化是否与图 3-34 中的相同。

图 3-35 的 CONV 指令的 ENO 开始时为灰色（没有生成 ENO），启动程序状态监控功能，令 CONV 指令的输入变量 MW24 的值分别为 16#0234、16#F234 和 16#02C3，观察转换的结果和 ENO 状态的变化。在离线模式右击指令框，生成 ENO（ENO 变为黑色），下载后重复上述的操作。

令图 3-37 中的"模拟值"（IW96）分别为 0、27648 和小于 27648 的正数，观察 MD74 中的"温度值"是否符合理论值。

令图 3-37 中的"转速"（MW80）分别为 0、1800 和小于 1800 的正数，观察 QW96 中的"AQ 输入"的值是否符合理论值。

令图 3-41 中的"Tag_13"（I0.4）为 1 状态，观察 FILL_BLK 与 UFILL_BLK 指令的执行结果是否正确。

令图 3-42 中的"Tag_12"（I0.3）为 1 状态，观察 MOVE_BLK 与 UMOVE_BLK 指令的执行结果是否正确。

令图 3-43 中的 I0.5 为 1 状态，MW102 为任意正数或负数，观察输出值 MW104 的绝对值是否是输入值绝对值的 1/4。设置 MW106 的值为十六进制常数，观察 SHL 指令的执行结果是否正确。

用图 3-45 中的 I0.6 和 I0.7 控制彩灯控制器，观察控制的效果。

A.6　数学运算指令应用实验

1．实验目的

通过实验熟悉数学运算指令的应用方法。

2．实验内容

打开配套资源中的项目"数学运算指令应用"，将用户程序下载到仿真 PLC，将仿真 PLC 切换到 RUN 模式，生成一个 PLCSIM 的项目。打开 OB1，启用程序状态监控功能。

用 S7-PLCSIM 将图 3-46 和图 3-47 的 IW64 的值分别设置为 0、27648 和任意的中间值，分别令 I0.0 和 I0.1 为 1 状态，观察 MD10 和 MW14 中的运算结果是否符合理论值。

设置图 3-48 中 CALCULATE 指令各输入参数的值，观察 MD36 中的运算结果是否正确。

设置图 3-49 中的距离 L（MD44）和以度为单位的夹角 θ（MD40）的实数值，观察 MD48 中的运算结果是否正确。

用 S7-PLCSIM 设置图 3-52 中字逻辑运算指令各输入参数的二进制格式值，观察它们的输出参数的值是否正确。

A.7　程序控制指令应用实验

1．实验目的

通过实验熟悉程序控制指令的应用方法。

2．实验内容

打开配套资源中的项目"程序控制与日期时间指令应用"，将用户程序下载到仿真 PLC，将仿真 PLC 切换到 RUN 模式，生成一个 PLCSIM 的项目。打开 OB1，启用程序状态监控功能。

令图 3-55 中的 M2.0 为 1 状态，观察是否能跳转到程序段 3 的标签"W1234"处，被跳过的程序段 2 的梯形图是否用浅色的细线来表示。

令图 3-56 中的 M2.4 为 1 状态，SWITCH 指令的 MB10 分别为 235、75 和 73，观察程序是否分别跳转到标签 LOOP0、LOOP1 和 LOOP2 处。

令图 3-56 中的 M2.5 为 1 状态，JMP_LIST 指令的输入参数 K 分别为 0、1 和 2，观察是否能正确跳转。为 JMP_LIST 指令增加一个输出量 DEST2，对应的标签为 LOOP2。设置 K 的值，令程序跳转到 LOOP2。

A.8　实时时钟指令应用实验

1．实验目的

熟悉用 TIA 博途读取和设置实时时钟的方法，以及实时时钟指令的使用方法。

2．实验内容

（1）用 TIA 博途读写实时时钟

计算机与硬件 PLC 建立起通信连接后，打开"在线和诊断"视图。选中工作区左边窗口中的"设置时间"（见图 6-26），勾选右边窗口的"从 PG/PC 获取"复选框，单击"应用"按钮，使 PLC 的实时时钟与计算机的实时时钟同步。未选中该复选框时，在"模块时间"区设置 CPU 的日期和时间，设置好以后单击"应用"按钮确认。本实验也可以仿真。

（2）读写实时时钟指令

将配套资源中的例程"程序控制与日期时间指令应用"下载到仿真 PLC，将仿真 PLC 切换到 RUN 模式，生成一个 PLCSIM 的项目。

打开 PLC 的设备视图，选中 CPU 后，选中巡视窗口中的"属性 > 常规 > 时间"，设置本地时间的时区。

令图 3-57 中名为"读时间"的 M3.1 为 1 状态，指令 RD_SYS_T 和 RD_LOC_T 分别读取的系统时间和本地时间用 DB1 中的 DT1 和 DT2 保存。观察 DT2 和 DT1 之间的关系。

用监控表设置好 DB1 中的 DT3 的日期时间值。令图 3-57 中名为"写时间"的 M3.2 为 1 状态，将 DT3 中的本地时间写入 CPU 的实时时钟。读取本地时间，观察 DT3 中设置的时间是否写入实时时钟。

A.9 高速计数器与高速输出应用实验

1. 实验目的
通过实验了解高速计数器与高速脉冲输出的组态和编程的方法。

2. 实验内容
如果使用的是继电器输出的 CPU，可以用信号板上的 DQ 点产生高频脉冲，硬件接线图见图 3-65。如果用 DC 输出的 CPU 的 DQ 点产生高频脉冲，可以参考图 3-65 的接线。

按 3.6 节的要求组态高速计数器 HSC1 和高速脉冲输出 PTO1/PWM1，在 OB1 中生成图 3-69 中的程序。将组态数据和用户程序下载到 CPU 后运行程序。用外接的小开关使 I0.4 为 1 状态，信号板的 Q4.0 开始输出 PWM 脉冲，送给 I0.0 测频。

在监控表中输入 HSC1 的地址 ID1000（见图 3-70），单击工具栏上的 按钮，启动监视功能，ID1000 中是测量得到的频率值。

在设置脉冲发生器参数的图 3-67 中，修改 PWM 脉冲的宽度和循环时间（即周期）。在图 3-66 中，修改频率测量的周期。令频率测量周期在 1.0s、0.1s 和 0.01s 之间变化，PWM 脉冲周期在 10μs～100ms 之间变化，观察得到的频率测量值。信号频率较低时，应选用较大的测量周期。I0.0 的输入滤波时间应小于 PWM 的脉冲宽度。

A.10 函数与函数块应用实验

1. 实验目的
通过设计和调试程序，熟悉函数和函数块的编程和调试的方法。

2. 实验内容
1）打开配套资源中的例程"函数与函数块"，将用户程序下载到仿真 PLC，将仿真 PLC 切换到 RUN 模式，生成一个 PLCSIM 的项目。在 S7-PLCSIM 的 SIM 表格_1 中生成 IB0、IW64 和 MD18 的条目。令图 4-4 中的 I0.6（"压力计算"）变为 1 状态，FC1 被调用。令"压力转换值" IW64 分别为 0、27648 和任意的中间值，观察 MD18 中的"压力计算值"是否符合理论值。

2）在 S7-PLCSIM 的 SIM 表格_1 中生成 IB0 和 QB0 的条目，两次单击图 4-12 中的起动按钮（I0.0 或 I0.2）对应的小方框，观察对应的电动机（Q0.0 或 Q0.2）是否变为 1 状态。两次单击停止按钮（I0.1 或 I0.3）对应的小方框，观察对应的电动机是否变为 0 状态，对应的制动器（Q0.1 或 Q0.3）是否变为 1 状态。经过参数"定时时间"设置的时间后，对应的制动器是否变为 0 状态。可以令两台设备几乎同时起动和同时制动延时。

3）按第 4 章习题 8 的要求，设计求圆周长的 FC1。在 OB1 中调用 FC1，用 MW6 输入直径的值，存放圆周长的地址为 MD8。编写程序，用 S7-PLCSIM 调试程序，用计算器检查 MD8 中的运算结果是否正确。

A.11 多重背景应用实验

1. 实验目的

通过设计和调试程序，熟悉多重背景的编程和调试的方法。

2. 实验内容

1）按 4.1.3 节的要求，生成项目"多重背景"，在项目中生成名为"电动机控制"的函数块 FB1，和名为"多台电动机控制"的函数块 FB3，去掉它们的"优化的块访问"属性。在 FB3 的接口区生成两个数据类型为"电动机控制"的静态变量"1 号电动机"和"2 号电动机"。生成图 4-16 的 FB3 中两次调用 FB1 的程序。在 OB1 中调用 FB3"多台电动机控制"。

2）将组态数据和用户程序下载到仿真 PLC，生成一个 PLCSIM 的项目。在 S7-PLCSIM 的 SIM 表格_1 中生成 IB0 和 QB0 的条目。

3）用起动按钮（I0.0 或 I0.2）和停止按钮（I0.1 或 I0.3）对应的小方框控制两台电动机（见图 4-17），观察对应的电动机（Q0.0 或 Q0.2）和制动器（Q0.1 或 Q0.3）的状态变化是否正常，可以令两台设备几乎同时起动和同时制动。

A.12 间接寻址应用实验

1. 实验目的

通过调试程序，熟悉间接寻址的基本概念和编程的方法。

2. 实验内容

1）打开配套资源中的项目"间接寻址"，将用户程序下载到仿真 PLC，仿真 PLC 切换到 RUN 模式。因为图 4-20 中"下标 3"和"下标 4"的初始值为默认值 0，超出了数组 2 定义的范围，出现区域长度错误，CPU 的 ERROR LED 将会闪烁，但是并不影响程序的运行。生成一个 PLCSIM 的项目。在 S7-PLCSIM 的 SIM 表格_1 中生成 IB0、MD10 和 MD14 的条目。

打开 DB1 中的数组 1（见图 4-19），启动监控功能，观察它的 5 个元素的起始值和监视值。打开 OB1，启动程序状态监控。设置程序段 1 的 MD14 中的数组下标 INDEX 的值（1～5），观察 MW18 中用 FieldRead 读取的数组元素的值是否正确。改变数组下标的值，重复上述操作。设置 MD10 中的数组下标 INDEX 的值（1～5），观察 DB1 中用 FieldWrite 写入的数组元素的值是否正确。改变数组下标的值，重复上述操作。

2）打开 DB1 中的数组 2，启动监控功能，观察它的 5 个元素的起始值和监视值。修改 SIM 表格_1 中 MD30（下标 3）和 MD34（下标 4）的值（见图 4-20），观察 MOVE 指令写入和读取的数组 2 的元素值是否正确。

3）打开 DB1 中的数组 3，观察它的 5 个元素的起始值。打开 OB1，启动程序状态监控。修改图 4-23 中的"元素个数"（MW24）的值（1～5）。右击"累加启动"（M2.0）的触点，用快捷菜单中的命令将它修改为 1, 然后再修改为 0, 观察变量"累加值"（MD20）的值是否正确。改变"元素个数"的值, 重复上述操作。

4）编写和调试循环程序, 求 MD40～MD56 中的浮点数的平均值。

A.13 循环中断实验

1. 实验目的
通过调试程序, 熟悉循环中断的编程和调试方法。

2. 实验内容
打开配套资源中的项目"启动组织块与循环中断组织块", 将用户程序下载到仿真 PLC, 仿真 PLC 切换到 RUN 模式, 生成一个 PLCSIM 的项目。打开程序循环组织块 OB1 和 OB123, 启动程序状态监控, 观察是否能用 I0.4 和 I0.5 分别控制 Q1.0 和 Q1.1 (见图 4-25 和图 4-26)。

在 SIM 表格_1 中生成 MB14 的条目, 它的值如果为 1, 说明只执行了一次 OB100。

在 SIM 表格_1 中生成 IB0 和 QB0 的条目, 观察 QB0 的初始值是否为 7 (最低 3 位为 1 状态)。令 I0.2 为 1 状态, 观察 QB0 是否左移 (见图 4-28)。令 I0.3 为 1 状态, 观察 QB0 是否右移。令 I0.0 为 1 状态, 观察循环时间是否由 1s 修改为 3s (见图 4-29)。

编写和调试程序, 用 OB30 每 2.8s 将 QW1 的值加 1。在 I0.2 的上升沿, 将循环时间修改为 2s。

A.14 时间中断实验

1. 实验目的
通过调试程序, 熟悉时间中断的编程和调试方法。

2. 实验内容
打开配套资源中的项目"时间中断例程", 将用户程序下载到仿真 PLC, 将仿真 PLC 切换到 RUN 模式, 生成一个 PLCSIM 的项目。在 S7-PLCSIM 的 SIM 表格_1 中生成 IB0、MB4 和 MB9 的条目。M9.4 应为 1 状态, 表示已经下载了 OB10。两次单击 I0.0, 设置和激活时间中断 (见图 4-31)。M9.2 应为 1 状态, 表示时间中断已被激活。观察是否每分钟调用一次 OB10, 将 MB4 加 1 (见图 4-32)。

两次单击 I0.1 对应的小方框, 观察时间中断是否被禁止, M9.2 变为 0 状态, MB4 停止加 1 (见图 4-33)。两次单击 I0.0 对应的小方框, 观察时间中断是否被重新激活, M9.2 变为 1 状态, MB4 每分钟又被加 1。

编写和调试程序, 用 I0.2 启动时间中断, 在指定的日期时间将 Q0.0 置位。在 I0.3 的上升沿取消时间中断。

A.15 硬件中断实验

1. 实验目的
通过实验熟悉硬件中断的编程和调试方法。

2. 实验内容
打开配套资源中的项目"硬件中断 1", 将用户程序下载到仿真 PLC, 将仿真 PLC 切换到 RUN 模式, 生成一个 PLCSIM 的项目。

打开 SIM 表格_1，生成 IB0 和 QB0 的 SIM 表条目（见图 4-37），两次单击 I0.0 对应的小方框，CPU 调用 OB40，观察 Q0.0 是否在 I0.0 的上升沿被置位为 1 状态。两次单击 I0.1 对应的小方框，观察 Q0.0 是否在 I0.0 的下降沿被复位为 0 状态。

打开配套资源中的项目"硬件中断 2"，将用户程序下载到仿真 PLC，仿真 PLC 切换到 RUN 模式。两次单击 I0.0 对应的小方框，观察在 I0.0 的上升沿，CPU 是否调用 OB40，将 16#0F 写入 QB0。两次单击 I0.0 对应的小方框，观察在 I0.0 的上升沿，CPU 是否调用 OB41，将 16#F0 写入 QB0。

编写和调试程序，在 I0.2 的下降沿时调用中断组织块 OB40，将 MW10 加 1。在 I0.3 的上升沿时调用中断组织块 OB41，将 MW10 减 1。

A.16　延时中断实验

1. 实验目的
通过调试程序，熟悉延时中断的编程和调试方法。

2. 实验内容
打开配套资源中的项目"延时中断例程"，将用户程序下载到仿真 PLC，将仿真 PLC 切换到 RUN 模式，生成一个 PLCSIM 的项目。在 SIM 表格_1 中生成 IB0、QB0 和 MB9 的 SIM 表条目（见图 4-44）。

如果 M9.4 为 1 状态，表示 OB20 已下载到 CPU（见图 4-41）。两次单击 SIM 表中 I0.0 对应的小方框，如果 M9.2 变为 1 状态，表示正在执行 SRT_DINT 启动的时间延时。打开 DB1，启动监视功能。DB1 中的 DT1 应显示出在 OB40 中读取的时间值。

10s 定时时间到时，M9.2 应变为 0 状态，表示定时结束（见图 4-42）。观察 DB1 中的 DT2 是否显示出在 OB20 中读取的时间值，Q0.4 是否被置位。计算两次读取的时间的差值。

用 I0.2 将 Q0.4 复位（见图 4-43）。用 I0.0 再次起动时间延迟中断的定时，在定时期间令 I0.1 为 1 状态，取消时间延迟中断。观察 M9.2 是否变为 0 状态，10s 的延迟时间到了后，是否调用 OB20。修改延时时间，下载到 CPU 后运行程序，用 I0.0 启动延时，观察修改的效果。

A.17　顺序控制程序的编程与调试实验

1. 实验目的
通过调试顺序控制程序，掌握顺序控制程序的设计和调试方法。

2. 实验内容
1）将配套资源中的项目"小车顺序控制"下载到仿真 PLC，将仿真 PLC 切换到 RUN 模式，生成一个 PLCSIM 的项目。在 SIM 表格_1 中生成 IB0、QB0、MB4 和"T1".ET 的 SIM 表条目（见图 5-20）。按 5.3.1 节给出的方法调试程序，观察程序的运行是否满足顺序功能图的要求。

2）修改顺序功能图，在右行步之后增加一个延时步，小车在右限位开关处停止 10s 后左行。编写和调试程序。

3）将配套资源中的例程"复杂的顺序功能图的顺控程序"下载到仿真 PLC，CPU 切换到 RUN 模式，按 5.3.2 节给出的方法调试程序，观察程序的运行是否满足顺序功能图的要求。

4）编写满足第 5 章习题 12 的要求的程序，用 S7-PLCSIM 调试程序。

5）将配套资源中的例程"液体混合顺序控制"下载到仿真 PLC 后运行程序。在 SIM 表格_1 中生成 IB0、QB0、MB4 和 M2.0 的条目。根据图 5-24 中的顺序功能图调试程序。调试时注意在按了起动按钮 I0.3 以后，M4.1 和连续标志 M2.0 是否变为 1 状态。完成了顺序功能图中的一个工作循环以后，是否能返回步 M4.1。按下停止按钮 I0.4 以后，M2.0 是否变为 0 状态。完成了最后一步 M4.5 的工作以后，是否能返回初始步。调试时应注意在各步 3 个液位开关的状态。例如在搅拌步 M4.3，3 个液位开关均为 1 状态。

A.18 运输带与人行横道交通灯顺控程序的调试实验

1. 实验目的

通过调试程序，掌握顺序控制程序的设计和调试的方法。

2. 实验内容

（1）运输带控制程序的调试

将配套资源中的例程"运输带顺序控制"下载到仿真 PLC，将 CPU 切换到 RUN 模式，生成一个 PLCSIM 的项目。调试时用 S7-PLCSIM 监控 MB4、QB0 和 IB0，以及 T1～T4 的当前值 ET。根据图 5-26 中的顺序功能图调试程序，调试步骤简述如下：

1）从初始步开始，按正常起动和停车的顺序调试程序。即从初始步 M4.0 开始，顺序转换到步 M4.1、M4.2、M4.3、M4.4 和 M4.5，最后返回初始步。

2）从初始步开始，模拟调试在起动了一条运输带时停机的过程。即在第 2 步 M4.1 为活动步时，两次单击停止按钮 I0.3 对应的小方框，观察是否能返回初始步。

3）从初始步开始，模拟调试在起动了两条运输带时停机的过程。即在第 3 步 M4.2 为活动步时，两次单击停止按钮 I0.3 对应的小方框，观察是否能跳过步 M4.3 和步 M4.4，进入步 M4.5，经过 T4 设置的时间后，是否能返回初始步。

（2）人行横道交通信号灯控制

将配套资源中的例程"交通灯顺序控制"下载到仿真 PLC 后运行程序，生成一个 PLCSIM 的项目。用 S7-PLCSIM 监控 MB4、QB0、IB0 和 M2.0，以及 T1～T5 的当前值 ET。根据图 5-27 中的顺序功能图，从初始步开始调试。

调试时注意在按了起动按钮 I0.0 后，连续标志 M2.0、步 M4.1 和 M4.5 是否同时变为 1 状态，Q0.0～Q0.4 是否按波形图所示的顺序变化，T1～T5 提供的各步的定时时间是否正确。T5 的定时时间到时，M4.4 和 M4.7 是否同时变为 0 状态，是否能按顺序功能图的规定自动循环运行。在按了停止按钮 I0.1 后，M2.0 是否变为 0 状态，在完成最后一次工作循环，T5 的定时时间到时，是否能返回初始步 M4.0。

A.19 专用钻床顺序控制程序调试实验

1. 实验目的

通过调试程序，掌握顺序控制程序的设计和调试方法。

2. 实验内容

将配套资源中的项目"专用钻床控制"下载到仿真 PLC，将仿真 PLC 切换到 RUN 模式，生成一个 PLCSIM 的项目。在 SIM 表格_1 中生成图 5-34 中的条目。

令"自动开关"I2.0 为 0 状态，检查手动程序 FC2 的功能。然后令"自动开关"为 1 状态，运行自动程序 FC1。根据顺序功能图（见图 5-32）和 5.3.4 节的要求来调试程序，当某一转换之前所有的步均为活动步时，在 S7-PLCSIM 中使转换条件满足，观察该转换所有的前级步是否变为不活动步，所有的后续步是否变为活动步，以及各步的动作是否发生相应的变化。从初始步开始，检查经过 3 次循环，钻完 3 对孔后，是否能返回初始步。

A.20 PROFINET 通信组态实验

1. 实验目的

熟悉 PROFINET IO 网络通信的组态方法。

2. 实验内容

1）新建一个项目，PLC_1 为 CPU 1214C。打开网络视图，生成 ET 200SP 从站，设置它的 IP 地址为 192.168.0.2。打开 ET 200SP 的设备视图，插入 DI、DQ、AI 和 AQ 模块。

右击网络视图中 CPU 的 PN 接口，生成 PROFINET IO 系统。将 ET 200SP 分配给 IO 控制器。打开 ET 200SP 的设备视图，查看设备概览中分配给它的信号模块的 I、Q 地址。

用同样的方法生成第二台 IO 设备 ET 200SP 和它的模块，IP 地址为 192.168.0.3，将它分配给 IO 控制器。

2）生成 PLC_2，CPU 为 CPU 1212C。在它的设备视图中，设置 PN 接口的 IP 地址为 192.168.0.4，"操作模式"为"IO 设备"。将它分配给 PLC_1 的 PN 接口。

单击 PLC_2 的 PN 接口，选中巡视窗口的"属性 > 常规 > 操作模式 > 智能设备通信"，组态图 6-8 中 IO 控制器与智能设备通信的"传输区_1"和"传输区_2"。

3）如果有硬件实验条件，用以太网电缆连接好 IO 控制器、IO 设备和计算机的以太网接口。如果 IO 设备中的设备名称与组态的设备名称不一致，IO 控制器和 IO 设备的故障 LED 亮。将设备名称分配给各 IO 设备（见图 6-6），直到 IO 设备和 IO 控制器上的故障 LED 熄灭。编写简单的程序，验证 IO 控制器和 IO 设备之间的通信是否正常。

A.21 开放式用户通信的仿真实验

1. 实验目的

熟悉开放式用户通信的组态、编程与调试的方法。

2. 实验内容

1）打开配套资源中的项目"1200_1200ISO_C"，选中 PLC_1，单击工具栏上的"启动仿真"按钮■，将组态数据和程序下载到仿真 PLC，仿真 PLC 切换到 RUN 模式。

选中 PLC_2，单击工具栏上的"启动仿真"按钮■，下载组态数据和程序。

打开两台 PLC 的监控表，令双方的 M10.1 和 M11.1 为 1 状态（见图 6-14），观察双方接收到的第一个字（DB2.DBW0）的值是否在不断增大，DBW2 和 DBW198 是否是对方在 OB100 中预设的值。打开双方的 DB2，观察其中接收到的数据是否正常。

2）如果有硬件实验条件，用以太网电缆通过交换机（或路由器）连接计算机和两块 CPU 的以太网接口，将用户程序和组态信息分别下载到两块 CPU，并令它们处于 RUN 模式。程序的调试方法与仿真实验基本上相同。

3）新建一个项目，在项目中生成两个 S7-1200 站点。按 6.3 节的要求组态硬件和通信连接，生成用于保存待发送的数据和接收到的数据的数据块和其中的数组。在 OB100 中将数组元素初始化。编写 OB1 中的程序,组态连接参数时,设置连接类型为 TCP。用仿真的方法调试程序。

A.22　S7 通信的仿真实验

1．实验目的
熟悉 S7 通信的组态、编程与调试的方法。

2．实验内容
1）打开配套资源中的项目"1200_1200IE_S7",选中 PLC_1,单击工具栏上的"启动仿真"按钮▦,将组态数据和程序下载到仿真 PLC,仿真 PLC 切换到 RUN 模式。

选中 PLC_2,单击工具栏上的"启动仿真"按钮▦,下载组态数据和程序。

打开两台 PLC 的监控表(见图 6-14),观察双方接收到的第一个字(DB2.DBW0 和 DB4.DBW0)的值是否在不断增大,DBW2 和 DBW198 是否是对方在 OB100 中预设的值。打开 PLC_1 的 DB2 和 PLC_2 的 DB4,观察其中接收到数据是否正常。

如果有实验条件,做硬件 PLC 的 S7 通信实验。程序的调试方法与仿真实验基本上相同。

2）新建一个项目,在项目中生成两个 S7-1200 站点。按 6.4 节的要求组态硬件和通信连接,生成用于保存待发送的数据和接收到的数据的数据块和其中的数组。在 OB100 中将数组元素初始化。编写 OB1 中的程序,组态连接参数时,设置连接类型为 S7。用仿真的方法调试程序。

A.23　S7-1200 故障诊断实验

1．实验目的
熟悉用 TIA 博途诊断 S7-1200 CPU 的故障的方法。

2．实验内容
1）本实验只需一块 S7-1200 的 CPU 模块。打开配套资源中的例程"电动机控制",故意将 CPU 组态为与实际 CPU 不同的型号,下载时查看"下载预览"对话框中的错误信息。

2）改正 CPU 的型号后,在设备视图中组态一个并不存在的 8DI 模块,下载后 CPU 的错误指示灯闪烁。打开"在线和诊断"视图,切换到在线模式。打开诊断缓冲区,读取故障事件的详细信息。打开在线模式 CPU 的设备视图,查看模块上的故障图标。在博途的在线帮助中搜索"使用图标显示诊断状态和比较状态",查找观察到的图标的意义。切换到离线后删除实际上并不存在的 DI 模块,下载组态数据,观察诊断缓冲区和设备视图中的诊断信息和诊断符号。

3）生成诊断错误中断组织块 OB82,在其中生成将 MW20 加 1 的程序,在监控表 1 中监视 MW20。将程序下载到 CPU,CPU 切换到 RUN 模式。打开"在线和诊断"视图,切换到在线模式。给 CPU 集成的模拟量通道 0 输入一个大于 10V 的电压,用诊断缓冲区、在线的设备视图和设备概览诊断故障。令模拟量输入小于 10V,或者断开输入电压,观察出现的诊断信息和诊断符号。通过监视 MW20,观察在什么情况下调用诊断错误中断组织块 OB82。

如果有 AQ 模块或 AQ 信号板,启用它们的短路和溢出诊断功能,可以做相应的故障诊断实验。

4）单击"在编辑器中打开"和"另存为"按钮，观察这些按钮的功能。用 CPU 操作面板上的按钮切换 CPU 的操作模式，查看 CPU 的扫描时间和存储器的使用情况。

A.24　网络控制系统故障诊断实验

1. 实验目的

熟悉用 TIA 博途诊断网络控制系统的故障的方法。

2. 实验内容

本实验除了 CPU 模块，还需要配备有诊断功能的信号模块的 ET 200SP 或 ET 200S。生成一个新的项目，根据实际的模块和网络结构组态硬件，启用 I/O 设备和它的信号模块的诊断功能。生成 OB82、OB86 和 OB83，在上述 OB 中编程，用 INC 指令分别将 MW20～MW24 加 1。在监控表中监控 MW20～MW24。

有诊断故障出现和故障消失时，操作系统将调用 OB82。运行时若移除或插入 IO 设备的模块，将调用 OB83。断开分布式 I/O 的网络接口线或电源，在故障出现和故障消失时，将调用 OB86。

用以太网电缆和交换机（或路由器）连接计算机、CPU 和 IO 设备的以太网接口，将程序和组态数据下载到 CPU。根据启用的诊断功能，人为产生一个或多个故障，用监控表观察 CPU 是否调用了对应的故障中断 OB。打开在线和诊断视图，进入在线模式。打开诊断缓冲区，读取故障出现和故障消失后事件的详细信息。

人为产生一个或多个故障，打开在线模式的网络视图、CPU 和 IO 设备的设备视图，查看设备和模块上的故障图标。双击有故障图标的模块，打开它的诊断视图，查看模块和通道的具体错误。

A.25　PLC 与触摸屏仿真实验

1. 实验目的

熟悉触摸屏的组态和触摸屏与 PLC 的仿真调试方法。

2. 实验内容

1）生成一个新的项目，PLC_1 为 CPU 1214C，HMI_1 为第二代精简面板 KTP400 Basic PN，在网络视图中组态 HMI 连接。在 PLC 默认的变量表中生成图 7-16 中的变量，在 OB1 中编写图 7-18 中的程序。按 7.2.2 和 7.2.3 节的要求，组态 HMI 的画面。将项目下载到仿真 PLC，仿真 PLC 切换到 RUN 模式。选中 HMI_1 站点，单击工具栏上的"启动仿真"按钮，启动 HMI 运行系统仿真。

单击仿真 HMI 的根画面上的按钮，观察是否能用它们通过 PLC 的程序控制指示灯，定时器的当前时间值是否在周期性地变化。用"预设值"输入/输出域修改定时器的时间预设值，观察是否能改变定时器当前时间值的最大值。

2）新建一个项目，生成 PLC 和 HMI 站点，在网络视图中生成 HMI 连接。将图 5-4 中的 I0.0～I0.2 改为由画面上的正转起动按钮、反转起动按钮和停车按钮提供的 M2.0～M2.2，在 PLC 默认的变量表中生成有关的变量，在 OB1 中编写用 M2.0～M2.2 控制 Q0.0 和 Q0.1 的程序。在画面上生成上述三个按钮，和用来显示 Q0.0、Q0.1 状态的两个指示灯，在指示灯下面生成文本域"正转"和"反转"。用集成仿真功能调试 PLC 和 HMI 组成的控制系统。

A.26　PID控制器参数手动整定的仿真实验

1．实验目的

熟悉PID控制的编程和手动整定参数的方法。

2．实验内容

如果有硬件CPU，使用配套资源中的例程"1200 PID闭环控制"，如果没有硬件CPU，可以用配套资源中的例程"1500 PID闭环控制"做纯软件仿真实验。

打开例程后，再打开PID组态窗口，按图8-8设置参数。将组态数据和用户程序下载到硬件PLC或仿真PLC后，PLC切换到RUN模式。打开PID调试窗口（见图8-9），将采样时间设置为0.3s，单击采样时间右边的"Start"按钮，启动PID调试功能。单击下面表格中Output行左边的![按钮]按钮，隐藏PID输出曲线。观察响应曲线，用![按钮]按钮显示时间范围显示区。

打开PID组态窗口的"PID参数"组态页面，单击窗口工具栏上的![按钮]按钮，退出监视，将积分时间由3s改为8s。单击![按钮]按钮，启动监视。单击"初始化设定值"按钮![按钮]，将修改后的值下载到CPU。启动PID调试功能，观察增大积分时间后超调量是否减小。

按8.2.2节的顺序，在组态窗口中依次修改PID参数，修改后将它下载到PLC。观察每次修改参数后的响应曲线是否如图8-13～图8-18所示。

在OB30中修改函数块"被控对象"的参数，修改后将它下载到PLC。调整PID控制器的参数，直到得到较好的响应曲线，即超调量较小，上升时间和过渡过程时间较短。

修改OB30的循环周期，同时修改PID参数中的采样时间和函数块"被控对象"的采样时间CYCLE，令三者相同，观察采样时间与控制效果之间的关系。

A.27　PID控制器参数自动整定的仿真实验

1．实验目的

熟悉PID控制的编程和参数自动整定的方法。

2．实验内容

如果有硬件CPU，使用配套资源中的例程"1200 PID参数自整定"，如果没有硬件CPU，使用配套资源中的例程"1500 PID参数自整定"做仿真实验。

打开例程，将系统数据和用户程序下载到硬件PLC或仿真PLC，PLC切换到RUN模式。打开PID组态窗口，比例增益设置为0.3，其他参数见图8-8。

打开PID调试窗口，将采样时间设置为0.3s，单击采样时间右边的"Start"按钮，启动PID调试功能。设置调节模式为"预调节"。令I0.0为1状态，预设值由0阶跃变化到70%，用"预调节"右边的"Start"按钮尽快启动预调节。下面的"状态"文本框出现"系统已调节"时，预调节结束。将调节模式切换到"精确调节"后，启动精确调节。精确调节结束时，单击下面的"上传PID参数"按钮![按钮]，将CPU中的PID参数上传到离线的项目中保存。单击"转到PID参数"按钮![按钮]，切换到PID参数页面，查看自动生成的PID参数，保存项目文件。

令I0.0变为0状态，待过程变量下降到0后，再令I0.0为1状态。观察使用自整定的PID参数后，阶跃响应曲线的超调量。

附录 B　配套资源简介

本书网上的资源包括 46 个视频教程、36 个例程和 20 多本用户手册，读者扫描本书封底"IT"字样的二维码，输入本书书号中的 5 位数字（65753），就可以获取下载链接。后缀为 pdf 的用户手册用 Adobe Reader 或兼容的阅读器阅读，可以在互联网下载阅读器。

1．软件

\TIA Portal STEP7 Pro-WINCC Adv V15 SP1 DVD1，\S7-PLCSIM V15 SP1。

2．多媒体视频教程

（1）第 1、2 章视频教程

TIA 博途使用入门（A），TIA 博途使用入门（B），生成项目与组态硬件，程序编辑器的操作，生成用户程序，使用变量表，帮助功能的使用，组态通信与下载用户程序，用仿真软件调试用户程序，用程序状态监控与调试程序，用监控表监控与调试程序。

（2）第 3 章视频教程

位逻辑指令应用（A），位逻辑指令应用（B），定时器的基本功能，定时器应用例程，计数器的基本功能，数据处理指令应用（A），数据处理指令应用（B），数学运算指令应用，程序控制指令与时钟功能指令应用。

（3）第 4、5 章视频教程

生成与调用函数，生成与调用函数块，多重背景应用，间接寻址与循环程序，启动组织块与循环中断组织块，时间中断组织块应用，硬件中断组织块应用（A），硬件中断组织块应用（B），延时中断组织块应用。顺序控制程序的编程与调试（A），顺序控制程序的编程与调试（B），复杂的顺序功能图的顺控程序调试。

（4）第 6~8 章视频教程

开放式用户通信的组态与编程，开放式用户通信的仿真调试，S7 通信的组态编程与仿真，S7-1200 的故障诊断（A），S7-1200 的故障诊断（B），用在线与诊断视图诊断故障，用网络视图和设备视图诊断故障，用 Web 服务器诊断故障（A），用 Web 服务器诊断故障（B），触摸屏画面组态（A），触摸屏画面组态（B），PLC 与触摸屏仿真实验，PID 参数手动整定，PID 参数自整定。

3．用户手册

包括与 S7-1200、操作面板和变频器的硬件、软件和通信有关的用户手册二十多本。

4．例程

与正文配套的 36 个例程在文件夹 Project 中。

第 2、3 章例程：电动机控制，位逻辑指令应用，定时器和计数器例程，数据处理指令应用，数学运算指令应用，程序控制与日期时间指令应用，字符串指令应用，频率测量例程。

第 4 章例程：函数与函数块，多重背景，间接寻址，启动组织块与循环中断组织块，时间中断例程，硬件中断例程 1，硬件中断例程 2，延时中断例程。

第 5 章例程：经验设计法小车控制，小车顺序控制，复杂的顺序功能图的顺控程序，专用钻床控制，运输带顺序控制，液体混合顺序控制，交通灯顺序控制。

第 6 章例程：1200_1200ISO_C，1200_1200TCP_C，1200_1200ISO，1200_1200TCP，1200_1200IE_S7，1200 作 IO 控制器，1200 作 1500 的 IO 设备，Modbus RTU 通信。

第 7、8 章例程：PLC_HMI，1200 PID 闭环控制，1500 PID 闭环控制，1200 PID 参数自整定，1500 PID 参数自整定。

参 考 文 献

[1] 廖常初. S7-1200 PLC 编程及应用[M]. 4 版. 北京：机械工业出版社，2021.

[2] 廖常初. S7-300/400 PLC 应用技术[M]. 4 版. 北京：机械工业出版社，2016.

[3] 廖常初，祖正容. 西门子工业通信网络组态编程与故障诊断[M]. 北京：机械工业出版社，2009.

[4] 廖常初. S7-300/400 PLC 应用教程[M]. 3 版. 北京：机械工业出版社，2016.

[5] 廖常初. 跟我动手学 S7-300/400 PLC[M]. 2 版. 北京：机械工业出版社，2016.

[6] 廖常初，陈晓东. 西门子人机界面（触摸屏）组态与应用技术[M]. 3 版. 北京：机械工业出版社，2018.

[7] 廖常初. PLC 编程及应用[M]. 5 版. 北京：机械工业出版社，2019.

[8] 廖常初. S7-200 PLC 编程及应用[M]. 3 版. 北京：机械工业出版社，2019.

[9] 廖常初. S7-200 PLC 基础教程[M]. 4 版. 北京：机械工业出版社，2019.

[10] 廖常初. FX 系列 PLC 编程及应用[M]. 3 版. 北京：机械工业出版社，2020.

[11] 廖常初. PLC 基础及应用[M]. 4 版. 北京：机械工业出版社，2019.

[12] 廖常初. 跟我动手学 FX 系列 PLC[M]. 北京：机械工业出版社，2012.

[13] 廖常初. S7-200 SMART PLC 编程及应用[M]. 3 版. 北京：机械工业出版社，2019.

[14] 廖常初. S7-200 SMART PLC 应用教程[M]. 2 版. 北京：机械工业出版社，2019.

[15] 廖常初. S7-1200/1500 PLC 应用技术[M]. 2 版. 北京：机械工业出版社，2021.

[16] Siemens AG. S7-1200 系统手册[Z]. 2019.

[17] Siemens AG. S7-1200 可编程控制器产品样本[Z]. 2019.

[18] Siemens AG. S7-1200 Easy Plus V3.8[Z]. 2019.

[19] Siemens AG. S7-1200 入门手册[Z]. 2015.